工程应用型高分子材料与工程专业系列教材

"十二五"普通高等教育本科规划教材

高分子材料专业实验

郭 静 主编

U0363956

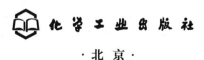
化学工业出版社
·北京·

本教材按照高分子材料专业实验的规律和特点分为四大章。第一章高分子专业实验基础知识主要介绍高分子专业实验的目的、主要任务和高分子专业实验的注意事项、安全常识，意在明确高分子专业实验开设的目的和意义。第二章高分子材料专业基础实验主要介绍与化纤、塑料、橡胶及涂料四大合成材料加工有关的基础实验内容，意在解决高分子材料加工中的通用基础问题。第三章高分子材料成型加工与性能表征实验主要介绍塑料成型加工与性能表征实验、纤维成型与性能表征实验、橡胶成型与性能表征实验、涂料的配制与性能表征实验，意在解决高分子材料加工中的个性问题。第四章高分子综合与设计性实验主要介绍与科研有关的、先进的塑料和纤维新材料的制备方法和思路，意在解决学生创新能力的提升，即学生利用掌握的知识完成知识的升华与再创造，提高学生的创新思维能力。为方便学生学习，每个实验的后面都配有思考题和参考答案。

　　教材不仅可作为高分子材料与工程专业本科教材，也可以作为高分子材料与工程及相关行业研究生、博士生及工程技术人员的参考书。

图书在版编目（CIP）数据

高分子材料专业实验/郭静主编．—北京：化学工业出版
社，2015.7
工程应用型高分子材料与工程专业系列教材
"十二五"普通高等教育本科规划教材
ISBN 978-7-122-23823-8

Ⅰ.①高…　Ⅱ.①郭…　Ⅲ.①高分子材料-实验-高等学
校-教材　Ⅳ.①TB324.02

中国版本图书馆 CIP 数据核字（2015）第 088094 号

责任编辑：杨　菁　王　婧　　　　　　　文字编辑：林　丹
责任校对：边　涛　　　　　　　　　　　装帧设计：史利平

出版发行：化学工业出版社（北京市东城区青年湖南街 13 号　邮政编码 100011）
印　　刷：北京永鑫印刷有限责任公司
装　　订：三河市宇新装订厂
787mm×1092mm　1/16　印张 16¾　字数 440 千字　2015 年 9 月北京第 1 版第 1 次印刷

购书咨询：010-64518888（传真：010-64519686）　售后服务：010-64518899
网　　址：http://www.cip.com.cn
凡购买本书，如有缺损质量问题，本社销售中心负责调换。

定　　价：39.00 元

前　言

从 1920 年斯丁陶格提出大分子的概念以来，高分子材料及其加工技术迅速发展，目前高分子材料的产量已经超过金属材料，成为仅次于无机材料的第二大材料，其应用也从民用拓展到工业用、军工用和航天航空等领域。高分子材料的应用领域的拓宽和技术进步水平已经成为材料科学现代化的标志。

任何技术进步都离不开实践、实验，因此提高高分子材料从业者的实验能力和水平是保障人才素质和能力提高的关键，而合适的实验教材是学生参与实践、实验的必不可少的指南。

《高分子材料专业实验》是适应新时期高分子材料与工程专业应用型人才的培养需要，在大连工业大学、北京石油化工学院、宁波理工大学多位教师多年的高分子专业实验教学改革的基础上、参考国内外有关高分子专业实验相关教材和资料，为独立设课的高分子材料专业实验课程而编写的。本教材是以高分子材料与工程专业本科培养方案为依据，以培养应用型人才为目标而编写的实验教材。教材内容以高分材料专业实验基础知识、高分子材料基础实验、纤维-塑料-橡胶-涂料四合成材料的加工、表征、评价为主线，以纤维、塑料、橡胶、涂料实验为特色切入点，采用递进式（即从验证型、设计型、综合型到创新型实验）的布局方式进行实验结构的整体设计，确保编写的教材具有实践性、系统性、启发性和适用性，全面符合应用型人才培养的教学大纲要求。

本教材内容涵盖现有高分子材料专业实验的所有核心知识点，但主要针对培养应用型人才而编写，内容重点及编写风格与已有教材有显著不同，其特色主要体现在以下几方面。

1. 系统性与目的性。

本教材是为专业实验单独设课使用的，它不以验证、巩固或加深某一课程的理论教学需要来安排实验内容，而是从培养应用型人才培养目标出发，阐明实验目的、实验原理、仪器药品、实验步骤等，重视实验现象的分析与思考，启发创新思维，提高学生动手与创新能力，提高学生解决工程实际问题的能力，体现出很强的系统性和目的性。

2. 通用性和条理性。

教材将按专业实验要求，基本技能训练，塑料、化纤、橡胶、涂料专业特色实验模块，综合设计性实验等方面安排教材内容。教师可根据学校教学特色选择实验模块、安排实验学时数。确保实验综合性、设计性、开放性、创新性。

3. 实用性和先进性。

注重传达实验教学的目标性和意义，即"做什么，怎么做，为什么做"；同时注重培养学生实验操作的规范性，自主性和创新性，让学生在掌握基本操作的同时，养成积极学习和良好思考的意识。增加与科研能力培养有关的实验项目，启迪学生创新思维。

4. 内容充实、实用性强。

教材第一章高分子专业实验基础知识主要介绍高分子专业实验的目的、高分子专业实验的主要任务、高分子专业实验的注意事项、安全常识，意在解决高分子专业实验的开设的目的和意义；第二章高分子材料专业基础实验主要介绍与化纤、塑料、橡胶及涂料加工有关实验内容如聚合物分子量的测定、聚合物热性质的测定、聚合物流动性的测定、其他基础实验等，意在解决高分子材料加工中的通用基础问题；第三章高分子材料成型加工与性能表征实验主要介绍塑料成型加工与性能表征实验、纤维成型与性能表征实验、橡胶成型与性能表征实验、涂料的配制与性能表征实验，意在解决高分子材料加工中的个性问题；第四章高分子综合与设计性实验主要介绍与科研有关的、先进的塑料和纤维新材料的制备方法和思路，意在解决学生创新能力的提升，即学生利用掌握的知识完成知识的升华与再创造，提高学生的创新思维能力。

教材不仅可作为高分子材料与工程专业本科教材，也可以作为高分子材料与工程及相关行业研究生、博士生及工程技术人员的参考书。

本教材是在近年来实验教学经验积累的基础上编写的，也参考了国内出版的相关院校的实验教材，在内容及形式上都有了较大的改变。通过对实验教学内容的整合和升华，遵循了从感性认识上升到理论认识、理性认识回到实践并指导到实践、并在实践中有所发现有所创造的规律。使学生在使用本教材之后能够更扎实地掌握理论知识、具有更强的实践能力和解决具体工程实践问题的综合能力和素质，更好地符合社会对应用型人才的需求。

本书编写分工：大连工业大学郭静、管福成老师负责编写第一章、第二章的第二节（实验五～七）、第三章的第二节和第四章的第二节。北京石油化工学院李树新老师负责编写第二章的第一节、第二节（实验八）、第三节和第三章的第三节。浙大宁波理工学院张艳老师负责编写第二章的第四节、第三章的第一节、第四章的第一节和附录。大连工业大学张鸿负责编写第三章的第四节。参考答案主要由管福成负责整理。全书由郭静统稿。

由于编者水平有限，书中难免存在缺点和不足之处，欢迎广大读者批评指正。

本教材在编写过程中得到作者所在单位大连工业大学、北京石油化工学院、宁波理工大学的支持，在此表示感谢；也感谢大连工业大学刘孟竹同学的帮助。

郭　静

目　录

第一章　高分子专业实验基础知识

第一节　高分子专业实验的目的

从 20 世纪 20 年代高分子产生以来，高分子科学技术的发展极为迅速，广泛应用于人类的衣食住行和各产业领域，人们已经意识到高分子材料越来越成为不可缺少的重要材料。高分子是一门实验性科学，正是通过各种实践应用（实验性研究、工业性开发、生产等）与理论研究的相互关联，高分子科学才得以迅猛发展。

高分子专业实验是高分子课程的重要组成部分，通过高分子实验可以获得许多感性认识，加深对高分子专业知识和原理的理解。在实验过程中，学生需要提出问题、查阅资料、设计实验方案、动手操作、观察现象、收集数据、分析结果和提炼结论，通过这个锻炼过程，不但能熟练和规范地进行高分子实验的基本操作，掌握实验技术和基本技能，了解高分子化学中采用的特殊实验技术，还提高了学生分析问题、解决问题的能力和动手能力，为以后的科学研究和工作打下坚实的基础。

第二节　高分子专业实验的主要任务

高分子材料的加工工艺不断发展，应用范围不断扩大，因此高分子专业的学生掌握高分子材料的工艺、高分子材料的性能测试、加工特性、使用性能是必要的。本书作为高分子专业实验的教材包含了从高分子测试、成型加工工艺、性能表征等一系列的实验，旨在帮助学生掌握高分子实验的技术和原理，巩固理论知识。高分子专业实验通过阐明实验目的，实验原理，仪器药品，实验步骤，结果讨论，思考题等，分析与思考实验现象和结果，启发学生的思维。高分子专业实验的综合设计实验要求学生结合实验指导，独立完成文献查阅，实验设计等，培养学生独立思考、解决问题的问题，提高了学生实验能力及创新能力，激发学生兴趣。

第三节　高分子专业实验的注意事项

（1）必须了解实验室各项规章制度及安全制度。

（2）实验前应充分查阅实验内容及教材中的有关部分内容，写出实验方案、做到明确实验的目的、内容及原理，了解实验步骤。

（3）为了保证每一次实验结果的可靠性，同一性能实验数据具有可比性，需对实验方法建立统一的规范，即实验准备、实验步骤、结果处理等应统一遵循的规定。

（4）样条的准备：高分子性能测试中需要准备样条，为了使不同材料的测试结果有可比性，或是同一材料的测试结果不因尺寸的因素影响其重复性，要求样条的制作采用统一的规定尺寸。

（5）实验中如涉及到有毒、易燃的化学品时，应在实验之前查明化学品的特性，了解防护以及应急措施，在实验中根据要求做好相应的防护。

（6）实验中涉及到设备的使用应先由实验老师讲解使用方法、注意事项之后方可操作，不可擅自启动设备。

（7）实验时操作仔细，认真观察实验现象，并随时如实记录实验现象和数据，以培养严谨的科学作风。

（8）实验完成后，应结合相应的实验原理分析实验结果，认真思考课后习题，进一步总结实验。

（9）爱护实验室仪器设备，实验时必须注意基本操作，仪器安装准确安全，实验台保持整齐清洁。

（10）公用仪器、药品、工具等使用完毕应立即放回原处，整齐排好，不得随便动用实验以外的仪器、药品、工具等。

（11）实验时应严格遵守操作规程，安全制度，以防发生事故。如发生事故，应立即向指导教师报告，并及时处理。

（12）实验后立即清洗仪器，做好清洁卫生工作。

（13）万一发生火灾，必须保持镇静，立即切断电源，移去易燃物，同时采取正确的灭火方法将火扑灭。切忌用水灭火。

（14）实验完毕，应立即切断电源，关紧水阀，离开实验室时，关好门窗，关闭总电闸，以免发生事故。

第四节　　高分子专业实验的安全常识

（1）危险化学品伤害与玻璃划伤

当皮肤接触上有毒或腐蚀性化学品时，应立即脱去外衣，并用大量流动清水清洗10min，送医，若眼睛上溅入化学品时，千万不要用手揉，应立即掀起眼睑并用大量流动清水清洗15min，送医。

当吸入有毒或腐蚀性化学品时，应撤离现场到空气流动地域，如果呼吸困难可进行吸氧或人工呼吸。

发生玻璃划伤应立即挤出污血，用大量清水洗涤10min，以便彻底清除残留的化学药品和一些碎的玻璃碴，伤口创面需要用创可贴或胶布裹好，使其迅速止血，必要时需到医院接受医治。若受伤严重，有大量血液涌出时，应引导受伤者躺下，保持安静，将受伤部位略抬高，用一垫子稍用力压住伤口，同时迅速拨打急救电话，让医生和救护车迅速赶来救护。

（2）火灾与烧伤

在实验室处理易燃、易爆化学品时，应远离火源，所有仪器设备均应严格按照操作说明进行安装、调试、检查。一旦发生火灾应立即切断电源，移开火源附近易燃物品，并使用灭火器灭火（严禁用水灭火），同时拨打火警119。

若有明火引焰服装，应立即脱掉服装或在地上打滚，以熄灭火源。

若发生轻微烧伤或烫伤，需要将烫伤部位在冷水浸10~15min，然后在伤口涂抹苦味酸溶液等烫伤药剂；而对于一些更加严重的烫伤，则需要到送医院专业治疗。

（3）爆炸

实验室有些化学品如乙醚、硝酸酯等在受热或受到冲击作用时容易发生爆炸，对这类物品应避免放置在阴凉干燥处，避免受热，一旦发生爆炸，应切断电源，并撤离现场，报火警119。

第二章　高分子材料专业基础实验

第一节　聚合物分子量的测定

分子量是高分子链结构的一个组成部分，是表征高分子大小的一个重要指标。由于高分子合成过程经历了链的引发、增长、终止以及可能发生的支化、交联、环化等复杂过程，每个高分子具有相同和不同的链长，许多高分子组成的聚合物具有分子量的分布，所谓聚合物的分子量仅为统计平均值。

高聚物的分子量是反应高聚物特性的重要指标，是高分子材料最基本的结构参数之一。它涉及高分子材料及其制品的力学性能，高聚物的流变性质，聚合物加工性能和加工条件的选择。聚合物分子量也是在高分子化学、高分子物理领域对具体聚合反应、具体聚合物的结构研究所需的基本数据之一。分子量和分子量分布对聚合物材料的物理机械性能和成型加工性能影响显著，测定聚合物的分子量具有十分重要的意义。

聚合物分子量的测定方法可以分为绝对法、等价法和相对法三种。绝对法给出的实验数据可分别用来计算分子的质量和摩尔质量而不需要有关聚合物结构的假设，包括沸点升高、冰点降低，气相渗透，沉降平衡法以及体积排除色谱等方法。等价法需要高分子的结构信息，已知高分子的化学结构，即端基结构和每个分子上端基的数目，通过端基测定可计算高分子的摩尔质量。相对法依赖于溶质的化学结构、物理形态以及溶质-溶剂之间的相互作用。该法需要其他绝对分子量测定方法进行校准，最重要的相对法有稀溶液黏度法。

实验一　端基滴定法测定聚合物的分子量

一、实验目的

1. 掌握用端基分析法测定聚合物分子量的原理和方法。
2. 用端基分析法测定聚酯样品的分子量。

二、实验原理

端基分析法是测定聚合物分子量的一种化学方法。凡聚合物的化学结构明确、每个高分子链的末端具有可共化学分析的基团，原则上均可用此法测其分子量。一般的缩聚物（例如聚酰胺、聚酯等）是由具有可反应基团的单体缩合而成，每个高分子链的末端仍有反应性基团，而且缩聚物分子量通常不是很大，因此端基分析法应用很广。对于线型聚合物而言，样品分子量越大，单位质量中所含的可供分析的端基越少，分析误差也就越大，因此端基分析法适合于分子量较小的聚合物，可测定的分子量范围为 $1 \times 10^2 \sim 3 \times 10^4$。

端基分析的目的除了测定分子量以外，如果与其他分子量的测定方法相配合，还可用于判断高分子的化学结构，如支化等，由此也可对聚合机理进行分析。

设在质量为 m 的样品中含有分子链的物质的量为 N，被分析基团的物质的量为 N_t，每根高分子链含有的基团数为 n，则样品的分子量为

$$M_n = \frac{m}{N} = \frac{m}{N_t/n} = \frac{nm}{N_t} \qquad (2\text{-}1)$$

以本实验测定的线型聚酯的样品为例，它由二元酸和二元醇缩合而成，每根大分子链的一端为羟基，另一端为羧基。因此，可以通过测定一定质量的聚酯样品中的羧基或羟基的数目而求得其分子量。羧基的测定可采用酸碱滴定法进行，而羟基的测定可采用乙酰化的方法，即加入过量的乙酸酐，大分子链末端的羟基转变为乙酰基：

$$\text{~~CH}_2\text{OH} + \text{CH}_3\text{COCCH}_3 \longrightarrow \text{~~CH}_2\text{OCCH}_3 + \text{CH}_3\text{COOH}$$

然后使剩余的乙酸酐水解变为乙酸，用标准 NaOH 溶液滴定，可求得过剩的乙酸酐。从乙酸酐耗量即可计算出样品中所含羟基的数目。

在测定聚酯的分子量时，一般首先根据羧基和羟基的数目分别计算出聚合物的分子量，然后取其平均值。在某些特殊情况下，如果测得的两种基团的数目相差甚远，则应对其原因进行分析。

由于聚酯分子链中间部位不存在羧基或羟基，$n=1$，因此式（2-1）可写为：

$$M_n = \frac{m}{N_t} \tag{2-2}$$

用羧酸计算分子量时：

$$M_n = \frac{m \times 1000}{C_{NaOH}(V_0 - V_f)} \tag{2-3}$$

式中，C_{NaOH} 为 NaOH 的浓度，mol/L；V_0 为滴定时的起始读数，mL；V_f 为滴定终点时的读数，mL。

用羟基计算分子量时：

$$M_n = \frac{m \times 1000}{N_t' - C_{NaOH}(V_0 - V_f)} \tag{2-4}$$

式中，N_t' 为所加乙酸酐物质的量，mol/L；C_{NaOH} 为滴定过剩乙酸酐所用的氢氧化钠的浓度，mol/L；V_0 和 V_f 意义同式（2-3）。

由以上原理可知，有些基团可以采用最简单的酸碱滴定进行分析，如聚酯的羧基、聚酰胺的羧基和氨基，而有些不能直接分析的基团也可以通过转化为可分析的基团进行分析，但转化过程必须明确和完全，同时由于像缩聚类聚合物往往容易分解，因此转化时应注意不使聚合物降解。对于大多数的烯类加聚物，一般分子量较大且无可供分析基团，因而不能采用端基分析法测定其分子量，但在特殊需要时也可以通过在聚合过程中采用带有特殊基团的引发剂、终止剂、链转移剂等在聚合物中引入可分析基团甚至同位素等。

采用端基分析法测定分子量时，首先必须对样品进行纯化，除去杂质、单体及不带可分析基团的环状物。由于聚合过程往往要加入各种助剂，有时会给提纯带来困难，这也是端基分析法的主要缺点。因此最好能了解杂质类型，以便选择提纯方法。对于端基数量与类型，除了根据聚合机理确定以外，还需注意在生产过程中是否为了某种目的（如提高抗老化性）而对端基封闭或转化处理。另外，在进行滴定时采用的溶剂应既能溶解聚合物，又能溶解滴定试剂。端基分析的方法除了可以灵活应用各种传统化学分析方法外，也可采用电导滴定、电位滴定及红外光谱、元素分析等仪器分析方法。

由式（2-1）可知

$$M_n = \frac{m}{N} = \frac{\sum n_i M_i}{\sum n_i} = \overline{M}_n \tag{2-5}$$

即端基分析法测得的是聚合物的数均分子量。

三、主要仪器及试剂

（1）仪器 磨口锥形瓶，移液管，回流冷凝管，电热套，分析天平，酸碱滴定装置。

（2）试剂　聚酯，三氯甲烷，苯，0.1mol/L NaOH 乙醇溶液，0.5mol/L NaOH 乙醇溶液，乙酸酐吡啶（体积比 1∶10），酚酞指示剂。

四、实验步骤

1. 羧基的测定

用分析天平准确称取 0.5g 样品，置于 250mL 磨口锥形瓶内，加入 10mL 三氯甲烷，摇动，溶解后加入酚酞指示剂，用 0.1mol/L NaOH 乙醇溶液滴定至终点。由于大分子链端羧基的反应性低于低分子物，因此在滴定羧基时需等 5min，如果红色不消失证明滴定到终点。但等待时间过长时，空气中的 CO_2 也会与 NaOH 起作用而使酚酞褪色。

2. 羟基的测定

准确称取 1g 聚酯，置于 250mL 干燥的磨口锥形瓶内，用移液管加入 10mL 预先配制好的乙酸酐吡啶溶液（又称乙酰化试剂）。在锥形瓶上装好回流冷凝管，进行加热并不断搅拌，反应时间约 1h，然后由冷凝管上口加入 10mL 苯（为了便于观察终点）和 10mL 去离子水，待完全冷却后以酚酞做指示剂，用标准 0.5mol/L NaOH 乙醇溶液滴定至终点。同时作空白实验。

五、实验数据处理

根据羧基与羟基的量，分别按式(2-3) 和式(2-4) 计算平均分子量，然后计算其平均值。

六、思考题

1. 测定羧基时为什么采用 NaOH 的乙醇溶液而不使用水溶液？
2. 在乙酸酐吡啶溶液中，吡啶的作用是什么？

实验二　黏度法测定聚合物的分子量

一、实验目的

1. 掌握黏度法测定聚合物分子量的基本原理。
2. 掌握测定聚合物溶液黏度的实验方法。
3. 测定聚苯乙烯甲苯溶液的特性黏数，并计算其平均分子量。

二、实验原理

黏度法在所有测定聚合物分子量的方法中是一种相对的方法，因它仪器设备简单，操作方便，分子量适用范围为 $10^4 \sim 10^7$，又有较高的实验精确度，所以成为人们最常用的实验技术。黏度法除了主要用来测定黏均分子量外，还可用于测定溶液中的大分子尺寸，测定聚合物的溶度参数等。

黏度除与分子量有密切关系外，对溶液浓度也有很大的依赖性，故实验中首先要消除浓度对黏度的影响，常用以下两个经验公式表达黏度对浓度的依赖关系。

$$\text{Huggins} \qquad \frac{\eta_{sp}}{c} = [\eta] + k[\eta]^2 c \qquad (2\text{-}6)$$

$$\text{Kremer} \qquad \frac{\ln\eta_r}{c} = [\eta] - \beta[\eta]^2 c \qquad (2\text{-}7)$$

式中，η_{sp} 为增比黏度；η_r 为相对黏度。若以 η_0 表示溶剂的黏度，则

$$\eta_r = \frac{\eta}{\eta_0} \qquad (2\text{-}8)$$

$$\eta_{sp} = \frac{\eta - \eta_0}{\eta_0} = \eta_r - 1 \qquad (2\text{-}9)$$

式（2-6）和式（2-7）中 c 为溶液浓度，k 和 β 均为常数，显然

$$\lim_{c \to 0} \frac{\eta_{sp}}{c} = \lim_{c \to 0} \frac{\ln \eta_r}{c} = [\eta] \qquad (2-10)$$

$[\eta]$ 是聚合物溶液的特性黏数，和浓度无关。由此可知，若以 η_{sp}/c 和 $\ln \eta_r/c$ 分别对 c 作图，则它们外推到 $c \to 0$ 所得的截距应重合于一点，其值等于 $[\eta]$，见图 2-1。这也可用来检查实验的可靠性。

当聚合物的化学组成、溶剂、温度确定后，$[\eta]$ 值只和聚合物的分子量有关，常用式（2-11）表达这一关系：

$$[\eta] = K M^a \qquad (2-11)$$

式（2-11）称为 Mark-Houwink 方程。式中，K 为比例常数，a 为扩张因子，其值与聚合物种类、溶剂性质、温度有关，和分子量的范围也有一定的关系。

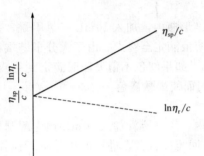

图 2-1　η_{sp}/c 和 $\ln \eta_r/c$ 对 c 关系图

在测定聚合物的 $[\eta]$ 时，使用毛细管黏度计最方便，液体在毛细管黏度计内因重力作用的流动，可用下式表示：

$$\eta = \frac{\pi h g R^4 \rho t}{8lV} - \frac{m \rho V}{8 \pi l t} \qquad (2-12)$$

式（2-12）右边的第一项是指重力消耗于克服液体的黏性流动，而第二项是指重力的一部分转化为流出液体的动能，即毛细管测定液体黏度技术中的"动能改正项"。

式中，h 为等效平均液柱高；V 为流出体积；g 为重力加速度；t 为流出时间；R 为毛细管半径；m 为和毛细管两端液体流动有关的常数（近似等于 1）；l 为毛细管长度；ρ 为液体的密度。

令仪器常数 $A = \dfrac{\pi h g R^4}{8lV}$，$B = \dfrac{mV}{8 \pi l}$

则式（2-12）可简化为：

$$\frac{\eta}{\rho} = At - \frac{B}{t} \qquad (2-13)$$

式（2-13）代入式（2-8）得：

$$\eta_r = \frac{\rho}{\rho_0} \times \frac{At - B/t}{At_0 - B/t_0} \qquad (2-14)$$

实验数据表明，当毛细管半径太粗，溶剂流出时间小于 100s，溶剂的运动黏度（η/ρ）太小时，必须考虑动能改正。

由于动能改正对实验操作和数据处理都带来麻烦，所以只要仪器设计合理和溶剂选择合适，往往可忽略动能的影响，式（2-14）简化为：

$$\eta_r = \frac{\rho}{\rho_0} \times \frac{At}{At_0} = \frac{\rho t}{\rho_0 t_0} \qquad (2-15)$$

又因为聚合物溶液黏度的测定，通常是在极稀的浓度下进行（$c < 0.01 \text{g/mL}$），所以溶液和溶剂的密度近似相等 $\rho \approx \rho_0$，由此式（2-9）、式（2-10）可改写为：

$$\eta_r = t/t_0 \qquad (2-16)$$

$$\eta_{sp} = \eta_r - 1 = \frac{t - t_0}{t_0} \qquad (2-17)$$

式中，t、t_0 分别为溶液和溶剂的流出时间。

把聚合物溶液加以稀释，测不同浓度溶液的流出时间，通过式(2-6)、式(2-7)、式(2-16)、式(2-17)，经浓度外推求得 $[\eta]$ 值，再利用式(2-11)计算黏均分子量，即所谓"外推法"（或稀释法）。

"外推法"至少要测定三个以上不同浓度下的溶液黏度，显得比较麻烦，何况在某些情况下是不允许的。譬如：急需快速知道结果；样品很少，不便稀释；操作中发生意外，仅得一个浓度的数据等。这时就要采用"一点法"，即只需测定一个浓度下溶液的黏度，就可求得可靠的特性黏数 $[\eta]$。"一点法"中，首先要借助"外推法"得到式(2-6)、式(2-7)中的 K 和 β 值，然后在相同实验条件下测一个浓度下溶液的黏度，选择下列公式计算 $[\eta]$ 值，$K=0.3\sim0.4$，$K+\beta=0.5$（一般指线型柔性高分子-良溶剂体系），则

$$[\eta]=\frac{1}{c}\sqrt{2(\eta_{sp}-\ln\eta_r)} \tag{2-18}$$

若上述条件不符，则先求出 $\gamma=K/\beta$，再代入下式

$$[\eta]=\frac{\eta_{sp}+\gamma\ln\eta_r}{(1+\gamma)c} \tag{2-19}$$

三、主要仪器及试剂

(1) 仪器　容量瓶，乌氏黏度计，恒温槽，秒表，洗耳球。
(2) 试剂　聚苯乙烯，甲苯，丙酮。

四、实验步骤

1. 溶液的配制

用分析天平准确称取 $1.8\sim2.0$g 的聚苯乙烯（准确至 0.1mg），倒入 250mL 容量瓶中，用 200mL 甲苯溶解。溶解后稍稍摇动，再经砂芯漏斗滤入另一只 250mL 洁净干净的容量瓶中（用 5mL 甲苯洗涤 $2\sim3$ 次滤入容量瓶中），稀释至刻度，摇匀后待用。

2. 安装黏度计，测定溶剂流出时间

将洁净干燥黏度计 B、C 管上接上医用橡皮管，将黏度计放入 $25℃\pm0.1℃$ 恒温水槽中，使毛细管垂直于水面，使水面浸没 a 线上方的球。用待测样品的溶液洗涤移液管和黏度计 $2\sim3$ 次，用移液管从 A 管注入 10mL 溶液（滤过），恒温 10min 后，用夹子（或用手）夹住 C 管橡皮管使不通气，而将接在 B 管的橡皮管用注射器抽气，使溶剂吸至 a 线上方的球一半时停止抽气。先把注射器拔下，而后放开口管的夹子，空气进入 D 球，使毛细管内溶剂和 A 管下端的球分开。这时水平地注视液面的下降，用秒表记下液面流经 a 线和 b 线的时间，即为 t_0。重复三次以上，误差不超过 0.2s，取其平均值作为 $\overline{t}_0$。然后将溶剂倒出，黏度计烘干。

3. 仪器常数 A、B 的测定

测定的方法通常有三种：

① 用两种标准液体在同一温度下分别测其流出时间，

② 用一种标准液体在不同温度下测其流出时间；

③ 用一种标准液体在不同外压下（同一温度）测其流出时间。本实验选用第①法，标准液体选用甲苯和丙酮通过式(2-13)可得 A、B 值。

4. 溶液流出时间 t 的测定

用移液管吸取 10mL 溶液注入黏度计，黏度测定如图 2-2。测得溶液流出时间 t_1。然后再移入 5mL 溶剂，这时黏度计内的溶液浓度是原来的 2/3，

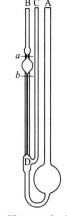

图 2-2　乌氏黏度计示意图

将它混合均匀，并把溶液吸至 b 线上方的球一半，洗两次，再用同法测定 t_2。

同样操作，再加入 5mL、10mL、10mL 溶剂，分别测得 t_3、t_4、t_5，填入表 2-1。

试样：_____；溶剂：_____；

实验温度：_____；黏度计号：_____；溶液原始浓度：_____；

K：_____；α：_____

表 2-1　黏度实验数据

项目	流出时间/s			η_r	$\ln\eta_r$	$\ln\eta_r/c$	η_{sp}	η_{sp}/c
t_0								
t_1								
t_2								
t_3								
t_4								
t_5								

五、实验数据处理

1. 黏度计仪器常数的计算

已知　丙酮（25℃）：$\rho=0.7851\text{g/mL}$，$\eta=0.3075\times10^{-2}\text{Pa}\cdot\text{s}$

　　　甲苯（25℃）：$\rho=0.8629\text{g/mL}$，$\eta=0.5516\times10^{-2}\text{Pa}\cdot\text{s}$

由实验数据计算 A、B。

2. "外推法"计算分子量

为作图方便，设溶液初始浓度为 c_0，真实浓度 $c=c'c_0$，依次加入 5mL、5mL、10mL、10mL 溶剂稀释后的相对浓度 c' 各为 2/3、1/2、1/3、1/4。计算 η_r、$\ln\eta_r$、$\ln\eta_r/c'$、η_{sp}、η_{sp}/c' 填入表 2-1 内。作 η_{sp}/c'（或 $\ln\eta_r/c'$）图时，外推得到截距 A，那么，

特性黏数 $[\eta]=$ 截距 $A/$ 初始浓度 c_0。

已知　$[\eta]=KM^\alpha$，式中，$K=$_____，$\alpha=$_____查附录，求得 $\overline{M}_\eta=$_____

六、思考题

1. 黏均分子量的意义及表达式如何，本实验测得的黏均分子量在数值上有什么特点？
2. 黏度法测分子量的影响因素有哪些？
3. 温度波动给实验带来误差的原因分析。

实验三　凝胶渗透色谱法测聚合物分子量及分子量分布

一、实验目的

1. 了解凝胶渗透色谱仪的原理。
2. 了解凝胶渗透色谱仪的构造和凝胶渗透色谱的实验技术。
3. 测定聚苯乙烯样品的分子量及分子量分布。

二、实验原理

凝胶渗透色谱仪（Gel Permeation Chromatography，GPC）是利用高分子溶液通过填充有特种凝胶的柱子把聚合物分子按尺寸大小进行分离的方法，是目前测定聚合物分子量及其分子量分布最有效的方法，它具有测定速度快、用量少、自动化程度高等优点，已获得广

泛应用。

凝胶渗透色谱也称为体积排除色谱（Size Exclusion Chromatography，简称 SEC）是一种液体（液相）色谱。一般认为，GPC/SEC 是根据溶质体积的大小，在色谱中体积排除效应即渗透能力的差异进行分离。高分子在溶液中的体积取决于分子量、高分子链的柔顺性、支化、溶剂和温度，当高分子链的结构、溶剂和温度确定后，高分子的体积主要依赖于分子量。

凝胶渗透色谱的固定相是多孔性微球，可由交联度很高的聚苯乙烯、聚丙烯酰胺、葡萄糖和琼脂糖的凝胶以及多孔硅胶、多孔玻璃等来制备。色谱的淋洗液是聚合物的溶剂。当聚合物溶液进入色谱后，溶质高分子向固定相的微孔中渗透。由于微孔尺寸与高分子的体积相当，高分子的渗透概率取决于高分子的体积，体积越小渗透概率越大，随着淋洗液流动它在色谱中走过的路程就越长，用色谱术语就是淋洗体积或保留体积增大。反之，高分子体积增大，淋洗体积减小，因而达到用高分子体积进行分离的目的。基于这种分离机理，GPC/SEC 的淋洗体积是有极限的。当高分子体积增大到已完全不能向微孔渗透，淋洗体积趋于最小值，为固定相微球在色谱中的粒间体积。反之，当高分子体积减小到对微孔的渗透概率达到最大时，淋洗体积趋于最大值，为固定相的总体积与粒间体积之和，因此只有高分子的体积居两者之间，色谱才会有良好的分离作用。对一般色谱分辨率和分离效率的评定指标，在凝胶渗透色谱中也适用。

色谱需要检测淋出液中的含量，因聚合物的特点，GPC/SEC 最常用的是示差折射率检测器。其原理是利用溶液中溶剂（淋洗液）和聚合物的折射率具有加和性，而溶液折射率随聚合物浓度的变化量 $\partial n / \partial c$ 值一般为常数，因此可以用溶液和纯溶剂折射率之差（示差折射率）Δn 作为聚合物浓度的响应值。对于带有紫外线吸收基团（如苯环）聚合物，也可以用紫外吸收检测器，其原理是根据比耳定律吸光度与浓度成正比，用吸光度作为浓度的响应值。

图 2-3 是 GPC/SEC 的构造示意图，淋洗液通过输液泵成为流速恒定的流动相，进入紧密装填多孔性微球的色谱柱，中间经过一个可将溶液样品送往体系的进样装置。聚合物样品进样后，淋洗液带动溶液样品进入色谱柱并开始分离，随着淋洗液的不断洗涤，被分离的高分子组分陆续从色谱柱中淋出。浓度检测器不断检测淋洗液中高分子组分的浓度响应，数据被记录，最后得到一张完整的 GPC/SEC 淋洗曲线，如图 2-4。

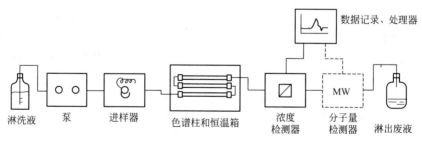

图 2-3 GPC/SEC 的构造

淋洗曲线表示 GPC/SEC 对聚合物样品依高分子体积进行分离的结果，并不是分子量分布曲线。实验证明，淋洗体积和聚合物分子量有如下关系：

$$\ln M = A - BV_e \quad \text{或} \quad \lg M = A' - B'V \tag{2-20}$$

式中，M 为高分子组分的分子量；A、B（或 A'、B'）与高分子链结构、支化以及溶剂温度等影响高分子在溶液中的体积的因素有关，也与色谱的固定相、体积和操作条件等仪

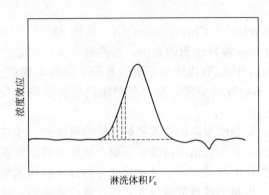

图 2-4 GPC/SEC 淋洗曲线和"切割法"

器因素有关，因此式（2-20）称为 GPC/SEC 的标定（校正）关系。式（2-20）的适用性还限制在色谱固定相渗透极限以内，也就是说分子量过高或太低都会使标定关系偏离线性。一般需要用一组已知分子量的窄分布的聚合物标准样品（标样）对仪器进行标定，得到在指定实验条件，适用于结构和标样相同的聚合物的标定关系。

GPC/SEC 的数据处理，一般采用"切割法"。在谱图中确定基线后，基线和淋洗曲线所包围的面积是被分离后的整个聚合物，依横坐标对这块面积等距离切割。切割的含义是把聚合物样品看成由若干个具有不同淋洗体积的高分子组分所组成，每个切割块的归一化面积（面积分数）是高分子组分的含量，切割块的淋洗体积通过标定关系可确定组分的分子量，所有切割块的归一化面积和相应的分子量列表或作图，得到完整的聚合物样品的分子量分布结果。因为切割是等距离的，所以用切割块的归一化高度就可以表示组分的含量。切割密度会影响结果的精度，当然越高越好，但一般认为，一个聚合物样品切割成 20 块以上，对分子量分布描述的误差已经小于 GPC/SEC 方法本身的误差。当用计算机记录、处理数据时，可设定切割成近百块。用分子量分布数据，很容易计算各种平均分子量，以 $\overline{M_n}$ 和 $\overline{M_w}$ 为例：

$$\overline{M_n} = \left(\sum_i W_i / M_i \right)^{-1} = \sum_i H_i \Big/ \sum_i \left(\frac{H_i}{M_i} \right) \tag{2-21}$$

$$\overline{M_w} = \sum_i W_i M_i = \sum_i H_i M_i \Big/ \sum_i H_i \tag{2-22}$$

式中，H_i 是切割块的高度。

实际上，GPC/SEC 的标定是困难的，因为聚合物标样来之不易。商品标样品种不多且价格昂贵，一般只用聚苯乙烯标样，但聚苯乙烯的标定关系并不适合其他聚合物。研究者从分离机理和高分子体积与分子量的关系，发现了 GPC/SEC 的普适校正关系：

$$\ln M[\eta] = A_u - B_u V_e \quad \text{或} \quad \lg M[\eta] = A_u' - B_u' V_e \tag{2-23}$$

式中，$[\eta]$ 是高分子组分的特性黏数；A_u、B_u（或 A_u'、B_u'）为常数，与式（2-20）不同，这两个常数不再是和高分子链结构、支化有关，仅与仪器、实验条件有关。式（2-23）是对大部分聚合物适用的普适校正关系。$[\eta]$ 可用 Mark-Houwink 方程代入，通过手册查找常数 K、α。但是，不少聚合物在 GPC/SEC 常用溶剂和实验温度下的 K、α 值并没有报道，即使能够查到，其准确性也很难判断，因此利用普适校正关系还是受到很大的限制。

GPC/SEC 的分子量在线检测技术，从根本上解决了分子量标定问题。目前技术比较成熟的是光散射和特性黏数检测，前者检测淋洗液的瑞利比，直接得到高分子组分的分子量；后者则检测淋洗液的特性黏数，利用普适校正关系来确定组分的分子量。此外，利用分子量响应检测器，还能得有关高分子结构的其他信息，使凝胶渗透色谱的作用进一步加强。

三、主要仪器及试剂

（1）仪器　组合式 GPC/SEC 仪（美国 Waters-150C 公司），分析天平，微孔过滤器，配样瓶，注射针筒。

（2）试剂　聚苯乙烯标样，悬浮聚合的聚苯乙烯，四氢呋喃（AR，重蒸后用 $0.45\mu m$

孔径的微孔滤膜过滤）。

四、实验步骤

1. 样品配制

选取十个不同分子量的标样，按分子量顺序 1、3、5、7、9 和 2、4、6、8、10 分为两组，每组标样分别称取约 2mg 混在一个配样瓶中，用针筒注入约 2mL 溶剂，溶解后用装有 $0.45\mu m$ 孔径的微孔滤膜的过滤器过滤。

在配样瓶中称取约 4mg 被测样品，注入约 2mL 溶剂，溶解后过滤。

2. 仪器观摩

了解 GPC/SEC 仪器各组成部分的作用和大致结构，了解实验操作要点。接通仪器电源，设定淋洗液流速为 1.0mL/min、柱温和检测温度为 30℃。了解数据处理系统的工作过程，但本实验将数据处理系统仅用作记录仪，数据处理由人工完成，以便加深对分子量分布的概念和 GPC/SEC 的认识。

3. GPC/SEC 的标定

待仪器基线稳定后，用进样针筒先后将两个混合标样溶液进样，进样量为 $100\mu L$，等待色谱淋洗，最后得到完整的淋洗曲线。从两张淋洗曲线确定共十个标样的淋洗体积。

4. 样品测定

同上法，将样品溶液进样，得到淋洗曲线后，确定基线，用"切割法"进行数据处理，切割块数应在 20 以上。

五、实验数据处理

1. GPC/SEC 的标定

标样：＿＿＿＿＿＿＿；浓度淋洗液：＿＿＿＿＿＿；流速：＿＿＿＿＿＿＿；
色谱柱：＿＿＿＿＿＿；柱温：＿＿＿＿＿＿＿；进样量：＿＿＿＿＿＿＿；
标样测定数据见表 2-2。

表 2-2　标样测试数据

标样序号	分子量	淋洗体积
1		
2		
3		
...		

作 $\lg M$-V_e 图，得 GPC/SEC 标定关系。

2. 样品测定

样品：＿＿＿＿＿＿＿；浓度：＿＿＿＿＿＿；淋洗液：＿＿＿＿＿＿；流速：＿＿＿＿＿＿；
色谱柱：＿＿＿＿＿＿；柱温：＿＿＿＿＿＿＿；进样量：＿＿＿＿＿＿；
样品测试数据见表 2-3。

表 2-3　样品测试数据

切割块号	V_{ei}	H_i	M_i	H_iM_i	H_i/M_i
1					
2					
3					
...					

计算 $\sum_i H_i$、$\sum_i H_i M_i$ 和 $\sum_i (H_i/M_i)$，根据式（2-21）、式（2-22）算出样品的数均和重均分子量，并计算多分散系数 $d=M_w/M_n$。

六、思考题

1. 高分子的链结构、溶剂和温度为什么会影响凝胶渗透色谱的校正关系？
2. 为什么在凝胶渗透色谱实验中，样品溶液的浓度不必准确配制？

实验四　聚合物熔融流动指数的测定

一、实验目的

1. 了解高聚物黏流实质及重要性。
2. 熟悉 XNR-400 型熔体流动速率测试仪的结构和工作原理。
3. 掌握聚丙烯熔体流动速率的测定方法。

二、实验原理

线型高聚物在一定温度与压力的作用下具有流动性，这是高聚物加工成型的依据，如许多塑料可以用压模、吹塑、注射等进行加工成型，合成纤维进行熔融纺丝。因此高聚物流动性的好坏是成型加工时必须考虑的一个很重要的因素。流动性好的高聚物在成型加工时温度可以选得低一些，或是外力可以选得小一点。相反对流动性差的高聚物成型加工的温度应该高一些，或者是外力应该大一点。衡量高聚物流动性好坏的指标有多种，如熔体流动速率、表观黏度、流动度，这里只介绍熔体流动速率。

熔体流动速率是在标准的熔体流动速率仪中测定的。先把一定量高聚物放入规定温度的料筒中，使之全部熔融，然后在规定的负荷下从固定直径的小孔中流出来，并规定用 10min 内流出来的高聚物克数作为它的熔体流动速率，其单位是"g/10min"，习惯用"MI"表示。在相同条件下（同一种聚合物、同温度、同负荷），熔体流动速率越大，说明它的流动性越好，相反熔体流动速率越小，则流动性越小，流动性越差。

不同用途和不同加工方法，对高聚物的熔体流动速率有不同的要求。一般情况下，注射成型用的高聚物熔体流动速率较高，但是通常测定的 MI 不能说明注射或挤出成型时聚合物的实际流动性能。因为在 2160g 的荷重条件下，熔体的剪切速率为 $10^{-2} \sim 10^{-1} \mathrm{s}^{-1}$，属于低剪切速率下流动，远比注射或挤出成型加工中通常的剪切速率（$10^2 \sim 10^4 \mathrm{s}^{-1}$）范围低。由于熔体流动速率测定仪具有简单、方法简便的优点。用 MI 能方便的表示聚合物流动性的高低。所以对于成型加工中材料的选择和适用性有参考的实用价值。我国目前高聚物性能的部颁暂行标准见表 2-4。

表 2-4　我国目前高聚物性能的部颁暂行标准

材料名称	实验温度/℃	压强/（kgf/cm²)	负荷/g	
			料杆头直径 9.55mm	料杆头直径 10mm
聚乙烯	190	3.04	2160	2406
聚丙烯	230	3.04	2160	2406
聚碳酸酯	300	1.69	1200	1337
聚苯乙烯	190	7.03	5000	5569
ABS	200	7.03	5000	5569

注：1kgf/cm² = 98.0665kPa。

三、实验仪器及试剂

（1）仪器　XNR-400 型熔体流动速率仪，主体结构见图 2-5。该仪器由试料挤出系统和加热系统两部分组成。试料挤出系统由砝码、料筒、压料杆、毛细管组成。加热控制系统包括炉体、控温铂电阻、控温热电偶、放大器等。

（2）试剂　聚丙烯，聚乙烯。

四、测试条件选择

熔体流动速率均随温度的增高、负荷的增加而增大。对每一种高聚物都有统一的标准，我国目前部颁暂行标准见表 2-5。加料量在一定范围内，对测得的熔体流动速率影响不大，不同的切样间隔时间切下的样条长短亦不相同，过长或过短都是不适宜，样条取长 1cm 较为合适。

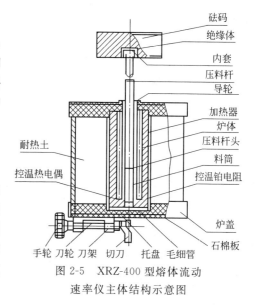

图 2-5　XRZ-400 型熔体流动
速率仪主体结构示意图

表 2-5　熔体流动速率与加料量和切样间隔时间的关系

熔体流动速率/(g/10min)	料筒中试样重量/g	切样间隔时间/s
0.15～1.0	2.5～3.0	180～300
1.0～3.5	3.0～5.0	25～60
3.5～2.5	4.0～8.0	5～30

五、实验步骤

① 开启电源，指示灯亮。

② 设定参数，温度 230℃，切料间隔 30s，切料 15 次。

③ 称料：聚丙烯 4g。

④ 料筒预热：当温度达到规定值后，再恒温 10min，然后将料筒、口模放入炉体中预热 5min。

⑤ 装料：放好漏斗，往料筒中装入称好的试样，用压料杆将料压实（用手压不要太使劲）。

⑥ 取样：秒表计时 5min 料完全熔融，压料杆顶部装上选定的负荷砝码 2160g，试样从口模中挤出，首先预切料，切去料头 15cm 左右后，开始正式切料，收取其中 10 段（含有气泡的或太长或太短的应弃去）。

⑦ 清洗：测定完毕，余料趁热挤出，取出。推出口模，趁热擦干净，用清料杆挂上纱布，边推边旋转，将料筒内清理干净。

六、实验数据处理

取 5 个无泡的切割段分别称重，精确到 mg，最大值与最小值的差不应超过平均值的 10%，按式(2-24)计算 MI：

$$MI = \frac{W \times 600}{t} \text{(g/10min)} \tag{2-24}$$

式中，W 为切割段平均重量，g；t 为每个切割段所需时间，s。

注：① 装料，安放导套，压料都要迅速，否则料全熔之后气泡难以排出。

② 安放口模或取出口模时应小心，以防口模掉落，清洗料筒时，用软质材料擦拭以防

擦伤筒壁。

七、思考题

1. 聚合物的熔体流动速率与分子量有什么关系？
2. 对于同一聚合物试样，改变温度和剪切应力对其熔体流动速率有何影响？

第二节　聚合物热性质的测定

　　聚合物的热性能包括耐热性、热稳定性，导热性能和热膨胀性能等。通过热分析方法可分析聚合物的热性质。热分析是指用热力学参数或物理参数随温度变化的关系进行分析的方法。按测量的物理性质可将热分析方法分为：热重分析、差热分析、差示扫描量热法、动态热机械分析等。热分析方法在高聚物研究领域内的应用主要包括：①高聚物的玻璃化转变以及熔融行为；②高聚物的热分解或裂解以及热氧化降解；③新的或未知高聚物的鉴别；④高聚物的结晶行为和结晶度；⑤共聚物和共混物的组成、形态以及相互作用和共混物相容性研究等。随着热分析技术向自动化、高性能、微量化和联用技术方向日益发展的完善，开拓了高聚物研究的广度和深度，同时也为聚合物实际工业化生产和应用提供了理论基础。

实验五　高聚物熔点的测定

一、实验目的

1. 了解聚合物熔点对合成纤维生产的指导意义。
2. 掌握切片的制备方法及实验相关数据的处理。

二、实验原理

　　本实验选用 YG252A 型熔点仪。仪器是根据检测聚酯切片、纤维等试样在熔融过程中透光量变化的物理现象来报熔的。

　　在仪器的加热器下方有一光源，上方有一光敏器件，通过加热器中心的导光孔接受光量。放在加热器上的试样在熔融前后，其透光率发生变化，光敏器件接收到的光亮也随之发生变化。加热时使铂电阻的阻值改变，电路中输出变化的电压信号送入模拟电路开关，模拟电路开关分时将光量信号，温度信号输入 A/D 模数转换器，A/D 输出数字量，送微机处理。图 2-6 所示为 YG252A 型熔点仪和图 2-7 所示为熔点检测示意图。微机通过分析光量的

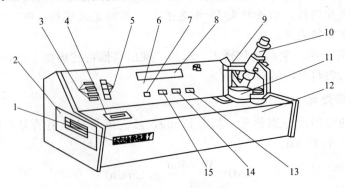

图 2-6　YG252A 型熔点仪

1—铭牌；2—打印机侧门；3—指示灯；4—打印机出纸窗；5—按钮；6—报熔指示窗；7—报熔/设定按钮；8—数码显示窗；9—光敏管部件；10—显微镜部件；11—加热器部件；12—机体；13—电源开关；14—风机开关；15—光量开关

变化曲线和温度变化曲线（升温曲线）来判断确定熔点值。

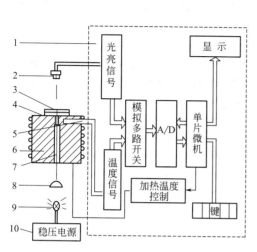

图 2-7　熔点检测示意图

1—电路部分；2—光敏电阻；3—试样；4—盖玻片；

5—铂电阻；6—加热器；7—导光孔；

8—聚光透镜；9—光源；10—电源

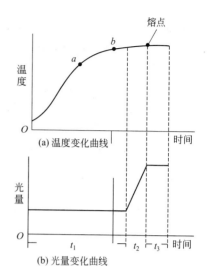

图 2-8　试样升温和熔融过程中光
量变化曲线

图 2-8 所示为试样升温和熔融过程中光量变化曲线。a 点前为快速升温区，到达 a 点时（即熔前 50℃ 左右）开始控温，逐步慢降升温速率，到达 b 点时（熔前 10℃ 左右），进入等速升温区。

试样在熔融过程中光量变化曲线如图 2-8(a) 所示，在 t_1 期间被加热，但透光量不变（弱），在 t_2 时间内，温度上升，光量变化（上升），在 t_3 时间内，对试样继续升温，但光亮不变（强），试样已熔化。一般的试样在加热熔融过程中，透光量都有从不变到变，再从变到不变的过程。图 2-8(b) 光量曲线中，t_2 时间结束点对应于图 2-8(a) 温度曲线的一点温度为全熔点。

三、实验仪器及试样

（1）测试条件　环境温度 10～30℃；环境相对湿度不大于 80%；不允许阳光或外部强光直射在光敏部件处。

（2）主要技术指标　熔点测试范围 50～350℃；熔点测试误差不大于 0.5℃（在升温速率 2℃/min 时用熔点标准物较正）；最小温度读数 1℃；升温速率 2℃/min、3℃/min、4℃/min、5℃/min（可选）；报熔方式分为自动报熔（只报全熔），手控报熔（显微镜目测按键报熔），设定后自动报熔（经手控报熔后再转换成自动报熔方式时，仪器可按显微镜目测报熔时的状态，自动报熔）；打印采用 TPUP-16A 微型打印机，能够打印每次实验数据和 8 次以内任意次的算术平均值。

（3）主要材料　剪刀；切片机；镊子；负荷压块；隔热玻璃板；盖玻片（20mm×20mm×0.17mm）；单面刀片；搌镜纸或纱布等工具和材料。

四、实验步骤

1. 准备

开机预热 15min，其间用负荷压块代替试样，升温至 270℃ 左右，按 RESET 键并开风机降温至 90℃左右，取下负荷压块关风机准备实验，试样熔点低于 150℃时可不进行上述操作。

测试前将"光亮"开关一般置较弱挡，但若试样透明度较差时"光亮"开关置较强挡（扳动"光亮"开关观察光亮，数值大者为强挡）。

2. 制样

纤维制片：用剪刀将纤维剪成小于 1mm 长的小段，放在两片盖玻片中，面积约 8mm^2。

聚合物切片：用切片机或刀片将聚合物切片切成 0.04mm 厚左右的薄片，放在两片盖玻片中，面积约 8mm^2（如切片面积较大时用剪刀修去边缘部分）。

药品及有关粉末试样制样：药粉先碾成均匀的细粉末，将少许粉末集中放在两片盖玻片中的中央位置，面积约 8mm^2。

3. 测定

（1）仪表盘显示数码的含义

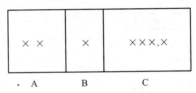

提示框中：A——光亮值，试样熔融后透光率增大，光量值增大。

B——"次数/提示符"在初始状态显示操作提示符"A"或"b"，"c"，"d"。加热后显示实验次数，样板实验时实验次数显示"0"，正式实验显示"1"—"8"。

C——温度值，（单位℃），升温时数值增大，降温时数值减小。

（2）观察"次数/提示符"数码管。

（3）在初始状态，如光亮大于 90 或小于 65 时，显示符"A"，说明光敏器件未能正常地接受光量或光路，电路有故障或光源灯泡老化、损坏等。

（4）如显示提示符"b"，说明光路正常。

（5）按下"认可/加热"键，显示提示符"C"，要求将制好的试样放在加热器上并盖住导光孔，在盖玻片上压上负荷压块，套上保温罩，盖上隔热玻璃。

（6）放上试样后，如显示提示符为"d"，试样放置正确，如仍显示为"b"则试样未盖住加热器上的导光孔。

（7）按"认可/加热"键，"加热"灯亮，"次数/提示符"数码管显示实验次数，仪器对试样进行加热，监测。在熔前 50℃左右（即预置点温度）时自动控温，逐步减慢升温速率。在熔前 10℃左右进入等速升温，试样全部熔融后，锁存显示熔点温度值并发出间接报熔声响，仪器自动切断加热器电源，开风机取下保温罩并在加热平台上放上散热器。降温至要求值（一般在 90℃左右）。

（8）**样板实验** 开机后的第一次实验是样板实验，样板实验时仪器快速升温至试样熔融，仪器显示熔点温度值，并自动将样板试样的熔点值减去 50℃作为预置点温度存入计算机内存，在正式实验中，当升温至预置点温度时，仪器自动调整加热功率，控制升温速率，每更换一个试样品种均应做一次样板实验，实验次数显示"0"，实验结果不打印。

（9）**报熔** 设定后自动报熔：经样板实验，经手控报熔后，又返回到手控报熔初始状态时，按"方式/＋"键，"手控"灯灭，"自动"灯亮（此时已将手控报熔时由操作者设定认可的初熔点，全熔点的光量变化的状态数值等存入微机）。

4. 预置点温度、升温速率的设定修改（一般不要求修改）

在正式实验时，要求在熔前（全熔）10℃左右进入等速升温，如发现达不到要求，在下次实验的初始状态时，可调整预置点温度，如需要还可调整升温速率。

（1）预置点温度的设定修改　在初始状态仪器提示符显示"b"时，按下"报熔/设定"键，此时如按下"方式/＋"键，预置点温度值增加，如按下"返回/－"键，预置点温度值减小。当增加或减小为新的预置点温度值后松开按键，再按一下"认可/加热"键，新的预置点温度值即存入微机内存。

（2）升温速率的设定修改　如按下"方式/＋"键，升温速率增加，如按下"返回/－"键，升温速度减小。修改为新的升温速率值后，按"认可/加热"键，新的升温速率存入微机（本次实验时新的升温速率有效），如不需改变升温速率时，可直接按"认可/加热"键，程序可返回初始状态。

5. 打印

（1）样板实验后的实验数据不打印。

（2）在报熔时，按"打印"键，打印本次实验数据，再返回到初始状态。如果第 8 次实验结束，按"打印"键，打印本次实验数据及 8 次实验数据的算术平均值，再返回初始状态，下次实验为下一组的第 1 次。

（3）在报熔时，按"清除"键，本次实验数据被清除不打印，返回初始状态，可重做本次实验。

五、实验数据处理

打印数据一般为实验结果，不必进行特殊处理。

六、思考题

1. 影响熔点的结构因素有哪些？
2. 测试过程中哪些因素会影响到测试结果？
3. 聚合物的熔点对材料加工成型有哪些指导意义？

实验六　聚合物差示扫描量热分析

差热分析是在温度程序控制下测量试样与参比物之间的温度差随温度变化的一种技术，简称 DTA（Differential Thermal Analysis）。

在 DTA 基础上发展起来的另一种技术是差示扫描量热法。该法是在温度程序控制下测量试样相对于参比物的热流速度随温度变化的一种技术，简称 DSC（Differential Scanning Calorimetry）。

聚合物发生结晶形态的转变、化学分解、氧化还原反应、固态反应、交联等物理或化学变化时会发生放热或吸热效应，表现在热谱曲线上会产生基线突然变动，并产生吸热或放热峰，因而可用 DTA 或 DSC 测定这些过程。DTA 或 DSC 技术在高分子材料研究领域有广泛的应用，如研究聚合物与化学纤维的相转变，玻璃化转变温度 T_g 的测定；结晶温度 T_c，熔点 T_m，结晶度 X，熔融与冷却热熔；等温非等温结晶动力学参数的测定；聚合物侧序分布的研究；高分子材料的氧化、分解、炭化、固化、交联等反应的研究；复合材料组分与相容性的表征研究等。

一、实验目的

1. 了解聚合物差热分析（DTA）和差动热分析（DSC）的基本原理和应用，及相互间的差别。

2. 掌握使用 CDR-4P 差热分析仪测量聚合物差热分析（DTA）和差动热分析（DSC）

的方法。

3. 掌握分析聚合物的 DTA 与 DSC 热谱图的方法，能够通过热谱图了解聚合物的 T_g、T_c、T_m、ΔH_f 及结晶度 f_c。

4. 了解 DTA、DSC 的测试原理，CDR-4P 差热分析仪的构造原理，基本操作。

二、基本原理

1. 差热分析（DTA）

差热分析（Differential Thermal Analysis，简称 DTA）是程序控温的条件下测量试样与参比物之间温度差随温度的变化，即测量聚合物在受热或冷却过程中，由于发生物理变化或化学变化而产生的热效应。物质在加热或冷却过程中的某一特定温度下，往往会发生伴随有吸热或放热效应的物理、化学变化，如晶型转变、沸腾、升华、蒸发、熔融等物理变化，以及氧化还原、分解、脱水和离解等化学变化。另有一些物理变化如玻璃化转变，虽无热效应发生，但比热容等某些物理性质也会发生改变，此时物质的质量不一定改变，但温度是必定会变化的。差热分析就是在物质这类性质基础上建立的一种技术。

（1）DTA 测试原理　由物理学可知，具有不同自由电子束和逸出功的两种金属相接触时会产生接触电动势。如图 2-9 所示，当金属丝 A 和金属丝 B 焊接后组成闭合回路，如果两焊点的温度 t_1 和 t_2 不同就会产生接触热电势，闭合回路有电流流动，检流计指针偏转。接触电动势的大小与 t_1 和 t_2 之差成正比。如把两根不同的金属丝 A 和 B 以一端相焊接（称为热端），置于需测温部位；另一端（称为冷端）处于冰水环境中，并以导线与检流计相连，此时所得热电势近似与热端温度成正比，构成了用于测温的热电偶。如将两个反极性的热电偶串联起来，就构成了可用于测定两个热源之间温度差的温差热电偶。将差热电偶的一个热端插在被测试样中，另一个热端插在待测温度区间内不发生热效应的参比物中，试样和参比物同时升温，测定升温过程中两者温度差，就构成了差热分析的基本原理。

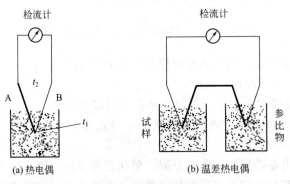

图 2-9　DTA 原理图

（2）差热分析仪　差热分析仪主要由温度程序控制、信号放大、气氛控制、显示记录及数据处理部分组成。其中温度程序控制部分包括炉子（加热器、制冷器等），控温热电偶和温度程序控制器，其作用是编制程序，模拟复杂的温度曲线，给出毫伏信号，实现升温、降温、恒温（见图 2-10）。当控温热电偶的热电势与该毫伏值有偏差时，说明炉温偏离给定值，由偏差信号调整热炉功率，使炉温很好地跟踪设定值，产生理想的温度曲线。信号放大系统的作用是将温差热电偶产生的微弱温差电势放大；增幅后输送到显示记录系统。显示记录系统的作用是把信号放大系统所检测到的物理参数对温度作图。采用电子电位差记录仪或电子平衡电桥记录仪、示波器、X-Y 函数记录仪以及照相式的记录方式等以数字、曲线或其他形式直观地显示出来。数据处理部分包括专用微型计算机或微机处理，其作用是将所检测到的物理参数对温度的曲线或数据作进一步的分析处理，直接计算出所需要的结果和数据由打印机输出。实验中，参比物一般选择测量温度范围内本身不发生任何热效应的稳定物质，它的热容及热导率和样品应尽可能相近。常用的参比物有石英粉、氧化镁粉末、α-氧化铝等。当参比物和试样置于加热炉中的托架上，在等速升温或降温时，若试样不发生热效应，在理想情况下，试样温度和参比物温度相等，$\Delta T = 0$，差示热电偶无信号输出。记录仪上记录温差的笔划出一条直线，称为基线。当试样产生吸热反应时，试样温度比参比物的温度低，即 $\Delta T < 0$，则 DTA 曲线偏离基线向下。若试样放热，即 $\Delta T > 0$ 时则向上划曲线。通过 DTA 曲线上峰的位置可确定发生热效应的温度，峰的面积可确定热效应的大小，峰的形状可了解有关过程的动力学特性。

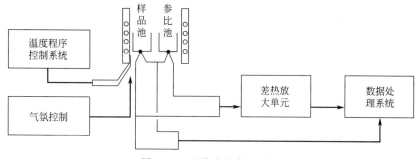

图 2-10 差热分析仪示意图

应该指出，由于热电偶的不对称，试样和基准物质的热容及热导率不同，DTA 曲线的基线常有不同程度的漂移，导致测量结果偏差较大。为此，ICTA 公布了一组物质列于表 2-6 以它们的相变温度作为温度的标准，进行温度校正。

表 2-6　ICTA 推荐的温度标定物质

物质	转变相	平衡转变温度/℃	DTA 平均值	
			外推起始温度/℃	峰温/℃
KNO_3	S-S	127.7	128	135
In(金属)	S-L	157	154	159
Sn(金属)	S-L	231.9	230	237
$KClO_4$	S-S	299.5	299	309
Ag_2SO_4	S-S	430	424	433
SiO_2	S-S	573	571	574
K_2SO_4	S-S	583	582	588
K_2CrO_4	S-S	665	665	673
$BaCO_3$	S-S	810	808	819
$SrCO_3$	S-S	925	928	938

2. 差示扫描量热分析（DSC）

差示扫描量热法（Differential Scanmng Calorimetry，DSC）是在 DTA 的基础上发展起来的，其原理是检测程序升降温过程中为保持样品和参比物温度始终相等所补偿的热流率 dH/dt 随温度或时间的变化。

DSC 的原理和 DTA 相似，所不同是在试样和参比物下面分别增加一个补偿加热丝和一个功率补偿放大器来克服 DTA 的缺点，其工作原理如图 2-11。当试样在加热过程中由于热

效应而出现温差 ΔT 时，通过差热放大电路和差动热量补偿放大器使流入补偿加热丝的电流发生变化，直到试样与参比物两边的热量平衡，温差 ΔT 消失为止。试样在热效应时发生的热量变化，由于及时输入电功率而得到补偿。这时，试样放热的速率就是补偿给试样和参比物的功率之差 ΔP。因此，DSC 曲线记录 ΔP 随 T（或 t）的变化而变化，即试样放热速率（或者吸热速率）随 T（或 t）的变化而变化。用 DSC 方法可以直接测量热量，进行定量分析，这是与 DTA 的一个重要区别。

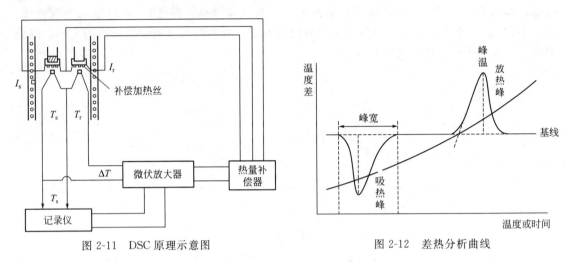

图 2-11　DSC 原理示意图　　　　　　图 2-12　差热分析曲线

与 DTA 相比，DSC 的突出优点是差动热分析时，试样与参比物的温度始终相等，避免了 DTA 测试时，试样发生热效应造成的参比物与试样之间的热传递，故仪器反应灵敏，分辨率高，重现性好。

3. DTA 曲线与 DSC 曲线

（1）DTA 曲线　根据国际热分析协会 ICTA 的规定，差热分析 DTA 是将试样和参比物置于同一环境中以一定速率加热或冷却，将两者间的温度差对时间或温度作记录的方法。从 DTA 获得的曲线如图 2-12 所示。

（2）DSC 曲线　图 2-13 是典型的半结晶聚合物的 DSC 曲线。其中 1 为与样品热熔成比例的初始偏移，2 为无热效应时 DSC 的基线。当温度达到玻璃化转变温度 T_g 时，试样的热容增大就需要吸收更多的热量，使基线发生位移（见图 2-13 中的 3）。假如试样能够结晶，并且处于过冷的非晶状态，那么在 T_g 以上可以进行结晶，同时放出大量的结晶热而产生一个放热峰（见图 2-13 中的 4），进一步升温，结晶熔融吸热，出现吸热峰（见图 2-13 中的 5）。

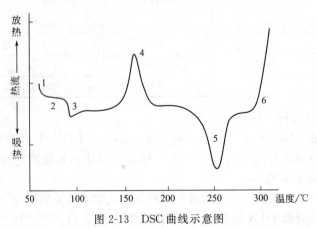

图 2-13　DSC 曲线示意图

再进一步升温，试样可能发生氧化交联或降解反应而放热，出现放热峰（见图 2-13 中的 6）。

DSC 曲线中，结晶试样熔融峰的峰面积对应试样的熔融热 ΔH_f（J/mJ），若百分之百结晶试样的熔融热 ΔH_f^* 是已知的，则按下式计算试样的结晶度 f_c。

$$f_c = \Delta H_f / \Delta H_f^* \tag{2-25}$$

4. DTA 曲线与 DSC 曲线的影响因素

DTA 与 DSC 分析是一种热动态技术，在测试过程中体系的温度不断变化，引起物质的热性能变化，因此影响 DTA 曲线与 DSC 曲线的基线、峰形和温度的因素有许多，如仪器结构、试样、参比物等。

(1) 仪器因素　包括加热炉的形状和尺寸、坩埚材料及大小形状、热电偶性能及其位置、显示、记录系统精度等。

① 炉子的结构和尺寸：炉子的结构尺寸合理，均温区好，差热基线直，检测性能稳定。一般炉子的炉膛直径越小，长度越长，均温区就越大，且均温区内的温度梯度就越小，精度越高。

② 坩埚材料及大小形状：坩埚材料分两类，即金属材料和非金属材料。金属材料包括铝、不锈钢、铂金等。金属材料坩埚的导热性能好，基线偏离小，但灵敏度较低，峰谷较小。非金属材料包括石英、氧化铝、氧化铍等。非金属材料坩埚的热传导性能较差，容易引起基线偏离，但灵敏度较高，较少的样品就可获得较大的差热峰谷。坩埚的直径大，高度矮，试样容易反应，灵敏度高，峰形尖锐。

③ 热电偶性能与位置：热电偶的接点位置、类型和大小影响峰形、峰面积及峰温。热电偶在试样中的位置不同，也会使热峰产生的温度和热峰面积变化，为使物料温度尽可能一致，热电偶热端置于坩埚内物料的中心点最好。另外，为避免温度梯度，热电偶插入试样和参比物时，应具有相同的深度。

(2) 试样因素　包括试样的热容量和热导率、试样纯度与结晶度、试样的颗粒度、用量及装填密度、参比物等。

① 试样的热容量和热导率：试样的热容量和热导率的变化会引起差热曲线的基线变化。一台性能良好的差热仪的基线应是一条水平直线，但试样差热曲线的基线在热反应的前后往往不会停留在同一水平上。因为试样在热效应前后热容或热导率可能有所变化。

② 试样纯度与结晶度：杂质会影响差热曲线形态和温度，有时甚至会产生干扰峰；结晶度主要影响差热曲线形态和热焓，如不同热历史的聚酯可能呈现不同差热曲线。

③ 试样的颗粒度、用量及装填密度：颗粒的大小会对差热曲线有显著的影响，因此在测试中应尽量采用合适的粒度且粒度一样的试样。对塑料、橡胶等聚合物应切成小片，纤维状试样应切成小段或制成球粒状。试样用量少，样品的分辨率高，但灵敏度下降，一般根据样品热效应大小调节样品量，一般 3～5mg，试样过多，热效应大，虽然峰起始点温度基本不变，但峰顶温度增加，峰结束温度也提高，因此，如同类样品要相互比较其差异，最好采用相同的量。试样的装填疏密即试样的堆积方式，决定着等量试样体积的大小。在试样用量、颗粒度相同的情况下，装填疏密不同会影响差热曲线的形态。因此一般采用紧密装填方式。

④ 参比物：参比物是在一定温度下性质稳定，不发生分解、相变、破坏的物质，是用来与被测物质做比较的标准物质。因此，为了获得尽可能与零线接近的基线，需要选择与试样热导率尽可能相近的参比物。对高聚物使用比较多的是经 1450℃ 以上煅烧 2～3h 以上的 α-Al_2O_3。

(3) 实验条件　包括升温速率、气氛等。

① 升温速率：在差热分析中，升温速率的快慢对差热曲线的基线、峰形和温度都有明显的影响。升温越快，峰的高度、峰顶或温差将会增大，出现尖锐而狭窄的峰。升温速率低时，峰谷宽、矮，形态扁平，峰温降低。升温速率不同还会影响相邻峰的分辨率，较低的升温速率使相邻峰易于分开，而升温速率太快容易使相邻峰谷合并。通常升温速率范围在 5～20℃/min。

② 气氛：一般使用惰性气体，如氮气、氩气、氦气等，就不会产生氧化反应峰，同时又可减少试样挥发物对检测器的腐蚀。气流流速必须恒定（控制在 10mL/min），否则会引起基线波动。气体性质对测定有显著影响，要引起注意。如氦气的热导率比氮气、氩气、的热导率大约 4 倍，所以在做低温 DSC 用 He 作保护气时，冷却速率加快，测定时间缩短，但因氦气热导率高，使峰检测灵敏度降低，约是氮气中的 40%，因此在氦气中测定热量时，要先用标准物重新标定核准。在空气中测定时，要注意氧化作用的影响。

三、实验仪器和试样

（1）仪器　梅特勒-托利多（Mettler-Toledo）生产 DSC。仪器构成如图 2-14。

图 2-14　Mettler-Toledo 生产 DSC 装置

（2）待测试样　聚乙烯或聚丙烯或非晶态聚对苯二甲酸乙二醇酯等。参比物为 α-Al_2O_3。

四、实验步骤

1. 仪器准备

① 按照仪器说明书的要求对仪器进行检查，做好准备工作，使仪器处于正常状态。

② 依次打开总电源、变压器电源、接线板电源，再打开打印机、计算机、显示器、DSC 仪器电源。

③ 在 Windows7 桌面上，双击 STARe 图标以打开该软件，即可出现：

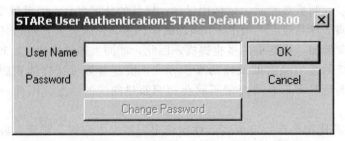

键入您的用户名和密码，并按 OK 确认，就可以打开仪器的主菜单栏。

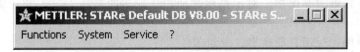

　　a. 如果要在冷却条件下进行实验，打开冷源，例如 Intracooler 或液氮。当使用液氮时，应先打开液氮阀门，设定好压力。确保操作压力不要超过 150kPa。

　　b. 如果要使用清洁气体，先检查清洁气体流速。建议，设置清洁气体流速为 80mL/min。

　　c. 在冷却条件下操作时，必须在打开仪器前首先打开干燥气体，并设置干燥气体流速约为 200mL/min。

　　2. 样品准备

　　① 称量：将底坩埚置于电子天平上归零，取出坩埚，加上少量样品（5～10mg），称量并记录样品重量（注意：坩埚外侧和底部不能黏附样品！）。

　　② 压片：将装样坩埚置于压样机中，放上盖片，放置合适后将压杆旋下，稍加旋紧即可。

　　③ 同样方法制备参比样品坩埚。本实验通常以空气作为参比，因此参比样品坩埚可重复使用，一般不需另压参比坩埚。

　　3. 实验

　　① 打开日常操作窗口：在任务栏中，单击绿色的日常操作窗口标志。或者打开实验窗口：单击 Functions/Experiment Window，实验窗口打开。

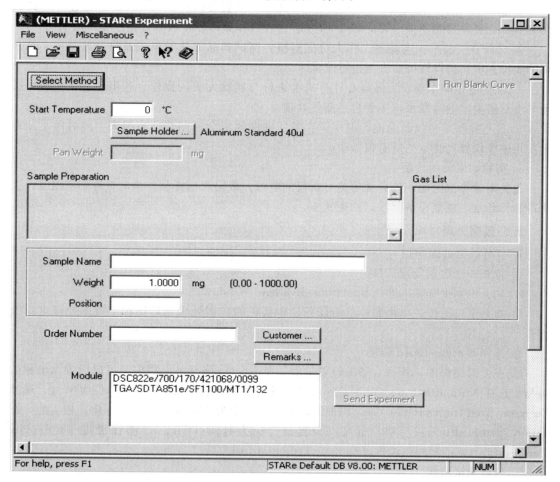

　　② 在 Select Method 按钮上选择合适的实验方法。

　　③ 在相应的区域输入坩埚的质量（当使用标准 40μL 铝坩埚时，坩埚质量为 0mg）、样

品名、样品的质量、样品位置（仅对于自动进样器而言）、订单号（如果有的话，没有可以为空）等信息。

④ 在 Module 区域内选择实验所需的仪器，单击按钮 Send Experiment，把实验送到相应的模块。

此时，在日常操作窗口中，在左边一栏 Experiment-On module 的列表中，就出现了该实验的信息，单击该实验，在右侧窗口中就出现 mW-minute（热流-时间）坐标系（若上一个实验是被 Reset 终止的，则需在单击 Send Experiment 后，单击 Control/Start Experiment）。

⑤ 把样品盘放在蓝色 DSC 传感器的左边位置（S）上，确保参比盘（空）放在右边的位置（R）上。把炉盖盖上。按计算机上"OK"，测试即自动开始。

实验完成后，再在数据处理窗口中对实验所得的曲线进行数据处理，并加以保存。

4. 注意事项

① DSC 的关键部件为加热池，最敏感也最容易受污染，一定要注意保护！对每个待测样品，必须清楚其起始热分解温度，最高测试温度必须低于起始热分解温度 20℃；若热分解温度不确定或未知，必须先在 SDT 上测试后方可进行 DSC 测试，防止测试过程中样品外溢而污染加热池！

② 仪器使用温度范围为 $-150 \sim 500$℃（具体测试温度因样品而异！）；升温速率不超过 50℃/min；样品重量不要过多，以 $5 \sim 10$mg 为宜（样品体积一般不要超过 1/2 坩埚）。

③ 必须在实验前向实验室工作人员如实报告测试样品的化学组成及热分解温度，拟采用的实验方法，获得许可后方可进行测试。

④ 自觉遵守操作规程，不得在计算机上进行与实验无关的操作。若出现异常情况，必须马上与实验室老师联系，不要自己随便处理。

⑤ 违章操作导致仪器受损，由违章者及所在课题组全额赔偿所有损失，同时停止违章者使用中级仪器实验室的所有仪器。

5. 实验结束关闭设备

先关闭计算机电源，然后关闭热分析仪的电源，取出测试样品，当电炉冷到室温时，关闭冷却循环水，恢复设备原状，结束实验。

五、数据处理

1. 打开数据处理窗口

① 打开一个数据处理窗口

a. 对于一个新窗口：选择 Functions/Evaluate Window。

b. 如果窗口是被最小化的：单击任务栏中蓝色的数据处理窗口图标。数据处理窗口被打开。

② 选择 Setting/Open Curve。

③ 在此对话框中，选择合适的设置。例如在 Normalization 一栏中，可以设置纵坐标的类型。选择 Normalized to sample size 可以使得到曲线的纵坐标归一化，单位为 W/g。选择 De-normalized from sample size，则曲线的纵坐标单位为 W，并不进行归一化。相应的，在 Time，Temperature 一栏中，也可以设置横坐标为时间（Time）、参比温度（Reference Temperature），还是样品温度（Sample Temperature）。

2. 打开测试曲线

① 选择菜单栏上的 File/Open Curve，将会弹出一个包含所有已保存曲线的列表。

② 双击要分析的曲线，选定的曲线被打开。保存数据。

六、思考题

1. DSC 与 DTA 有什么主要差别？

2. 影响 DSC 的主要因素有哪些？测试同一组试样时如何保持测试条件的一致性？

3. 在 DSC 图谱上如何辨别 T_m、T_c、T_g？

4. 试述在聚合物的 DTA 曲线和 DSC 曲线上，有可能出现哪些峰值，其本质反映了什么？

5. 试解释低压聚乙烯热谱图中，各个峰值反映了什么变化。

6. 试解释升温速率对低压聚乙烯热谱图中峰形和峰温的影响。

实验七　聚合物热重分析法

热重分析（Thermogravimetric Analysis，TG 或 TGA），是指在程序控制温度下测量待测样品的质量与温度变化关系的一种热分析技术，用来研究材料的热稳定性和组分。TGA在研发和质量控制方面都是比较常用的检测手段。

热重法的重要特点是定量性强，能准确地测量物质的质量变化及变化的速率，因此热重分析可用于测定高聚物材料中的添加剂含量和水分含量、鉴定和分析共混和共聚的高聚物、研究高聚物裂解反应动力学和测定活化能、估算高聚物化学老化寿命和评价老化性能等。目前，热重分析在实际的材料分析中经常与其他分析方法连用，进行综合热分析，全面准确分析材料。

一、实验目的

1. 掌握热重分析（TG）的基本原理。

2. 学会热重分析仪的操作和热重曲线的分析方法；能够通过试样在不同温度下的失重百分率，分析出聚合物、添加剂和填料的含量，评价聚合物的热稳定性。

3. 初步了解热重分析在聚合物研究中的应用。

二、实验原理

热重分析是在程序控制温度下，测量物质质量与温度关系的技术。热重分析通常可分为两类：动态（升温）和静态（恒温）。静态法又分等压质量变化测定和等温质量变化测定两种。等压质量变化测定又称自发气氛热重分析，是在程序控制温度下，测量物质在恒定挥发物分压下平衡质量与温度关系的一种方法。该法利用试样分解的挥发产物所形成的气体作为气氛、并控制在恒定的大气压下测量质量随温度的变化，其特点就是可减少热分解过程中氧化过程的干扰。等温质量变化测定是指在恒温条件下测量物质质量与温度关系的一种方法。该法每隔一定温度间隔将物质恒温至恒重，记录恒温恒重关系曲线。该法准确度高，能记录微小失重，但比较费时。动态法又称非等温热重法，分为热重分析和微商热重分析。热重和微商热重分析都是在程序升温的情况下，测定物质质量变化与温度的关系。微商热重分析又称导数热重分析（Derivative Thermogravimetry，简称 DTG），它是记录热重曲线对温度或时间的一阶导数的一种技术。由于动态非等温热重分析和微商热重分析简便实用，又利于与DTA、DSC 等技术联用，因此广泛地应用在热分析技术中。

（一）热重分析原理

热重分析所用的仪器是热天平，它的基本原理是，样品重量变化所引起的天平位移量转化成电磁量，这个微小的电量经过放大器放大后，送入记录仪记录，而电量的大小正比于样品的重量变化量。当被测物质在加热过程中有升华、汽化、分解出气体或失去结晶水时，被测的物质质量就会发生变化。这时热重曲线就不是直线而是有所下降。通过分析热重曲线，就可以知道被测物质在多少度时产生变化，并且根据失重量，可以计算失去了多少物质，得到聚合物热稳定性和结构组成方面的信息。

　　热天平主要由微量天平、炉子、程序控制系统、数据记录及显示系统、气氛控制单元等组成。其中，微量天平是最重要的组成部分。天平的测量原理有两种：变位法和零位法。变位法是根据天平横梁的倾斜度或弹簧的伸长与质量的比例关系，用差动变压器等检测横梁的

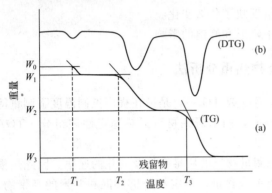

图 2-15　热重分析曲线（a）与微分热重曲线（b）

倾斜度或弹簧的伸长来称量物质的质量。零位法是采用差动变压器、光学法测定天平梁的倾斜度，然后去调整安装在天平系统和磁场中线圈的电流，使线圈转动恢复天平梁的倾斜。由于线圈转动所施加的力与质量变化成比例，该力又与线圈中的电流成比例，因此只需测量电流的变化，便可得到质量变化的曲线。典型高分子材料的 TG 曲线如图 2-15。在高分子材料的 TG 曲线上，一般可以观察到两到三个台阶 [图 2-15(a)]。第一个失重台阶 W_0-W_1 多

数发生在 100℃ 以下，这多半是试样的吸附水或试样内残留的溶剂挥发所致。第二个台阶往往是试样内添加的小分子助剂，如高聚物增塑剂、抗老剂和其他助剂的挥发（如果是纯物质试样则无此部分）。第三个台阶发生在高温，是试样本体的分解造成的。为了清楚地观察到每阶段失重最快的温度，经常用微分热重曲线 DTG [图 2-15(b)]。这种 dW/dt 曲线可以利用电脑直接给出。对于分解不完全的物质常常留下残留物。

（二）TGA 曲线

　　热重分析得到的曲线称为热重曲线（TG 曲线），TG 曲线以质量作纵坐标，从上向下表示质量减少；以温度（或时间）作横坐标，自左至右表示温度（或时间）增加，也可用失重百分数等其他形式表示。

　　由于试样质量变化的实际过程不是在某一温度下同时发生并瞬间完成的，因此热重曲线的形状不呈直角台阶状，而是形成带有过渡和倾斜区段的曲线。曲线的水平部分（即平台）表示质量是恒定的，曲线斜率发生变化的部分表示质量的变化。因此，从热重曲线还可求算出微商热重曲线（DTG），热重分析仪若附带有微分线路就可同时记录热重和微商热重曲线。

　　微商热重曲线的纵坐标为质量随时间的变化率 dW/dt，横坐标为温度或时间。DTG 曲线在形貌上与 DTA 曲线或 DSC 曲线相似，但 DTG 曲线表明的是质量变化速率，峰的起止点对应 TG 曲线台阶的起止点，峰的数目和 TG 曲线的台阶数相等，峰位为失重（或增重）速率的最大值，即 $d^2W/dt^2=0$，它与 TG 曲线的拐点相应。峰面积与失重量成正比，因此可从 DTG 的峰面积算出失重量。虽然微商热重曲线与热重曲线所能提供的信息是相同的，但微商热重曲线能清楚地反映出起始反应温度、达到最大反应速率的温度和反应终止温度。因为 TGA 曲线上的温度值常用来比较材料的热稳定性，所以如何确定和选择十分重要，至今还没有统一的规定。为了分析和比较的需要，也有了一些大家认可的确定方法。TG 曲线开始偏离基线点的温度叫起始分解温度；曲线下降段切线与基线延长线的交点叫外延起始温度，该切线与最大失重线的交点叫外延终止温度，TG 曲线到达最大失重时的温度叫终止温度，失重率为 50% 的温度又称半寿温度。

（三）影响热重分析的因素

影响热重法测定结果的因素，如仪器形状，实验条件和参数的选择，试样的影响因素等。

1. 试样

试样用量、粒度、热性质及装填方式等。热重分析所用仪器天平的灵敏度很高（可达 $0.1\mu g$），如果试样量多，会使传质阻力变大，试样内部温度梯度变大，甚至试样产生热效应，从而使试样温度偏离线性程序升温，使 TG 曲线向高温移动，因此，热重法测定时试样量较少（一般 $2\sim5mg$）。粒度细，反应速率快，反应起始和终止温度降低，反应区间变窄。粒度粗则反应较慢，反应滞后。装填紧密，试样颗粒间接触好，利于热传导，但不利于扩散或气体，要求装填薄而均匀。

2. 坩埚

热重分析所用坩埚应该耐高温，对试样、中间产物、最终产物和气氛都是惰性的，即不能有反应活性和催化活性。坩埚一般由铂金、陶瓷、石英、玻璃、铝等材质制成。在选择坩埚要特别注意，坩埚在高温下与试样、中间产物、最终产物和气氛是否有反应或催化活性，如铂金对有加氢或脱氢的有机物有活性，对含磷、硫和卤素的聚合物也有作用，因此一般不宜选择铂金坩埚，而应选择陶瓷、石英。

3. 升温速率

升温速率快，造成温差和热滞后大，分解起始温度和终止温度都相应升高。如聚苯乙烯在 N_2 中分解，当分解程度都取失重 10% 时，用 $1℃/min$ 测定为 $357℃$，用 $5℃/min$ 测定为 $394℃$ 相差 $37℃$。升温速率快，使曲线的分辨力下降，甚至不利于中间产物的测出。聚合物材料通常的升降温速率为 $10\sim20℃/min$。

4. 气氛

高聚物主要发生热降解或热氧化降解，所以测试环境中的气氛对测试结果有重要影响。如聚丙烯在空气中，$150\sim180℃$ 下会有明显增重，在 N_2 中就没有增重，原因是聚丙烯在空气氛中发生了氧化。通常，使用两种气氛，惰性气氛和活性气氛。惰性气氛用氮气，活性气氛用氧气。所有的气体纯度均要高于 99.9%。气流速率与仪器的结构有关，不同仪器要求的样品仓吹扫气体流量不一样。因为不同气体的密度是有差异的，换用其他气体时，必须将流量换算。

5. 挥发物的冷凝

分解产物从样品中挥发出来，往往会在低温处再冷凝，如果冷凝在吊丝式坩埚上会造成测得失重结果偏低，而当温度进一步升高，冷凝物再次挥发会产生假失重，使 TG 曲线变形。为避免这一现象，实验时可采用较高的气体流速，使挥发物立即离开坩埚。

6. 浮力

升温使样品周围的气体热膨胀从而相对密度下降，浮力减小，使样品表观增重。例如，$300℃$ 时的浮力可降低到常温时浮力的一半，$900℃$ 时可降低到约 1/4。实用校正方法是做空白实验（空载热重实验），消除表观增重。

三、实验仪器和试样

美国 TA 仪器产 Q50 综合热重分析仪一台（见图 2-16）；高纯氮气、氧气及气流控制系统一套；橡胶轮胎（塑料或纤维）少许；剪刀一把；不锈钢镊子一把；不锈钢药勺一个；铂金坩埚两个。

四、实验步骤

① 将待测试样用剪刀剪碎约 $2mm\times2mm\times2mm$，待用。

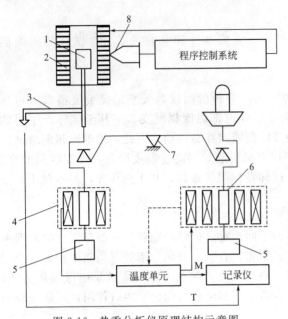

图 2-16　热重分析仪原理结构示意图

1—试样；2—炉子；3—热电偶；4—差动变压器（传感器）；
5—平衡锤；6—阻尼及天平复位器；7—天平；8—阻尼信号

② 观察热交换机中水是否到位，如不到位应添加蒸馏水或纯净水。

③ 打开 Q50、计算机电源，热交换机水循环调节温度至室温附近。

④ 将炉体降至底部，观察挂在样品杆上的坩埚是否干净，坩埚中是否有残留物。应设法将坩埚处理干净，如不能用简单的方法很快处理干净，可以更换新坩埚。

⑤ 打开高纯氮气、氧气阀门及气流控制系统电源，调节气体流量：天平保护气氛流量为 40ml/min，样品气氛流量为 60ml/min。如果是新打开的仪器，应当使仪器平衡 2h 以上，以保天平和气流的稳定。

⑥ 打开 Q50 测量控制软件，依次进行实验信息录入、实验过程设定和仪器运行记录。

　　a. 实验信息录入按顺序包括：测试模式、样品信息、数据存储路径。

　　b. 实验过程设定按顺序包括：实验过程、实验方法。

　　c. 仪器工作环境记录按顺序包括：运行记录、流量记录。

⑦ 坩埚中不放试样，点击"tare"清零键，天平回零后，重量显示为"0.000mg"，进行升温扫描的模拟实验，此过程称为"跑基线"。

⑧ 升温扫描结束后，热交换机通水循环，将综合热分析仪炉温降至室温。

⑨ 用不锈钢药勺将样品加入到坩埚中，再由不锈钢镊子夹坩埚至加料手臂上，点"sample"键，加料手臂自动将坩埚挂在天平的左端，炉体升起，等待天平平稳后，观察重量显示是否在 15mg 左右，如果不是应进行添加或减少，显示的样品重量不再改变后，点"apply"键，再点"yes"。

⑩ 核对实验信息、实验过程和仪器运行记录，确定无误后点"apply"键，再点"yes"。

⑪ 在任务栏中点"start"键，开始测试，控制软件会实时绘制样品的热失重曲线。测试过程中，不要触碰仪器或产生振动，避免环境的异常导致的测试停止和数据的不准确。

⑫ 测试结束，热交换机通水循环降温至室温后，点"sample"键卸下坩埚，升起炉体，清理坩埚。

⑬ 导出测试数据，在控制软件界面点"shut down"，待 Q50 工作显示灯熄灭后，关闭仪器后面的开关，关闭气源，关闭计算机。

五、实验数据处理

1. 增重

增重曲线如图 2-17 所示。增重百分数 ΔW_i 为：

$$\Delta W_i(\%) = \frac{W_m - W_0}{W_0} \times 100 \tag{2-26}$$

式中，W_m 为曲线上最大的重量；W_0 为原始重量。

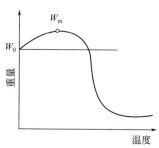

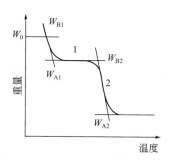

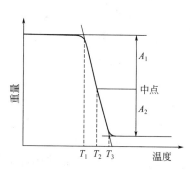

图 2-17　增重曲线处理　　　　图 2-18　失重曲线处理　　　图 2-19　温度分解的定点方法

2. 失重

失重曲线如图 2-18 所示，失重百分数 ΔW_1 为：

$$\Delta W_1(\%) = \frac{W_B - W_A}{W_0} \times 100 \tag{2-27}$$

式中，W_B 为损失前试样重量；W_A 为损失后试样的重量；W_0 为原始重量。

3. 分解温度的确定

如图 2-19 所示，T_1 为分解开始的温度，由失重前曲线的直线部分延长线与失重曲线斜率最大点上切线的交点为定点；T 为分解过程中间温度，为失重前的水平延线与失重后的水平延线距离的中点与失重曲线的交点为定点；T 为分解的最终温度，由失重后曲线的直线部分延长线与失重曲线斜率最大点上切线的交点为定点。

除此之外，也有人把失重 10%、20% 或 50% 的温度定义为分解温度。

六、注意事项

1. 电炉若带有水冷系统，应在升温前开启水冷系统。
2. 炉内若可使用气氛，可根据实验要求通入气氛。
3. 坩埚中试样不宜装得太多，以免加热时溢出，污染容器和影响差热曲线形貌。
4. 加热中会熔融的试样，应加入惰性衡释物，以免熔融时沾污热电偶和试样容器。
5. 对比分析用的试样，其测试条件必须保持完全一致。
6. 测试完毕，电炉应冷却到 300℃ 以下方能停止循环水系统。

七、思考题

1. 试样粒度和填充密度对实验结果有何影响？
2. 试样的升温速率对差热-热重曲线有何影响？
3. 采用 TG 比较不同样品的热性能时，如何做才有可比性？

参 考 文 献

[1] 张美珍等. 聚合物研究方法. 北京：中国轻工业出版社，2000.
[2] 陈镜泓，李传儒. 热分析及其应用. 北京：科学出版社，1985.

实验八　热机械分析仪测定聚合物温度-形变曲线（动态热机械分析）

一、实验目的

1. 掌握测定聚合物温度-形变曲线的方法。
2. 了解线型非晶聚合物和结晶聚合物随温度变化的不同力学状态以及二者的区别。

3. 测定聚苯乙烯的玻璃化温度 T_g 和黏流温度 T_f 以及聚乙烯的熔点 T_m。

二、实验原理

1. 基本原理

聚合物由于复杂的结构形态导致了分子运动单元的多重性。即使结构已经确定而所处状态不同时其分子运动方式不同，将显示出不同的物理和力学性能。考察它的分子运动时所表现的状态性质，才能建立起聚合物结构与性能之间的关系。聚合物的温度-形变曲线（即热-机械曲线 Thermomechanic Analysis，简称 TMA）是研究聚合物力学性质对温度依赖关系的重要方法之一。聚合物的许多结构因素如化学结构、分子量、结晶性、交联、增塑、老化等都会在 TMA 曲线上有明显反映。在这种曲线的转变区域可以求出非晶态聚合物的玻璃化温度 T_g 和黏流温度 T_f，以及结晶聚合物的熔融温度 T_m，这些数据反映了材料的热机械特性，对确定使用温度范围和加工条件有实际意义。

使用温度-形变仪（热机械分析仪），对不同的材料可采用不同的测量方法。例如，采用压缩、弯曲、针入、拉伸等方法，测量聚合物温度-形变曲线来表征聚合物热力学状态及其变化。在温度-形变仪中，给被测聚合物样品施加一定的载荷（外力），控制恒定的升温速率对样品加温，测量不同的温度下样品的形变值。以试样的形变值为纵坐标，相应温度值为横坐标作图，即可得到聚合物的形变-温度曲线。

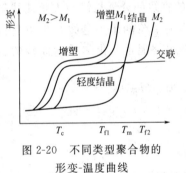

图 2-20　不同类型聚合物的形变-温度曲线

对非晶聚合物而言，见图 2-20，当温度从低到高变化时，形变-温度曲线的第一拐点所对应的温度值，即是聚合物的玻璃化温度（T_g）值，曲线第二拐点所对应的温度值是聚合物的流动温度（T_f）值。聚合物在玻璃化温度 T_g 以下温度时，处于玻璃态，在玻璃化温度 T_g 和流动温度 T_f 之间的温度时，处于高弹态，在流动温度 T_f 以上温度时，处于黏流态（熔体）。T_g 是塑料的使用温度上限，橡胶类材料的使用温度下限，T_f 是成型加工温度的下限。

结晶聚合物的晶区中，高分子因受晶格的束缚，链段和分子链都不能运动，因此，当结晶度足够高时，试样的弹性模量很大，在一定外力作用下，形变量很小，其温度形变曲线［见图 2-22(a)］在结晶熔融之前是斜率很小的直线，温度升高到结晶熔融时，热运动克服了晶格能，分子链和链段都突然活动起来，聚合物直接进入黏流态，形变量急剧增大，曲线突然转折向上弯曲。对于一般分子量的结晶聚合物，由直线外推得到的熔融温度 T_m 也是黏流温度；如果分子量很大，温度达到 T_m 后结晶熔融，聚合物先进入高弹态，到更高的温度才发生黏性流动。结晶度不高的聚合物的温度-形变曲线上可观察到非晶区发生玻璃化转变相应的转折，这种情况下，出现的高弹形变量将随试样结晶度的增加而减小，玻璃化温度随试样的结晶度增加而升高。

交联聚合物因分子间化学键的束缚，分子间的相对运动无法进行，所以不出现黏流态，其高弹形变量随交联度增加而逐渐减小；增塑剂的加入同时降低聚合物的玻璃化温度和黏流温度。

2. 影响因素

热机械曲线的形状取决于聚合物的分子量、化学结构和聚集态结构、添加剂、受热史、形变史、升温速率、受力大小及样品尺寸等诸多因素。升温速率快，T_g、T_f 也会高些，应力大，T_f 会降低，高弹态会不明显。因此，实验时要根据所研究的对象要求，按照一定标准选择测定条件，做相互比较时，一定要在相同条件下测定。

（1）非晶高聚物　随分子量增加，温度-形变曲线如图 2-21 所示。

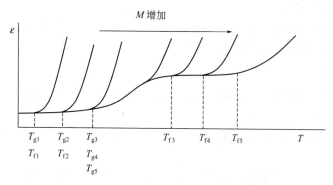

图 2-21 非晶高聚物的温度-形变曲线

（2）结晶高聚物 随结晶度和/或分子量增加，温度-形变曲线如图 2-22 所示。

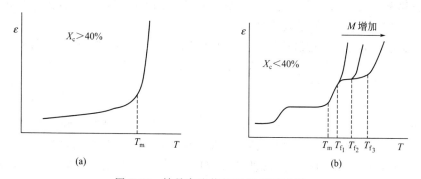

图 2-22 结晶高聚物的温度-形变曲线

（3）交联高聚物，随交联度增加，温度-形变曲线如图 2-23 所示。

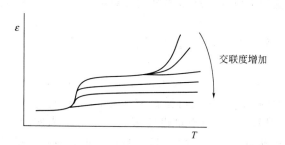

图 2-23 交联高聚物的温度-形变曲线

（4）增塑高聚物。随增塑剂含量增加，温度-形变曲线如图 2-24 所示。

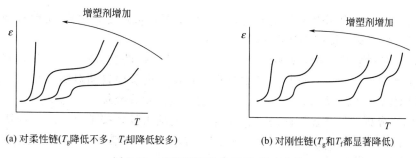

(a) 对柔性链(T_g降低不多，T_f却降低较多)　　(b) 对刚性链(T_g和T_f都显著降低)

图 2-24 增塑高聚物的温度-形变曲线

三、实验仪器及试样

（1）仪器　XWR-500A 型热机械分析仪，承德金健测试设备有限公司生产。

（2）试样　丁基橡胶、乙丙橡胶等试样。

四、实验步骤

本实验采用压缩式测量方法，也可根据试样采用针入式测量方法。

1. 试样准备

制备高 5mm 左右的 PS 和 PE 圆柱体为试样，试样两端面要平行，用游标卡尺测量试样高度。

2. 测试操作

（1）试样的安装　将压缩炉芯从炉体中取出，将试样放入压缩试样座中，采用压缩或针入压头，将上压杆轻轻压在压头上，然后将压缩炉芯放入炉体中，插入测温传感器，将实验所需负荷加载在砝码天平托盘上。

（2）位移测量装置的安装　将位移传感器移至砝码上固定好，然后调节微动旋钮。启动 PC 机，进入调零界面，调节零点位置。

（3）升温速率的选择　通过液晶显示界面可选择升温速率，共 6 挡：0.5℃/min、1℃/min、1.2℃/min、2℃/min、5℃/min 和 10℃/min。本实验选用 5℃/min。

（4）载荷的选择　根据试样类型和实验要求选择合适的负荷，将其安装于托盘上。

（5）参数的设定

① 设置常规参数　点击工具栏"新实验"按钮，打开"设置实验常规参数"窗口，填入实验编号、实验标准、材料名称、检验单位（实验组别）和检验日期等。

② 设置试样参数　点击"定制试样"按钮，打开"设置试样参数"窗口，填入实验类型、试样类型、试样数量和试样尺寸。

③ 设置实验参数　点击"实验设置"按钮，打开"设置实验控制参数"窗口，填入加载压强、实验速度和温度上限。加载压强可用计算器按钮进行压强值与砝码质量的互换。本试验的温度上限设为 200℃。

若需根据形变设置停机条件请点选"使用形变停机条件"，并填入形变控制量。

（6）实验操作

① 实验前调零　设置完成后打开仪器电源，点击控制区"形变调零"按钮，对位移传感器进行调零。本仪器的传感器零点可设置为有效范围内的任意值。设置合适的零点可使实验数据更精确。根据不同实验的形变量设置零点。例如：当实验可能在正负方向都有数据时，零点应尽可能调整到位移传感器的中间，若只在正方向有数据时，则应调整到传感器的下部。调整完毕后按"确定"即可。

② 开始实验　点击"开始实验"按钮，实验启动后"当前信息"显示了实时温度和形变信息。

③ 停止实验　当实验达到设定的实验条件时（温度或形变条件），实验自动停止。也可手动点击"停止实验"按钮来终止实验。

（7）分析实验结果　对于实验结果，本仪器的软件提供了两种方法可供选择。

① 转变点自动分析法：选择"自动分析"选项，由程序自动对实验数据进行统计和分析来确定转变温度 T_g、T_f 或 T_m，分析结果会自动显示在坐标中。

② 辅助线分析法：将控制区的"自动分析"选项去掉，按下 T_g 或 T_f 按钮，此时光标变为"＋"字形状，即可手动或自动绘制辅助线段，以两条辅助线段的交点作为转变点，来获得试样的各转变温度 T_g、T_f 或 T_m。

可将两种方法的结果进行比较。

（8）完成实验　所有试样测试完毕后，自动保存并结束本组实验。

五、实验数据处理

1. 数据处理

（1）打开实验记录　点击文件菜单中"打开记录"按钮，打开实验记录窗口，在记录列表中选择一条实验记录后点击"打开"或双击即可打开该实验记录。

（2）设置报告形式　从"文件"菜单中的"报告设置"可打开"报告设置"窗口，按照需要选择输出报告中的项目内容，若不需要某些参数，只要去掉前面的"Ⅴ"即可。

（3）预览和打印实验报告　点击"文件"菜单中的"打印预览"可预览实验报告效果，点击预览窗口的"打印"或点击文件菜单的"打印报告"按钮即可打印输出实验报告。

2. 实验结果列表（见表2-7）

实验温度：_____；　　　　　　　样品名称：_____；

实验方法：_____；　　　　　　　设备名称：_____。

表 2-7　样品测试结果

样品名称	压缩应力/kPa	升温速率/(℃/min)	T_g/℃	T_f/℃	T_m/℃

六、思考题

1. 哪些实验条件会影响 T_g 和 T_f 的数值？它们各产生何种影响？

2. 非晶聚合物和结晶聚合物随温度变化的力学状态有何不同，为什么？

第三节　聚合物流动性的测定

聚合物熔体或溶液的流动性比起小分子液体来说要复杂得多，在外力作用下，聚合物熔体或溶液不仅表现出不可逆的黏性流动形变，而且还表现出可逆的弹性流动性变。在聚合物的成型加工过程中，弹性形变及其随后的松弛对制品的外观、尺寸稳定性、内应力等有密切影响，研究聚合的流动性对聚合物的成型加工有重大意义。聚合物的流动性测试仪器有毛细管流变仪、转矩流变仪等。聚合物流动性测试的应用包括以下几个方面。

① 为开发新材料、设计新配方提供科学手段：在聚合物中像稳定剂、增塑剂、润滑剂、填料、颜料等添加剂物品种数量将对原材料的质量有很大影响。

② 进行工艺性模拟实验：在测试过程中通过对影响材料流变性能的各种参数测量，可以创造出与密炼机、压延机、挤出机、螺杆注射机、热压力机相似的实验条件，当了解了实验条件对被实验材料的影响时，就可以迅速地调整批量生产中的工艺条件，从而达到指导实际生产目的。

③ 对高分子材料的流变性能，即流变行为进行测量：当高分子材料在混合混炼过程中利用各种测试手段，研究材料在呈固态、半固态、液态的变化过程和造成这些状态的原因，研究材料的流动和变形与造成流变的各种因素及这些因素之间的关系。

实验九　毛细管流变仪测定高聚物熔体的流动性能

一、实验目的

1. 了解高聚物熔体流动变形特性以及塑化性能变化规律。

2. 了解毛细管流变仪的结构与测定聚合物流变性能的原理。

3. 掌握毛细管流变仪测定流变性能的方法。

二、实验原理

在测定和研究高聚物熔体流变性的各种仪器中，毛细管流变仪是一种常用的较为合适的实验仪器，具有多种功能和宽广范围的剪切速率容量。毛细管流变仪既可以测定高聚物熔体在毛细管中的剪切应力和剪切速率的关系，又可以根据挤出物的直径和外观，在恒定应力下通过改变毛细管的长径比来研究熔体的弹性和不稳定流动（包括熔体破裂）现象，从而预测其加工行为，作为选择复合物配方、寻求最佳成型工艺条件和控制产品质量的依据；或者为辅助成型模具和塑料机械设计提供基本数据。

毛细管流变仪测试的基本原理是：设在一个无限长的圆形毛细管中，高聚物熔体在管中的流动为一种不可压缩的黏性流体的稳定层流流动；毛细管两端的压力差为 ΔP，由于流体具有黏性，它必然受到自管体与流动方向相反的作用力，通过黏滞阻力应与推动力相平衡等流体力学过程原理的推导，可得到管壁处的剪切应力（τ_w）和剪切速率（γ_w）与压力、熔体流率的关系：

$$\tau_w = \frac{R\Delta P}{2L} \tag{2-28}$$

式中，R 为毛细管的半径，cm；L 为毛细管的长度，cm；ΔP 为毛细管两端的压力差，Pa。

$$\gamma_w = \frac{4Q}{\pi R^3} \tag{2-29}$$

式中，Q 为熔体容积流率，cm^3/s。

图 2-25 是毛细管流变仪的示意图。毛细管两端的压力差为 $\Delta P = P - P_0$，将流体从直径为 D_0，长为 L 的毛细管内挤出，挤出物直径为 D。

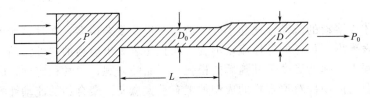

图 2-25　毛细管流变仪示意图

聚合物在毛细管内半径为 r 的中心液柱的流动推动力为：

$$F = \pi r^2 \Delta P \tag{2-30}$$

由于管壁摩擦阻力的作用，流体在管内的流动速率 v 随半径的增大而减小，呈现不同的等速层，管壁处速率为零。不同流速层层间剪切速率 $\dot{\gamma}$ 为：

$$\dot{\gamma}(r) = \frac{dv}{dr} \tag{2-31}$$

半径为 r 的中心液柱手外层液体摩擦力为：

$$f = 2\pi r L \tau \tag{2-32}$$

式中，τ 为剪切力，假定聚合物流体是不可压缩的，毛细管无限长，在稳定流动的情况下，毛细管内半径为 r 处的圆柱面上的摩擦阻力 f 和推动力 F 相抵消，即：

$$\pi r^2 \Delta P = 2\pi r L \tau \tag{2-33}$$

由式(2-33)可得剪切力 τ：

$$\tau = \frac{r\Delta P}{2L} \tag{2-34}$$

可见，液层间剪切力与半径成正比，轴心处剪切力为零，管壁处 $r=R$ 为毛细管半径，剪切力达最大值：

$$\tau = \frac{R\Delta P}{2L} \tag{2-35}$$

式(2-32)、式(2-33) 对牛顿流体和非牛顿流体都适用。

对于牛顿流体

$$\tau = \gamma\eta (黏度\ \eta\ 为常数) \tag{2-36}$$

与式(2-31) 联立

$$\dot{\gamma} = -\frac{\mathrm{d}v}{\mathrm{d}r} = \frac{r\Delta p}{2Lp} \tag{2-37}$$

边界条件 $r=R$ 时，$v=0$，式(2-35) 对 r 积分得

$$v(r) = \frac{\Delta p}{4L\eta}(R^2 - r^2) \tag{2-38}$$

式(2-36) 对毛细管截面积积分求出体积流量 Q

$$Q = \int_0^R 2\pi r v(r)\mathrm{d}r = \frac{\pi R^4 \Delta p}{8L\eta} \tag{2-39}$$

$$\eta = \frac{\pi R^4 \Delta p}{8LQ} \tag{2-40}$$

式(2-38) 就是哈根-泊肃叶方程，根据式(2-38)，通过已知几何尺寸毛细管的聚合物流体的流速可以得到流体的动力学黏度，将式(2-38) 带入式(2-35) 可得到管壁处（$r=R$）的剪切速率：

$$\dot{\gamma}_{\mathrm{w}} = -\frac{\mathrm{d}v}{\mathrm{d}r} = \frac{4Q}{\pi R^3} \tag{2-41}$$

对于符合幂律的非牛顿流体：

$$\tau = K\eta^n \tag{2-42}$$

稠度 K 为常数，非牛顿指数 $n \neq 1$。

式(2-39) 必须进行修正，修正后管壁处的剪切速率为：

$$\dot{\gamma}'_{\mathrm{w}} = \frac{4Q}{\pi R^3}\left(\frac{3n+1}{4n}\right) = \frac{3n+1}{4n}\dot{\gamma}_{\mathrm{w}} \tag{2-43}$$

非牛顿指数 n 为：

$$n = \frac{\mathrm{dlg}\sigma}{\mathrm{dlg}\ \dot{\gamma}} \tag{2-44}$$

n 可以从 $\lg\sigma$ 对 $\lg\dot{\gamma}$ 作图，或直接由 $\lg\Delta p$ 对 $\lg Q$ 作图求得。对符合幂律的非牛顿流体 n 是常数，即所得曲线为一直线。

表观黏度的定义为：

$$\eta_{\mathrm{a}} = \frac{\tau_{\mathrm{w}}}{\gamma_{\mathrm{w}}} \tag{2-45}$$

η_{a} 将随剪切速率（剪切力）变化而变化。

聚合物通常是假塑性流体，其表观黏度随剪切速率（或剪切力）的增大而减小，即所谓的剪切变稀现象。

由于实验测量中，毛细管不是无限长，对式(2-34)也得进行修正。考虑在毛细管连接

处，流体的流速和流线发生变化，引起黏性摩擦损耗和弹性形变，使毛细管壁的实际剪切力减小，等价于毛细管长度增加。式(2-34)可修正为：

$$\tau_w = \frac{\Delta P}{2(L/R+B)} \tag{2-46}$$

式中，B 为 Bagley 修正因子，可在给定剪切速率下测得不同长径比毛细管的压力降 ΔP，作 $\Delta P\text{-}(L/R)$ 图求。

图 2-26 所示为毛细管式流变仪原理图。聚合物在料筒内被加热熔融，在一定负荷下，面积为 1cm² 的柱塞将聚合物熔体通过毛细管挤出，电子记录仪自动记录挤出速率，同时电脑显示记录温度，从而求出剪切应力、剪切速率和黏度以及力学状态变化（软化点、熔点、流动点）。

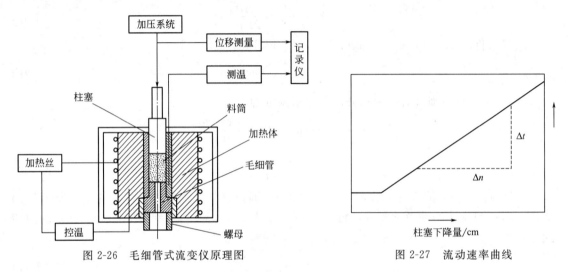

图 2-26 毛细管式流变仪原理图　　图 2-27 流动速率曲线

该流变仪所测得的是熔体通过毛细管的挤出速率 v_0，如图 2-27 记录流动速率曲线所示：

$$v = \frac{\Delta n}{\Delta t} \tag{2-47}$$

式中，Δn 为曲线任一段的直线部分横坐标，cm；Δt 为曲线任一段的直线部分纵坐标，s。

熔体在管中的体积流量（流量），可用下式求的：

$$Q = 料筒横截面积 \times v \ (\text{cm}^2/\text{s})$$
$$料筒横截面积 = 1\text{cm}^2$$
$$Q = v \times 1 = \frac{\Delta n}{\Delta t} \times 1 \ (\text{cm}^3/\text{s}) \tag{2-48}$$

根据熔体在毛细管中流动的平衡原理有：

$$\tau_w = \frac{\Delta P g R}{2L} \tag{2-49}$$

对牛顿流体：

$$\gamma_w = \frac{4Q}{\pi R} \tag{2-50}$$

$$\eta_a = \frac{\tau_w}{\gamma_w} = \frac{\Delta P \pi R^4}{8QL} \tag{2-51}$$

式中，τ_w为剪切应力，kPa；γ_w为剪切速率，s^{-1}；η_a为表观黏度，mPa·s；ΔP为毛细管两端压力差，kPa；R为毛细管半径，mm；L为毛细管长度，mm。

三、实验仪器和试样

1. 仪器

由加压系统、加热系统、控制系统和记录仪组成。

（1）加压系统　如图 2-28 所示，本实验仪器为恒压式流变仪，加压系统是一个 1∶10 的杠杆机构，当加一较小的负荷时，可获得较大的工作压力。导向杆行程为 20mm，与位移传感器连接，可以测量导向杆的行程。导向轴承为直线轴承，导向精度高、摩擦小。支承为液支承，当支承抬起杠杆时，放油把手应右旋拧紧，上下搬动压油杠，杠杆即被抬起；当放下支承时，放油把手左旋拧动，支承自动下落，下落距离可由放油把手控制，使其停止只需右旋拧紧放油把手。

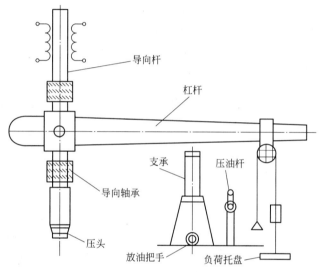

图 2-28　加压系统原理图

（2）加热系统　被测聚合物在加热炉的料筒内被加热熔融，通过装在炉体内的毛细管被挤出。

（3）控制系统　XLY 型流变仪的控制系统为一独立结构，能用做恒温、等速升温、温度定值及显示。

2. 试样

热塑性塑料及其复合粉料、粒料等，根据塑料类型按相应规定进行干燥处理。本次实验试样采用聚丙烯（PP）。

四、实验步骤

① 接通电源，打开控制仪的电源开关，指示灯亮，电流表指零，数显全部为零（如不为零，先清一次零）。

② 把 1×40 的毛细管置于螺母内，然后把螺母拧入炉体内。

③ 把测温热电偶插入加热体测温孔内。将升降按钮置于"升"的位置，根据要求选好温度定值，并将升温速率选快键。按启动钮，开始升温。数显表示温度值，其值达到预选值时，停止升温。电流表稳定在 0.3～0.5A 时表示恒温。

④ 开启记录仪，按下温度记录笔，以观察温度曲线。

⑤ 恒温 5min 后，称取 2g 聚丙烯（J1300）颗粒，用漏斗装入料筒内，装上柱塞用手先预压一下，并使柱塞和压头对正。按要求压力挂上负荷，预压一下，左旋扭动放油把手，压头下压，随后右旋，搬动压油杆，使压头上升，反复两次，将物料压实。抬起压头后调节调整螺母，使压头与柱塞压紧。装料压实后保温 10min，同时选好记录速度，保温后左旋拧动放油把手，压杆下压，同时开启记录仪，至压杆到底。

⑥ 右旋紧放油把手，搬动压油杆，抬起压头，将炉体拔出，取出柱塞。拔出测温热电偶，右旋紧放油把手，搬动压油杆，抬起压头将加热炉转出来，拧下螺母。用清料杆清理料筒和毛细管。

⑦ 适当选择 3～4 种负荷值，重复第④～⑥步骤，测出 3～4 点数据。

⑧ 实验完毕，将升降按钮置于"降"的位置，拨动一下定值拨盘，使定值改变为任一值。按启动电源，当数值显示零时，控制电桥中的多圈电位达到零的位置，关机停止实验，并清理料筒和毛细管，卸下全部负荷。整理好其他实验用具。

⑨ 负荷相加法：该仪器最小压力为 $10kgf/cm^2$（$1kgf/cm^2 = 98.0665kPa$），当将挂负荷的滑轮架摘下时，即为 $10kgf/cm^2$。当将滑轮架挂上后，压力为 $20kgf/cm^2$，以后每加 0.5kg 重的砝码，系统可增加 $10kgf/cm^2$，增加 1kg 重砝码系统增加 $20kgf/cm^2$ 压力。其加法见表 2-8 和表 2-9。

表 2-8　砝码重量及数量

标志	重量/kg	数量
A	0.5	4
B	2	4
C	4	1
D	5	3

表 2-9　砝码与压力值的关系

压力值/(kgf/cm²)	砝码	压力值/(kgf/cm²)	砝码
10	无挂架和砝码	40	+1B
20	有挂架无砝码	100	+1C
30	+1A	120	+1D

注：1. 每次实验完毕后要将加热炉旋转出来进行清理。把毛细管卸下，恢复原状。

2. 在升温过程中若遇到电源忽断，数显中数字为零，如果此时要继续升温，数显中数字已不再是炉体温度，这时应将已升温度按降温法返回，再重新升温。

3. 抬起杠杆时，搬动压油杆应注意，当杠杆到达顶端时，不能再搬动压油杆，防止损坏杠杆。

4. 清理时应戴上手套，防止烫伤。

五、实验数据处理

样品：_____；实验温度：_____；

毛细管内径：_____；毛细管长度：_____。

实验数据见表 2-10。

表 2-10　实验数据记录

	1	2	3	4	5
$\Delta P/kPa$					
$\Delta n/cm$					
$\Delta t/s$					

作 $\lg\tau_w$-$\dot{\gamma}_w$ 图，求出非牛顿指数 n。在一张图里作 τ_w-$\dot{\gamma}_w$，η_a-$\dot{\gamma}_w$ 关系曲线。

六、思考题

1. 试考虑为什么要进行"非牛顿改正"和"入口改正"？怎样进行改正？
2. 根据测得的流变曲线分析该高聚物流体的类型。

实验十　转矩流变仪实验

一、实验目的

1. 熟悉转矩流变仪的结构及工作原理。
2. 掌握转矩流变仪的基本操作。
3. 了解转矩流变仪的应用范围。

二、实验原理

转矩流变仪的工作原理是在一定容积的密封混合器内通过转子搅拌，利用剪切、塑化、摩擦生热达到对材料塑化、混合和分散的目的，并通过计算机分析，测试橡胶、塑料等高分子材料加工工艺性能及流变性能。

在混炼室中，物料受到转速不同、转速相反两个转子所施加的作用力，使物料在转子与室壁间进行混炼剪切，物料对转子凸棱施加反作用力，这个力由测力传感器测量，再经过机械分级的杠杆力臂转换成转矩值读数。转矩值的大小反映了物料黏度的大小。通过热电偶对转子温度的控制，可以得到不同温度下物料的黏度，作图得到转矩流变曲线，如图 2-29。

图 2-29 为一般物料的转矩流变曲线（有些样品没有 AB 段），各段意义如下。

OA：在给定温度和转速下，物料开始粘连，转矩上升到 A 点。

AB：受转子旋转作用，物料很快被压实（赶气），转矩下降到 B 点。

BC：物料在热和剪切力的作用下，开始塑化（软化或熔融），物料即由粘连转向塑化，转矩上升至 C 点。

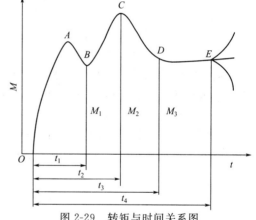

图 2-29　转矩与时间关系图

t_1—物料受热压实时间；t_2—塑化时间（熔融软化）；t_3—达到平衡转矩时间（物料动态热稳定）；t_4—物料分解时间；M_1—最小转矩；M_2—最大转矩；M_3—平衡转矩

CD：物料在混合器中塑化，逐渐均匀。达到平衡，转矩下降到 D。

DE：维持恒定转矩，物料平衡阶段（90s 以上）。

E—：继续延长塑化时间，导致物料发生分解，交联，固化，使转矩上升或下降。

由转矩流变曲线可获得如下信息。

（1）判断可加工性　由于转矩值的大小直接反映了物料黏度和消耗的功率。可以看出此配方是否具有加工的可能性，若转矩太大，则在加工中需要消耗许多电力或在更高的温度下，才能降低转矩，也需耗电，成本提高，这时应考虑改变配比，下调转矩。

（2）加工时间（物料在成型之前的时间）

热塑性材料：要求 t_4 不能太短，否则还未成型就已分解，交联。

热固性材料：若 t_4 太长，效率低，需等很多时间才能固化，脱模，周期长；若 t_4 太短，来不及出料已固化在螺杆或模具中。

（3）加工温度　可以测定不同温度下的转矩流变曲线，得到 $M\text{-}T$ 关系。

（4）材料的热稳定性　研究分解时间的长短。

（5）可将转矩换算成剪切应力、剪切速率或黏度，得到流变曲线。

三、原材料试样

本次实验试样采用硬质 PVC 粉状复合物，PVC，DOP，三碱式硫酸铅，Ba-St，Ca-St，H-St，$CaCO_3$。原材料应干燥，不含有强腐蚀、强磨损性组分，材质和粒度均匀，粒径小于 3.2mm。

四、实验步骤

① 开实验室总电源。

② 开转矩流变仪电源并启动计算机。

③ 启动桌面软件 Rehometer，进入流变仪操作界面，此时流变仪绿灯亮。

④ 设定加热段各区温度：分别单击第 1、2、3、4、5、6 区"设定值"按钮，填入所需加工温度（各区温度一般设为相同），然后按"开始加热"按钮，此时流变仪开始加热。

⑤ 查看"加热装置"栏显示的是否为流变仪所用装置。若否，可单击"参数控制"按钮，在弹出的"控制参数设定"对话框中查看"系统选择"栏，选择所用混合装置，单击"确认"退出。

⑥ 分别单击按钮"量程设置"（坐标量程）和"曲线设置"，进行设置。

⑦ 单击"设定转速"，输入所需转速。

⑧ 输入"实验标号"（10 个字符；若全为数字，则实际记录的变化会自动加 1）。

⑨ 单击按钮"记录开始"，此时转子开始运转，开始记录曲线。

⑩ 启动"记录开始"转子转起后，显示转速达到设定值时，便可开始加料，加料前须把加料用具放好，并拧紧螺丝栓，加料完后放下压杆压实，取下加料器。

⑪ 按下式计算加料量，并用天平准确称量。

$$W_1 = (V_1 - V_0)\rho a_0 \tag{2-52}$$

式中，W_1 为加料量，g；V_1 为混合器容积，cm^3；V_0 为转子体积，cm^3；ρ 为原材料的固体或熔体密度，g/cm^3；a_0 为加料系数，按固体或熔体密度计算分别为 0.65、0.80。

⑫ 结束实验时，单击按钮"停止记录"便可停机，然后摇起压杆，卸掉加料套筒，拧开螺丝栓，取料。再做下一个料时，设置实验参数（若参数不变，可不必改变），重新填入编号，再次单击按钮"记录开始"便可。

⑬ 实验结束后，清理混合装置，关闭软件，流变仪电源，计算机，总电源。

⑭ 注意事项

a. 加料时注意扭矩的变化，防止扭矩过大损坏仪器。

b. 设备高温，注意避免烫伤。

c. 每次做完实验后混合装置要清洗干净，混合装置内的转子不能放反。

五、实验数据处理

（1）实验数据导出　C：\Program Files\rheometer\CommunicationNumber，打开当天实验数据文件夹，拷贝以实验编号命名的 TXT 文件即可。

（2）实验报告制作　启动桌面软件 Rheometer-d，选择菜单 tools，选择加工所需种类，然后选择文件/新建，调入实验数据，填入相关参数，打印。

六、思考题

1. 比较转矩流变仪和开放式塑炼机混合物料有何异同点。
2. 讨论影响转矩流变仪的加工因素。
3. 试比较毛细管流变仪和转矩流变仪各自的特点。

第四节　其他基础实验

实验十一　聚合物的燃烧性能

随着有机合成高分材料越来越深入到国民经济及人民生活的各个领域，易燃或可燃高分子材料所带来的火灾危害也越来越频繁。因此，了解聚合物的燃烧性能，学习聚合物的燃烧机理并掌握聚合物燃烧性能的测试方法，对于增强防火意识，减少火灾隐患，认识聚合物的使用范围以及阻燃材料使用的必要性方面有着积极的意义。

一、实验目的

1. 了解聚合物的燃烧机理。
2. 掌握测试聚合物燃烧性能的垂直燃烧法。

二、实验原理

1. 聚合物的燃烧机理

聚合物的燃烧是一个非常激烈复杂的热氧化分解反应，具有冒发浓烟或炽烈火焰的特征。燃烧反应的基本机理，可理解为燃烧情况下聚合物的分解机理，出现聚合物的解聚、聚合物的主键断裂和侧链断裂等过程，过程如图 2-30 所示。在外界热源的不断加热下，聚合物先与空气中的氧发生自由基链式降解反应，产生挥发性可燃物，该物达到一定浓度和温度时就会着火燃烧起来，燃烧所放出的一部分热量供给正在降解的聚合物，进一步加剧其降解，产生更多的可燃性气体。而不断产生的高聚物碎片在高温和氧充足的情况下，被氧化的速度极快，产生大量的热足以在气相中燃烧，使得火焰在很短的时间内就会迅速蔓延而造成一场大火。

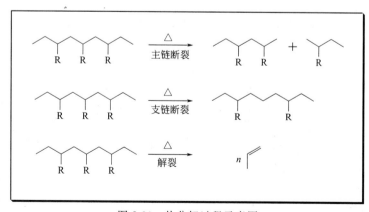

图 2-30　热分解过程示意图

2. 水平垂直燃烧法

为了更准确地表征聚合物的燃烧性能，国际上已经有很多通用方法来进行聚合物燃烧性能的测试，水平垂直燃烧法就是其中之一。水平垂直燃烧法是一种可测定材料在接触引燃源时的燃烧性能，包括熄灭时间、火焰蔓延的范围及时间，以及由于该材料的燃烧行为是否引起其他物质的燃烧方法，可对材料进行对比及耐燃分级。根据该法所测定出的聚合物材料的不同级别水平，是作为评价聚合物燃烧性能的重要指标之一。

国际上以 UL94 塑料燃烧等级标准来进行聚合物燃烧性能的评价，在我国采用的是 GB 5169、GB 4943、GB/T 2408—2008 等国家标准。不过，随着我国高分子材料应用的国际化程度提高，实际生产企业和评价机构越来越多地采用国际上通用的 UL94 塑料燃烧等级标准。此标准适用于设备和电器的塑料零件的可燃性实验，是用来衡量和说明设备及电器所用材料相对于受控试验室环境中的热和火焰的可燃性的一种方法。

UL94 水平燃烧法是适用于常温时，一端固定后能水平支撑，另一端下垂不大于 10mm 的塑料试样或其他自支撑材料的质量控制实验和燃烧性的分类实验。这种类型是 UL 的最低等级，经常是用纵向 V0、V1 或 V2 测量方式行不通时才采用，适用于能慢慢燃烧但不能自熄的高分子材料。主要通过测量线性燃烧速度来评价试样的燃烧性能的一种方法。

UL94 垂直燃烧实验是将试样固定在夹具上，用本生灯产生一定的火焰在规定时间内施加在试样自由端，主要通过材料的有焰燃烧时间（在规定的实验条件下，移开点火源后，材料持续有焰燃烧的时间）或无焰燃烧时间（在规格的实验条件下，移开点火源后，当有焰燃烧终止或无火焰产生时，材料保持辉光的燃烧时间）长短、熔滴是否阴燃脱脂棉等实验结果，确定聚合物材料的燃烧等级。UL94 中的垂直燃烧实验将聚合物材料定为四个级别，其等级顺序从低到高依次为为 V-2、V-1、V-0 和 5-V 级。

UL94 V0 评定方法：点燃后把火焰移开，样品能快速自熄到在一定时间间隙内无燃烧的熔体滴落（也就是说，燃烧着的熔体滴落在位于测试样品下面的 1ft 的棉花垫上，不能引燃棉花）。

UL94 V1 评定方法：与 V0 评定方法类似，只不过它要求的自熄时间要长些。这种测试允许熔体滴落在棉花垫上，但不能点燃棉花。

UL94 V2 评定方法：与和 V1 相同，只是它允许燃烧着的熔滴将 300mm 下面的棉花点燃。

UL94 5V 评定方法：是燃烧测试中最严格的检测方法，它涉及塑料制品实际在火焰里的寿命。实验要求火焰长度为 5in，对测试样品施加 5 次燃烧，其间不允许有熔滴滴落，不允许测试样品有明显的扭曲，也不能产生任何被烧出来的洞。

根据工业上的常用等级分类，本实验仅对垂直燃烧测试进行介绍，采用 V-2、V-1 以及 V-0 这三个常用级别。

三、仪器药品

1. 仪器

（1）水平垂直燃烧仪　CZF-3 型，长 720mm，宽 370mm，高 850mm。用来测量试样的燃烧性能。仪器如图 2-31 所示。

如图 2-31 所示，左侧黑色部分主要为控制面板，右侧箱体为燃烧箱。

① 控制面板

a. 数码管：数码管分左右两个。左侧数码管的第一个格为实验次数显示位置，分别用 A、B、C、D、E 五个字母

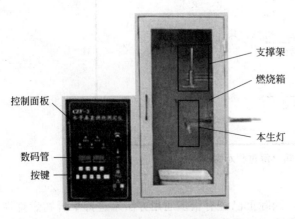

图 2-31　CZF-3 型水平垂直燃烧测定仪

（图中标注：支撑架、燃烧箱、控制面板、本生灯、数码管、按键）

符号来表示五个试样。选用垂直法时，在实验或读出的过程中，该数码管右下角的亮点分别表示施加火焰的次数。该点加亮时，表示对某个试样第二次施加火焰，此时既要记录有焰燃烧时间，也要记录无焰燃烧时间。左侧数码管的后三个格组成一组时间计数器，在垂直燃烧实验时，用以显示本次实验的有焰燃烧时间（精确到 0.1s）。右侧数码管为一组时间计数器，在垂直燃烧实验时，用以显示诸次有焰燃烧的积累时间，与无焰燃烧指示灯配合，用以显示无焰燃烧时间。在水平燃烧实验时，用以显示测量的时间，在两种实验方法的施加火焰（以下简称施焰）时，均采用倒计数的方式显示施焰的剩余时间（精确到 0.1s）。这里记录的时间均以 s 为单位。

b. 按键：在控制面板的左侧有白色按键共 9 个，分上下两排分布，主要功能为计时和计数；在控制面板的右侧另有 4 个按键，主要功能为开关控制、手动操作或自动操作等。按键名称及其功能说明见表 2-11。

表 2-11　CZF-3 型水平垂直燃烧测定仪控制面板按键名称及其功能说明

按键名称	颜色	功能说明
复位	白色	强制复位键，即本生灯施焰结束后自动复位
清零	白色	清零键，用以清除机器内部不必要的信息，以利于精确计时，该键只有在数码显示器显示"P"的初始状态时才能起到清零作用，显示其他状态时该键起不到清零作用
不合格	白色	不合格键，在垂直燃烧法实验中，在施加火焰时间内，火焰蔓延到支架夹具时，按此键判定该试样的实验结束；水平燃烧法中此键无效
返回	白色	返回初始状态键，按此键使仪器返回到初始状态"P"
退火	白色	在垂直燃烧实验中，如果有滴落物并引燃脱脂棉时，按此键结束该试样的实验，该试样定级为 94V-2 级。在水平燃烧实验中，在施焰时间内，火焰前沿已燃烧至第一标记线时，按此键将停止加火焰，本生灯退回，小于 30s 指示灯亮，并且立即开始记录时间
运行	白色	当显示器显示出垂直"∥"或"—"水平符号时，按此键用以确定某种实验方式。当显示点火 dH 信息时，用以启动电机，向试样施加火焰
读出	白色	当某一个试样实验结束后或某一组实验结束后，按此键用以读出实验数据
选择	白色	在仪器的初始状态 P 时，按此键用以选择水平或垂直燃烧实验方法
计时控制	白色	用以控制记录时间的开始与终止
电源	红色	电源开关
手动/自动	黄色	选择手动时，手动指示灯亮；选择自动时，仪器进入自动状态，自动指示灯亮
进	红色	当选择手动状态时，此键可控制本生灯的进火
退	绿色	当选择手动状态时，此键可控制本生灯的退回

c. 旋钮：在控制面板上电源开关的上方是一个黑色"燃气调节"旋钮，其功能为燃气开关及燃气流量调节。

② 燃烧箱

a. 本生灯：管长为 100mm，内径（9.5±0.5）mm，用于点燃试样。

b. 风量调节器螺母（在本生灯管下方）：本生灯点着后，旋转本生灯管下方风量螺母能改变火焰颜色，如由黄色转变为蓝色，实验中应采用蓝色火焰进行燃烧测试。

c. 进气调节手柄（在本生灯管下方）：可调节本生灯火焰高低。如火焰高度不够所需的

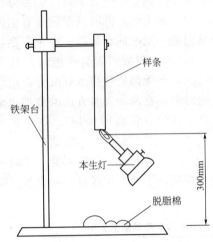

图 2-32　符合垂直燃烧实验要求的铁架台

20mm，调节手柄增加燃气流量即可。

长明灯：是位于本生灯旁边的直径为 3～4mm 的细管，其功能为本生灯施加火焰，火焰长短不做要求，可点燃本生灯即可。

角度指示标牌：实验时根据需要本生灯可倾斜 0°～45°。

支承架：用以支撑试样自由端下垂和弯曲的金属支架。

水平筛网支承架：用于遮挡试样燃烧时的低落物。不做水平实验时，该支架可自由放下。

注：若实验室不具备垂直燃烧仪，可以准备一个符合垂直燃烧实验要求的铁架台亦可（如图 2-32 所示），但需要在通风橱里进行。为了实验结果的准确性，在实验测试期间不要开启通风设备。

（2）火焰标尺　火焰标尺高度分 20mm 和 25mm 两种规格，用来测量火焰高度。

（3）游标卡尺　用来测量试样尺寸。

（4）秒表　用来记录点燃和点燃后的燃烧时间。

（5）通风橱　为了排除试样燃烧时所产生的有毒烟气，实验应在通风橱内进行。

2. 药品

（1）阻燃高分子材料样条　自制。阻燃材料参考配方见表 2-12。

表 2-12　阻燃材料参考配方

配方（质量分数）	聚丙烯（PP）	聚磷酸铵（APP）	季戊四醇（PER）
纯 PP	100	0	0
30%-PP/APP/PER/(1∶1)	70	15	15
30%-PP/APP/PER/(2∶1)	70	20	10
30%-PP/APP/PER/(3∶1)	70	22.5	7.5
30%-PP/APP/PER/(4∶1)	70	24	6

制好的试样应在标准气候条件下调节 48h。

样条要求：

采用长 (125±5)mm，宽 (13±0.5)mm，厚度 (3.0±0.2)mm 的条状试样；

试样表面应平整，无气泡、飞边、毛刺等缺陷；

每组的试样数至少为 5 个；

试样可通过切割、熔铸、挤塑等方式均可。

（2）燃料气体　具备调节器和仪表提供稳定、均匀流量的工业级甲烷。

（3）医用脱脂棉　用来接住试样的燃烧残渣。

四、准备工作

① 试样材料的准备：根据实验室条件进行样条的加工；如果没有已添加阻燃剂的高分子材料，可以通过将一定比例的阻燃剂或复合阻燃剂如多聚磷酸铵、三聚氰胺等与高分子塑料按一定比例进行熔融共混，制得阻燃高分子材料后（可加入少量抗熔滴剂如聚四氟乙烯来减少试样在燃烧过程中的熔滴现象），再进行样条加工。

② 熟悉水平垂直燃烧仪器设备的使用方法，检查燃气流量的稳定性。

五、实验步骤

本实验将按照 CZF-3 型垂直燃烧测试仪和符合垂直燃烧实验要求的铁架台装置分别进行实验步骤的介绍。

1. 采用 CZF-3 型垂直燃烧测试仪的实验步骤

① 将试样的一端垂直固定在夹具上，将本生灯移至试样底边中部，调节试样高度，使试样下端距灯管为 10mm。

② 点着本生灯并调节，使之产生 20mm±2mm 高的蓝色火焰。

③ 开电源-"复位"-"返回"-"清零"，显示初始状态 P。

④ 按"选择"显示-F? 再按"选择"，显示"11F-10-?"（意为：用施焰时间为 10s 的垂直燃烧法吗?）。

⑤ 按"运行"，显示 A、dH，垂直法的指示灯亮表示选择了垂直法。

⑥ 按"运行"将本生灯移至试样下端，对试样施加火焰，显示 A、Sy×××、×、×，表示正在施加火焰，并以倒计时的方式显示施焰的剩余时间。当施焰时间还剩 3s 时，蜂鸣器响，提醒操作人员准备下一步操作，当施焰时间结束（10s）后，本生灯自动退回，"有焰燃烧"指示灯亮，显示信息为"A、××、××××、×"，中间 2、3、4 三个数码管表示本次有焰燃烧的时间，右边 5、6、7、8 四个数码管表示诸次燃烧的积累时间。

⑦ 当有焰燃烧结束时，按"计时控制"，显示"A、dH"，按"运行"开始本次试样的第二次施焰，显示"A、Sy×××、×、×"。同样，当施焰的最后 3s 蜂鸣器响，施焰时间结束，本生灯自动退回。"有焰燃烧"指示灯亮显示信息为"A、××、××××、×"，中间 2、3、4 三个数码管为第二次施焰后的有焰燃烧时间，右边 5、6、7、8 四个数码管为诸次有焰燃烧的积累时间。

⑧ 当有焰燃烧结束按"计时控制"，"有焰燃烧"指示灯灭，"无焰燃烧"指示灯亮，显示信息为"A、×××、×"表示无焰燃烧的时间。

⑨ 当无焰燃烧结束没有无焰燃烧时，按"计时控制"，显示"bdH"，表示 A 试样实验结束。

⑩ 重复⑥～⑨各步骤，直至一组试样结束。

⑪ 在实验的过程中，若有滴落物引燃脱脂棉的现象，按"退火"，仪器显示"×、dH"，该试样停止实验。

⑫ 在施焰时间内，若出现火焰蔓延至夹具的现象，按"不合格"，此试样实验结束。

⑬ 实验后，需读出试样的实验数据时，按"读出"。先显示的是与第一数码管所对应的实验次数的第一次施焰后的有焰燃烧时间。再按"读出"，则显示第二次施焰的有焰燃烧时间，第三次按"读出"，则显示第二次施焰的无焰燃烧时间，直到显示"dc-End"（表示实验数据全部读完）。若有火焰蔓延至夹具的现象时，读出显示"×、bHg"。若有滴落物引燃脱脂棉现象，读出显示信息为"X94V-2"。

⑭ 结果表示在自动状态下，该仪器可直接读出的总的有焰燃烧时间。

⑮ 结果的评定：实验结果按规定，将材料的燃烧性能归为 94V-0、94V-1、94V-2 三个级别。

2. 采用简易的铁架台进行垂直燃烧测试的实验步骤

① 夹持：在无通风实验箱中进行，试样上端（6.4mm 的地方）用支架上的夹具夹住，并保持试样的纵轴垂直，试样下端距灯嘴 9.5mm，距干燥脱脂表面 305mm。100% 纯度的脱脂棉，尺寸 50mm×50mm，最大厚度不超过 6mm。

② 燃具：甲烷流量 105mL/min，背压力 10mm H_2O（$1mmH_2O=9.80665Pa$）。

③ 火焰：在距试样 150mm 处点燃本生灯，调节火焰高度为（20 ± 1）mm，并呈蓝色火焰。

④ 燃烧：把本生灯火焰置于试样下端，点火 10s，然后移去火焰（离试样至少 152mm 远），并记下试样有焰燃烧时间 t_1。如果燃烧过程中样品出现形状和位置的变化，燃具要随之调整，若测试过程中有熔融物滴落，可将燃具倾斜 45°。若移去火焰后 30s 内试样的火焰熄灭，必须再次将本生灯移到试样下面，重新点燃试样点火 10s，然后再次移开本生灯火焰，并记下（从新点燃 10s 记录）试样的有焰燃烧 t_2 和无焰燃烧的阴燃时间 t_3。若试样熔滴在燃烧过程中落入试样下 305mm 的脱脂棉上，看其是否引燃脱脂棉，若脱脂棉着火，评级时应予以考虑。

六、数据处理

垂直燃烧法对材料燃烧性能的评价，应按表 2-13 规定分为三级 V-0 级、V-1 和 V-2。

表 2-13　评价材料垂直燃烧行为标准

试样燃烧行为标准		级别		
		V-0	V-1	V-2
每个试样第一次施加火焰离火后有焰燃烧时间/s	≤	10	30	30
每组 5 个试件施加 10s 火焰离火后有焰燃烧时间总和/s	≤	50	250	250
每个试样第二次施加火焰离火后无焰燃烧时间/s	≤	30	60	60
每个试样有焰燃烧或无焰燃烧蔓延到夹具的现象		无	无	无
每个试样滴落阴燃医用脱脂棉现象		无	无	有

如果一组 5 个试样中有一个不符合表中要求，应再取一组试样进行实验，第二组 5 个试样应全部符合要求。如果第二组仍有一个试样不符合表中相应要求，则以两组中数值最大的级别作为该材料的级别。如果实验结果超出 V-2 相应要求，则该材料不能采用垂直燃烧法评定。

七、注意事项

1. 厚度、密度、各向异性材料的方向、颜料、填料及阻燃剂种类和含量不同一的试样，其实验结果不能相互比较。

2. 为了排除试样燃烧时所产生的有毒烟气，实验应在通风橱内进行。

3. 本生灯出火焰方向不用对准自己或他人，以免发生意外。

八、思考题

1. 聚合物是以怎样的机理进行燃烧的？

2. 为什么聚氯乙烯的燃烧级别比纯聚丙烯的高？

参 考 文 献

[1] 殷勤俭，周歌，江波编著. 现代高分子科学实验. 北京：化学工业出版社，2012.

[2] UL standard for safety：test for flammability of plastic materials for parts in devices and applicances，UL94. Fifth edition，1996.

实验十二　热台偏光显微镜观察聚合物球晶形态

聚合物可以分为结晶聚合物和无定形聚合物两种。结晶聚合物从熔融状态冷却时主要生成球晶。球晶是聚合物中最常见的结晶形态，大部分由聚合物熔体和浓溶液生成的结晶形态都是球晶。结晶聚合物材料的实际使用性能（如光学透明性、冲击强度等）与材料内部的结晶形态、晶粒大小及完善程度有着密切的联系。因此，对于聚合物球晶的形态与尺寸等的研究具有重要的理论和实际意义。

一、实验目的

1. 认识热台偏光显微镜的基本结构和原理。
2. 观察不同结晶温度下得到的球晶的形态。

二、实验原理

1. 球晶的形成原理

聚合物在不同条件下形成不同的结晶，比如单晶、球晶、纤维晶等，而其中球晶是聚合物结晶时最常见的一种形式。当结晶性的高聚物从熔体冷却结晶时，在不存在应力或流动的情况下，都倾向于生成球晶。

球晶是从一个中心（晶核）在三维方向上一齐向外生长晶体而形成的径向对称的结构，即一个球状聚集体，其基本结构单元是具有折叠链结构的片晶。球晶的生长过程如图 2-33 所示。

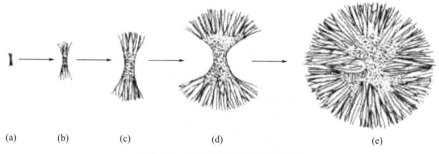

(a)　　(b)　　(c)　　(d)　　(e)

图 2-33　球晶各生长阶段示意图

如图 2-33 所示，球晶成核初始只是形成一个多层片晶［图 2-33(a)］，逐渐向外张开生长［图 2-33(b)、(c)］，在结晶缺陷点不断分叉生长［图 2-33(d)］，它们在生长时发生弯曲和扭转，并进一步分叉形成新的片晶，如此反复，最后才形成填满空间的球状外形［图 2-33(e)］，进一步发展成更大的球晶。因而结晶总速率应是由成核速率和生长速率共同决定的。

2. 偏光显微镜

聚合物球晶在偏光显微镜的正交偏振片之间呈现出特有的黑十字消光图形，因此，普通的偏光显微镜就可以对球晶进行观察。偏光显微镜的最佳分辨率为 200nm，有效放大倍数超过 100～630 倍，与电子显微镜、X 射线衍射法结合可提供较全面的晶体结构信息。

本实验是用的是 XPN-100 热台偏光显微镜，其构造如图 2-34、图 2-35 所示。

用偏光显微镜观察球晶的结构是根据聚合物球晶具有双折射性和对称性。当一束光线进入各向同性的均匀介质中，光速不随传播方向而改变，因此各方向都有相同的折射率。对于各项异性的晶体来说，其光学性质会随方向而异。当光线通过它时，会分解为振动平面互相垂直的两束光，它们的传播速率除沿光轴外，一般是不相等的，于是就会产生两条折射率不同的光线，这种现象称为双折射。基体的一切光学性质都和双折射有关。偏光显微镜是在起偏镜与检偏镜的振动平面相互垂直的状态下观察球晶的双折射现象。

对于非晶高聚物来说，在正交偏光显微镜下观察，非晶体聚合物因为其各向同性，没有发生双折射现象，光线被正交的偏振镜阻碍，视场黑暗。

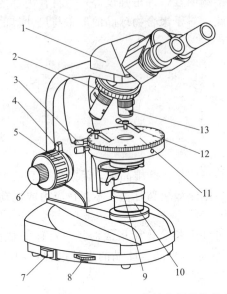

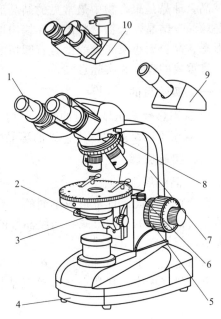

图 2-34　XPN-100 热台偏光显微镜左侧结构示意图
1—双目头；2—转换器；3—旋转台面固紧螺钉；4—限
位手轮；5—粗动调焦手轮；6—微动调焦手轮；7—电
源开关；8—亮度调节旋钮；9—起偏镜；10—下聚光
镜；11—载物台；12—标本片夹持器；13—物镜

图 2-35　XPN-100 热台偏光显微镜右侧结构示意图
1—目镜；2—滤色片座；3—聚光镜（带孔径光栏）；
4—底座；5—调节松紧手柄；6—对准螺钉；
7—主体；8—检偏振器手柄；
9—单目头；10—三目头

　　对于结晶高聚物来说，当高聚物处于熔融状态时，呈现光学各向同性，入射光自起偏镜通过熔体时，只有一束与起偏镜振动方向相同的光波，故不能通过与起偏镜成 90°的检偏镜，显微镜的视野为暗场。高聚物自熔体冷却结晶后，成为光学各向异向体，当结晶体的振动方向与上下偏光镜振动方向不一致时，视野明亮，就可以观察到晶体。球晶会呈现出特有的黑十字消光现象，黑十字的两臂分别平行于两偏振轴的方向，如图 2-36 所示。而除了偏振片的振动方向外，其余部分就出现了因折射而产生的光亮。在偏振光条件下，还可以观察晶体的形态，测定晶粒大小和研究晶体的多色性等。

图 2-36　聚丙烯球晶的偏光显微镜照片

图 2-37　聚（羟基丁酸戊酸酯）与聚（羟基丁酸己酸酯）共混物（共混比为 20/80）的环带球晶

　　用偏光显微镜观察聚合物球晶，在一定条件下，球晶还会呈现出更加复杂的环状图案，即在特征的黑十字消光图像上还重叠着明暗相间的消光同心圆环（如图 2-37 所示）。这可能是球晶种片晶沿着球晶半径方向周期性扭转造成的。

三、仪器药品

1. 热台偏光显微镜及电脑一台、擦镜纸、镊子。
2. 盖玻片、载玻片。
3. 聚丙烯粒料。

四、准备工作

将聚丙烯粒料熔融，制备聚丙烯薄膜多片，冷却至室温备用。

五、实验步骤

① 启动电脑，打开偏光显微镜摄像程序。

② 把显微镜电源开关按向"I"一边，即接通电源。

③ 把已准备好的聚丙烯薄膜，放在干净的载玻片上，然后在薄膜上面盖上一片载玻片。

④ 将加热台放在显微镜工作台中央处，然后封闭于载玻片的聚丙烯薄膜样品放在加热台上，通过旋转台面固紧螺钉将样品出现在目镜范围内合适的位置。

⑤ 将"4×"物镜转入工作位置，对样品进行调焦。先用粗动调焦手轮进行清晰度调节，在调节到比较清晰的状态后，再用微动调焦手轮进行进一步调焦，以获得更高的清晰度。

⑥ 调节聚光镜的升降位置，亮度旋钮和孔径光阑，以达到满意的照明状态。

⑦ 把检偏振器手柄推倒观察位置，旋起起偏镜，使用偏光观察样品上光的变化。

⑧ 按下图 2-38 所示的温度控制仪的"电源开关"后，将"设定·显示"按钮按下，温控仪为设定温度状态。此时，通过调节左下角"温度设定"旋钮旋转，直到达到聚丙烯的熔融温度 190℃，再将"设定·显示"按下，设定温度完成。此时，热台开始升温，到达设定温度时，绿色保温显示灯亮起。聚丙烯样品开始进行熔融。

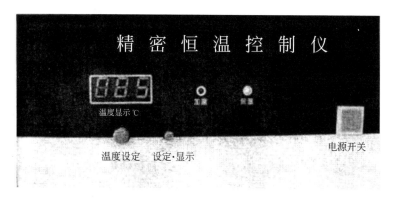

图 2-38　XPN-100 热台偏光显微镜热台温度控制仪

⑨ 带样品完全熔融后，按照步骤⑦将热台温度重新设定为 130℃，使聚丙烯样品在 130℃下进行等温结晶，在偏光显微镜下观察球晶体，观察黑十字消光现象。每隔 30s 把球晶的形态保存下来，直到球晶的大小不再变化为止。

⑩ 当使用高倍数物镜进行观察时，一般先采用低倍数物镜进行调焦，然后再逐步转换到更高倍数物镜观察。每次转换不同倍数物镜时，均需要用微动调焦手轮稍作调节。

六、数据处理

绘制用热台偏光显微镜所观察到的球晶形态示意图。

七、注意事项

1. 在使用显微镜时，任何情况下都不得用手或硬物触及镜头，更不允许对显微镜的任何部分进行拆卸。镜头上有污物时，可用镜头纸小心擦拭。

2. 用显微镜观察时，物镜与试片间的距离，可先后用粗调/细调旋钮调节，直至聚焦清晰为止。禁防镜头碰盖玻片。

3. 试样在加热台上加热时，要随时仔细观察温度和试样形貌变化，避免温度过高引起试样分解。

八、思考题

1. 聚合物结晶过程有何特点？
2. 结晶温度对球晶形态有何影响？

参 考 文 献

[1] 何君曼主编. 高分子物理. 上海：复旦大学出版社，1983.
[2] 王璐，丁长坤，程博闻，吴琼. 聚羟基丁酸己酸酯对聚羟基丁酸戊酸酯结晶性能的影响. 中国塑料，2012，26 (3)：47-50.
[3] 刘方主编. 高分子材料与工程专业实验教程. 上海：华东理工大学出版社，2012.
[4] 李允明主编. 高分子物理实验. 杭州：浙江大学出版社，1996.
[5] 方征平，宋义虎，沈烈编著. 高分子物理. 杭州：浙江大学出版社，2005.
[6] 韩哲文主编. 高分子科学实验. 上海：华东理工大学出版社，2005.

第三章 高分子材料成型加工与性能表征实验

第一节 塑料成型加工与性能表征实验

塑料是三大合成材料之一，塑料的成型加工是塑料工业中的重要环节，要把合成树脂变成有用的塑料制品应用到农业、工业、国防和科学技术的各个领域中，必须通过成型加工手段。常用的加工成型方法有挤出、注塑、吹塑、模压、压延等。聚合物只有通过加工成型才能获得所需的形状、结构与性能，成为有实用价值的材料与制品。塑料在加工过程中高分子表现出形状、结构和性质等方面的变化。

塑料成型加工与性能是塑料成型工艺的综合性专业实践，是学生结合专业课程所学高分子材料成型加工理论知识与实际相结合的实际训练。通过实验使学生更深入掌握和巩固高分子材料成型加工的基本原理、基本工艺过程、基本操作与控制方法，培养学生的实际技术技能和动手能力。研究加工工艺条件对塑料制品的影响，使学生通过实验理解、掌握塑料成型加工知识中的基本概念和基本原理，使学生熟悉高分子成型加工的实验方法和原理，初步掌握一些成型加工设备的操作技能和配方设计的基本方法，提高分析问题和解决实际问题的能力。

实验十三 塑料的配制（软质聚氯乙烯的混合塑炼）

塑料是混合了各种添加剂的高聚物。尚未和各种添加剂混合的高聚物由于自身结构的限制，往往难以获得良好的加工性能和力学性能。因此，了解塑料中各组分的选择和配合是非常重要的。

一、实验目的

1. 掌握聚氯乙烯配方设计的基本知识。
2. 掌握软质聚氯乙烯成型加工各个环节。
3. 掌握捏合、塑炼等工艺过程的操作技术。

二、实验原理

聚氯乙烯（PVC）树脂是一种产量大、综合性能优良的通用高分子材料。由于其分子结构中含有大量的极性—Cl基团，分子间作用力强，制品脆而坚硬，PVC通常作为硬塑料使用。另一方面，PVC与大多数增塑剂的混合性好，因此可以通过添加大量增塑剂来增加PVC材料的柔韧性，降低制品硬度，而使增塑体系室温下具有大的形变和迅速恢复形变的能力，有类似交联橡胶的性能，这样柔软的PVC材料又称为软质聚氯乙烯。由于其质地柔软，可望作为橡胶的替代材料，用于生产薄膜、人造革、壁纸、软管和电线套管等。本实验主要针对软质聚氯乙烯的制备过程进行介绍。

1. 软质聚氯乙烯制品的配方设计

（1）树脂 PVC树脂是配方的主体，主要决定加工成型工艺和最终制品的性能要求。软质聚氯乙烯通常选用绝对黏度 1.8~2.0 的悬浮法疏松树脂，聚合度为 700~1000。

（2）增塑剂　用来增加树脂的可塑性、流动性，并使制品具有柔软性。软质聚氯乙烯制品中的增塑性加入量为 40～70 份（以 PVC100 份为基准），所得材料柔软而富于弹性。常用主增塑剂为邻苯二甲酸酯类、己二酸和癸二酸酯类及磷酸酯类。有时，为了降低成本，常采用价格较低的氯化石蜡与上述主增塑剂配合使用，也同样具有较好的增塑效果。

（3）稳定剂　由于 PVC 树脂受热易分解，在加工过程中容易分解放出 HCl，因此必须加入碱性的三碱式硫酸铅和二碱式亚磷酸铅，使 HCl 中和，否则树脂的降解现象会愈加剧烈。此外，因 PVC 在受热情况下还有其他复杂的化学变化，为此在配方中还加入硬脂酸盐类化合物，同样起热稳定作用。

（4）润滑剂　添加石蜡等润滑剂，其主要作用是防止黏附金属、延迟聚氯乙烯的胶凝作用和降低熔体黏度，有利于加工，成型时易脱模等。

（5）填充剂　在聚氯乙烯塑料中添加填充剂，可达到降低产品成本和改进制品某些性能的目的。碳酸钙是成本低且广泛使用的无机填料。为了改善其与高分子材料的相容性和分散性，选用的碳酸钙常常是用偶联剂等进行表面处理过。但填充剂加入过量，会造成力学性能的下降。

（6）改性剂　为改善聚氯乙烯树脂的加工性、热稳定性、耐热性和抗冲击性差等缺点，常按要求加入各种改性剂，主要包括冲击改性剂（如氯化聚乙烯等）、加工改性剂（如丙烯酸酯类等）、热变形性能改性剂（如丙烯酸酯和苯乙烯类聚合物等）。此外，还可以根据需加入颜料、阻燃剂、发泡剂、抗静电剂等。

2. 软质聚氯乙烯的混合（捏合）过程

聚氯乙烯树脂属线型极性高聚物，因此树脂在增塑剂中的溶解过程首先发生体积膨胀，这种高聚物分子在低分子溶剂中发生体积膨胀现象即称为"溶胀"，仅当树脂体积膨胀到分子间相对活动的阻力足够小时，才会出现树脂大分子和增塑剂小分子之间的相互扩散从而才逐步溶解。捏和的过程对于软质聚氯乙烯塑料，即是指溶胀过程。捏合过程的工艺条件中温度是较为重要的一个工艺指标。温度较低时，树脂处于玻璃态，增塑剂分子扩散速度较慢。仅当树脂和少量渗入的增塑剂体系转入高弹态时，才能使增塑剂扩散速度加快而使树脂体积迅速膨胀。但温度太高，则会影响聚氯乙烯的稳定性，造成制品变色。因此，控制适宜的温度能够加速树脂的溶胀速度，缩短捏合工艺时间，获得合格的软质聚氯乙烯制品。适宜的温度应根据所选择的聚氯乙烯基体结构、分子量以及增塑剂的种类不同而有所差异，不能完全一致。捏合时由于物料层间的剪切作用，使各组分间增大了接触面积，最终便形成均匀的粉状掺混物。物料混合的终点可以凭经验观察混合物颜色分布是否均匀；也可以取样热压薄试片，并借助放大镜观察白色的稳定剂和着色剂斑点的大小及分布是否均匀，以及有无物料结聚粗粒等状况，以判断混合的均匀程度。捏合常用设备是 Z 型捏合机或高速混合机。

3. 软质聚氯乙烯的塑炼过程

塑炼过程是在树脂的流动温度以上和强大的剪切作用力下于双辊筒炼塑机或密炼机中进行的，是物料在初混合基础上的再混合过程。塑炼使物料在剪切作用下热熔、剪切混合达到一定的柔软度和可塑性，增加相界面和提高混合物组分均匀性，使各种组分分散更趋均匀，并可驱逐物料中的水分和挥发性气体，增加材料的密度。塑炼主要控制因素是塑炼的温度、时间及剪切力。对 PVC 塑料来讲，应严格控制温度和作用力，要尽量避免可能发生的化学反应，或把可能发生的化学变化控制到最低的限度。常用设备是双辊塑炼机。

4. 软质聚氯乙烯的主要设备介绍

（1）Z 形捏合机　Z 形捏合机是卧式混合机的一种，结构外形如图 3-1 所示。捏合机是由一对相互配合和旋转的桨叶（通常呈 Z 形）所产生强烈剪切作用而使半干状态或橡胶状黏稠塑料材料能使物料迅速反应，从而获得均匀的混合搅拌。

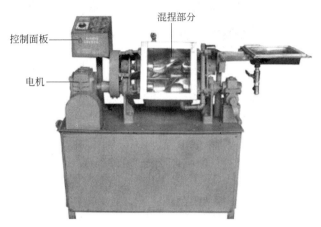

图 3-1　Z 形捏合机

（2）高速混合机（见图 3-2）　高速混合机主要用于热塑性物料（如橡胶和塑料）与添加剂混合，近年来，它已逐步替代了低速捏合机。高速混合机的混料锅内一般装有 2～4 层桨叶，随着桨叶的高速旋转，物料在离心力的作用下会沿桨叶切向运动并被抛向锅壁，并且沿壁面上升，上升的物料一部分在重力的作用下又落回桨叶中心，另一部分物料撞向锅盖后落下。这种上升、下降运动和切向运动结合，会使物料相互碰撞、交叉混合；同时物料和桨叶、内壁以及物料之间相互碰撞摩擦，使温度快速上升。另外，折流板更搅乱了料流，使料流的湍动程度增强，促进物料进一步均匀分散和混合。

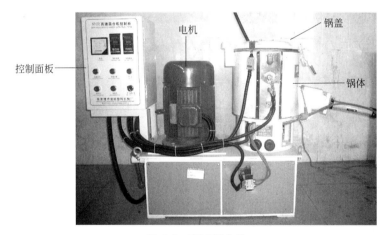

图 3-2　高速混合机

（3）双辊塑炼机　双辊塑炼机又称开炼机，结构外形如图 3-3 所示。开炼机混炼是利用两个平行排列的中空辊筒，以不同的线速度相对回转，加料包辊后，由于辊筒线速度不同产生一定的速度梯度，从而形成剪切力。软质聚氯乙烯混合料在剪切力作用下多次通过辊距，采取多次翻胶操作，使混合物料进一步分布，达到均匀分散的效果。

三、仪器药品

1. 仪器

① 高速混合机，用于物料的初混合，1 台。

② 双辊筒开放式塑炼机，用于物料的塑化分散混合，1 台。

图 3-3　双辊塑炼机

③ 天平、温度计、游标卡尺、浅搪瓷盆、刮刀等。

2. 药品

下列为指导性实验配方，学生可自行进行设计。

PVC 树脂	100 份
邻苯二甲酸二辛酯（工业级）	50 份
三碱式硫酸铅（工业级）	3 份
硬脂酸钡（工业级）	1.5 份
硬脂酸钙（工业级）	1 份
碳酸钙（工业级）	5 份
石蜡（工业级）	0.5 份

四、准备工作

① 在指导老师的指导下，认真阅读机器的操作规程，并按相关规程开动高速混合机和开放式塑炼机或密炼机，观察机器是否能够正常运转，并学会正确使用急停装置。

② 检查有无杂物或杂质粘在腔内或辊筒上，应对其进行清洗，保持干净光洁。

③ 开炼机或密炼机要提前预热到指定温度。

④ 查阅资料，拟定实验配方及各项成型工艺条件。

五、实验步骤

1. 混合步骤

① 按事先设计的配方，用天平准确称量各个原材料，所有组分的称量误差不应超过 1%。

② 将已称量好的 PVC 树脂和粉状添加剂组分加入到高速混合机中，盖上釜盖，开机混合 2~3min。搅拌桨转速调整至 1500r/min，同时温控 80℃左右。

③ 停机，将液状增塑剂组分缓慢加入，再开机混合 5min。

④ 达到混合时间后，停机，打开出料阀卸料备用。

⑤ 待物料排出后，静止 3~5min，打开釜盖，清扫余料。

2. 塑炼步骤

① 准备工作。首先检查开炼机辊筒以及接料盘内有无杂物，然后将双辊开炼机开机空

转，检验紧急刹车装置，经检查无异常现象即可开始实验。

② 辊筒预热至拟定温度后，启动塑炼机，调节辊间距为 1～3mm。

③ 开始时，初混物料加在两辊间隙上部。初始塑化时，物料会从辊筒间隙落下来，此时应立即将下落物料重新加往辊筒上。待出现包辊现象时，可适当放宽两辊间距少许，同时用刮刀切割翻动物料，使其交叉叠合均匀塑炼数分钟，使各组分尽可能分散均匀。

④ 将辊间距调至 1～2mm，使塑化料变成薄层通过辊缝。再次进行塑炼 2～3 次。

⑤ 当物料色泽均匀、表面光亮、不显毛粒、具有一定强度时，即可将物料整片取下，同时裁剪成适当尺寸的板坯，以备压制成型使用。从开始投料到塑化完全一般控制在 10min 以内。

六、数据处理

① 当混合塑炼工艺条件一致时，对于有无稳定剂配方，分别描述制品的颜色、强度的变化情况。

② 当制品配方一致时，混合塑炼时间以及温度等工艺条件发生变化时，描述制品的颜色、强度的变化情况。

③ 写出拟定的混合、塑炼的工艺条件以及配方。

七、注意事项

1. 务必听从指导老师指导，不得随意启动机器。特别要注意，留有长发的学生事先扎紧头发、戴帽，身着宽松衣服应先扎紧衣服，以免发生意外。

2. 塑炼时必须严格按照操作规程进行，要带防热手套，严防烫伤。

3. 严禁使用铜以外的其他金属工具刮划辊筒。

4. 加热辊筒前要先启动机器。停机时先关闭加热电源，当温度降至正常温度后再停机。

5. 高速混合机必须在转动的情况下调整转速。

6. 余料要做到及时清理。

八、思考题

1. PVC 树脂的工艺特征是什么？

2. 为何要进行 PVC 混合配料？各组分各起什么作用？

参 考 文 献

[1] 吕瑞华. 抗静电软质聚氯乙烯材料的研究. 四川大学，硕士论文，2005.
[2] 赵以正. 软质聚氯乙烯塑料捏合工艺的研究. 聚氯乙烯，1983，(3)：20-26.
[3] 韦春，桑晓明主编. 有机高分子材料实验教程. 长沙：中南大学出版社，2009.

实验十四　热塑性塑料注射成型

注射成型是高分子材料成型加工中的一种重要方法。除氟塑料外，几乎所有的热塑性塑料都可用此法成型。对于高分子专业的学生，了解塑料注射成型工艺过程、认识注射模具的应用有着重要的意义。

一、实验目的

1. 掌握热塑性塑料注射机加工工艺过程，塑料塑化过程中温度、压力、时间等要素的确定及其与注射制品质量的关系。

2. 掌握热塑性塑料注射成型的实验技能及标准测试样条的制作方法。

3. 了解注塑机的机构特点及操作程序。

二、实验原理

1. 注射成型应用及原理

注射成型亦称注射模塑或注塑，其特点是生产周期快、适应性强、生产率高和易于自动化等，因此广泛地应用于塑料制品的生产中。从塑料产品的形状看，除了很长的管、棒、板等型材不能使用此法生产外，其他各种形状、尺寸的塑料制品，基本上都可应用这种方法进行成型。注射成型生产的产品占目前塑料制品产品的 20%～30%。

热塑性塑料的注射成型，是将粒状或粉状塑料加入到注塑机的料筒，经加热熔化后呈流动状态，然后在注塑机的柱塞或移动螺杆快速而连续的压力下，物料从料筒前端的喷嘴中以很高的压力和很快的速度注入闭合的模具内。充满模腔的熔体在受压的情况下，经冷却固化后，开模得到与模具型腔相应的制品。

2. 注塑机的基本构造

注塑机是注射成型的主要设备，根据塑化方式分为柱塞式和螺杆式注塑机。一般都由注射系统、锁模系统、模具三部分组成。以 PT-80 注塑机为例，其具体构造如图 3-4 所示。

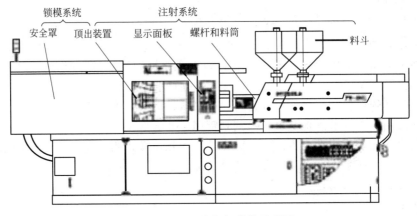

图 3-4　PT-80 注塑机结构示意图

（1）注射系统　注射系统是注塑机的主要部分，其作用是使塑料均匀的塑化并达到流动状态，在很高的压力和较快的速度下，通过螺杆或柱塞的挤推注射入模。注射系统包括：加料装置、料筒、螺杆（或柱塞）及喷嘴等部件。

（2）锁模系统　锁模系统的主要作用是在注射过程中能锁紧模具，而在取出制件时能打开模具，即开启灵活，闭锁紧密。注塑时，熔融塑料在一定的高压下注入模具，由于注射系统（喷嘴、流道、模腔壁等）的阻力，会造成一定的压力损失，使实际施于模腔内塑料熔体的压力远小于注射压力，因此所需的锁模压力比注射压力要小。否则，将会在注射时引起模具离缝而产生溢边现象。

（3）模具　其作用为在塑料的成型加工过程中，赋予塑料以形状，给予强度和性能，使之成为有用的制品。基本结构主要由浇注系统、成型零件和结构零件三部分组成。浇注系统是指塑料熔体从喷嘴进入型腔前的流道部分；成型零件指构成制品形状的各种零件，包括动、定模型腔、型芯、排气孔等；结构零件指构成模结构的各种零件，包括能够执行脱模、抽芯、分型等动作的各种零件。其中浇注系统和成型零件是与塑料直接接触部分，并随塑料和制品而变化，是模具中变化最大，加工光洁度和精度要求最高的部分。

3. 注射成型的工艺过程

热塑性塑料的注射过程包括加料塑化、注射充模、保压、冷却固化和脱模几个工序。

（1）加料塑化　由于注射成型是一个间歇过程，应保持定量（定容）加料，才能保证操作稳定、塑料塑化均匀，最终获得良好的制品。加入的塑料在料筒中进行加热，由固体转变为熔体。在该阶段，注塑机所进行的操作为合模与紧锁。动模前移，快速闭合。在与定模将要接触时，依靠合模系统自动切换成低压，最后切换成高压将模具合紧。

这一操作中较为重要的工艺参数是料筒温度。对于无定形塑料，料筒温度应控制在黏流温度以上；对于结晶性塑料则应控制在熔点温度以上，二者温度皆不可超过塑料的分解温度。料筒温度的配置，一般靠近料斗一端的温度偏低，以便于螺杆的加料输送，往喷嘴方向的温度逐渐升高，使物料在料筒中逐渐熔融塑化。

根据注射座是否移动，分为三种加料方式。

① 固定加料：指机器在各次工作循环中，喷嘴始终同模具相接触，也就是在加料过程中，喷嘴没有后撤或前移的动作。这种方式比较适用于加工温度范围较宽的塑料，如软聚氯乙烯、聚乙烯、聚苯乙烯和 ABS 塑料，其特点可缩短循环周期，提高生产效率。

② 前加料：在每次工作循环中，注射部分的喷嘴都需要做一次撤离模具的动作。但喷嘴退回的动作必须在螺杆定量预塑之后进行。这种程序主要用于开式喷嘴或需要较高背压进行塑化的场合，以减轻喷嘴的"流延"现象。适于注射聚酰胺、聚碳酸酯等。

③ 后加料：在每次工作循环中，螺杆塑化计量是在喷嘴退回以后进行的。这种程序可使喷嘴同温度较低的模具接触时间最短。适用于加工温度范围较窄的结晶性塑料，如注射聚乙烯、聚丙烯等。

（2）注射充模　加入的塑料在机筒内被加热，由固体转变为熔体后，经混合和塑化后被螺杆推挤至机筒前端，经过喷嘴、模具浇注系统进入并填满模腔，这一阶段被称为"充模"。该阶段会受到注射压力和速度、熔体的温度等因素的影响。

注射压力过高或过低，将影响制品的外观质量和材料的大分子取向程度。对成型大尺寸、形状复杂的薄壁制品或熔体黏度大、玻璃化温度高（如聚碳酸酯、聚砜等），宜用较高的压力注射。反之宜采用较低的注射压力。但实际上，注射压力与熔体温度是相互制约的。熔体温度高时，注射压力减小；反之所需注射压力大。要充分考虑原料、设备和模具等因素，结合其他工艺条件，综合分析确定合适的注射条件，否则会给成型带来困难或给制品造成各种缺陷。

注射过程中，喷嘴的温度要单独控制。为了防止塑料熔体的流延作用，喷嘴的温度设置应稍低于料筒的最高温度。但也不能太低，否则容易造成喷嘴的堵塞，增加流动阻力。

注射充模的模具温度或模腔温度是成型制件的关键之一，其温度的高低、均匀与否将直接影响熔融物料的冷却历程，对制品冷却速度的快慢以及制件的内在性能和外观质量影响极大。不同的塑料都有自己的成型模具温度，偏离这一温度，会影响塑料的成型效果，导致塑料制品产生缺陷。模腔温度在模具各处要保持均匀，这样才能保证制品在模腔中冷却速度一致，各部分收缩率一致，从而有效防止塑料的变形。

（3）保压　当熔体刚刚注入温度较低的模腔时，熔体会由于降温而产生一定的收缩。为了保证注射制品的致密性、尺寸精度和强度，必须使注射系统对模具施加一定的压力，对模腔塑件进行保压，直到浇注系统的塑料完全冻结为止。

保压时间和压力的高低均会影响制品的质量。若保压时间不足，模腔内的物料会倒流，使制品缺料；若时间过长或压力过大，充模量过多，将使制品的浇口附近的内应力增大，制品易开裂。

（4）冷却固化和预塑化　当模具浇注系统内的熔体冻结后就可卸去保压压力，使制品在模内充分冷却定型。模具冷却温度（模温）的高低和塑料的结晶性、热性能、玻璃化温度、制品形状复杂与否及制品的使用要求等因素有关。一般来说，模温应低于塑料的玻璃化温度或不易引起制件变形的温度。冷却时间的设置应以保证制品在脱模时不引起变形为原则。

塑料的预塑化与模具内制品的冷却定型同时进行，但预塑时间应大于制品的冷却时间。预塑化时，螺杆转动并后退，同时螺杆将树脂向前输送、塑化，并将塑化好的树脂输送到螺杆的前部并计量、储存，为下一次注射作准备。

（5）脱模　模腔内物料冷却定型后，合模装置即行开模，由推出机构实现制品脱模动作，并准备再次闭模。制件的脱模温度应稍高于模温。

不同塑料注射成型的部分工艺参数范围见表3-1。

表 3-1　不同塑料注射成型的部分工艺参数范围

塑料名称	成型模具温度/℃	注射压力/bar	熔融温度/℃
聚丙烯（PP）	40～80	约1800	220～275
低密度聚乙烯（LDPE）	20～40	约1500	180～280
高密度聚乙烯（HDPE）	50～90	750～1050	220～260
丙烯腈-丁二烯-苯乙烯（ABS）	25～70	500～1000	210～280
聚酰胺 12（PA12）	30～100	约1000	240～300
聚酰胺 6（PA6）	80～90	750～1250	230～280
聚酰胺 66（PA66）	80	750～1250	260～290
聚对苯二甲酸丁二醇酯（PBT）	40～60	750～1500	225～275
聚对苯二甲酸乙二醇酯（PET）	80～120	300～1300	265～290
聚碳酸酯（PC）	70～120	1000～1500	260～340

注：$1bar=10^5Pa$。

三、仪器药品

1. 仪器

（1）PT-80 型注射成型机。

（2）注射模　力学性能试样模具如哑铃型（测试拉伸性能）等。

2. 药品

聚丙烯、聚苯乙烯、聚氯乙烯以及聚（丙烯腈-苯乙烯-丁二烯共聚物）等。

四、准备工作

① 干燥树脂：将烘箱温度设置为80～100℃，时间2～4h，控制材料的含水率在0.1%以下。虽然干燥温度越高，干燥处理时间越短，但干燥处理的温度不宜太高，以防分解老化。未经干燥注塑出的制品容易产生气泡而导致报废。

② 仔细观察、了解注塑机的结构，工作原理和安全操作等。

③ 查阅资料，拟定合适的注塑工艺条件。

五、实验步骤

① 接通注塑机电源，启动电机，油泵开始工作后，应打开液压油冷却器冷却水阀门，对回油进行冷却，以防止油温过高。

② 油泵进行短时间空车运转，待正常后关闭安全门，采用手动闭模，开打压力表，检查压力是否上升。

③ 空车时，手动操作机器，空负荷运转，检查安全门的运行是否正常，指示灯是否熄

亮及时，各控制阀、电磁阀动作是否正常，调速阀、节流阀的控制是否灵敏。

④ 检查并调整时间继电器和限位开关，使其动作灵敏、正常。

⑤ 进行半自动和自动操作试车，空车运转几次，检查是否运转正常。

⑥ 根据制品要求，设定各项成型工艺条件包括注射温度、注射压力、注射速度、保压时间、冷却时间等数值。如聚丙烯的注射工艺条件参考范围是：注射温度 $190 \sim 230℃$，注射压力 $70 \sim 90MPa$，注射速度 $50 \sim 70g/s$，保压时间 $10 \sim 15s$，冷却时间 $30 \sim 120s$。

⑦ 在注塑机温度仪器指示值达到设定实验条件时，恒温 30min，加入塑料进行预塑程序。

⑧ 进行注射成型操作。依次进行闭模→注射装置前移→注射（充模）→保压→预塑/冷却→注射装置后退→开模→推出制品→推出装置复位等操作。制取第一组制品。

记录注射压力、螺杆前进的距离及时间、保压压力、背压及驱动螺杆的液压力（表值）等数值，并记录料筒温度、熔料温度、动模和定模型腔面温度、喷嘴加热值、注射时间、冷却时间和成型周期。

⑨ 依次变化下列工艺条件：注射温度、注射压力、注射速度、保压时间等因素制取第二、三、四、五组制品。

⑩ 观察各组制品成型过程，记录发生情况和制品外观质量、尺寸变化。

六、数据处理

① 比较不同注射工艺条件时的发生情况和制品外观质量、尺寸变化。

② 根据所制样条模具的不同，比较不同注射工艺条件时各组样条的力学性能变化，具体计算方法参见实验二十五或实验二十六。

七、注意事项

1. 未经老师或实验室工作人员许可，不得操作注射机或任意动注射机控制仪表上的按钮或开关。

2. 严禁硬金属工具接触模具型腔。

3. 严禁料筒温度未到设定值时启动电机进行注塑。

4. 严禁喷嘴阻塞时增压清除阻塞物，可通过提高温度方式进行清理。为了减少模温对喷嘴温度的影响，开模时应使喷嘴与模具分离。

5. 主机运行时严禁手臂及工具等硬物进入料斗。

八、思考题

1. 加料量的多少如何影响制品的质量？

2. 保压过程中的哪些参数会影响制品的质量？

3. 所得制品如果出现气泡，可能是什么原因造成的？

参 考 文 献

[1] 韩哲文主编. 高分子科学实验. 上海：华东理工大学出版社，2005.
[2] 沈新元主编. 高分子材料与工程专业实验教程. 北京：中国纺织出版社，2010.
[3] 王贵恒主编. 高分子材料成型加工原理. 北京：化学工业出版社，1982.
[4] 温变英主编. 高分子材料与加工. 北京：中国轻工业出版社，2011.

实验十五　热塑性塑料挤出成型

挤出成型是热塑性塑料的主要成型方法之一。在不同工艺设置下，可生产各种复合薄膜、复合片材、板材、型材和管材，是塑料加工行业中最为常用的加工设备之一。

一、实验目的

1. 通过本实验，熟悉挤出成型的原理，了解挤出工艺参数对塑料制品性能的影响。

2. 了解挤出机的基本结构及部分的作用，掌握挤出成型基本操作。

二、实验原理

1. 挤出成型原理

挤出成型，又称为挤塑，即塑料在挤出机中，在一定的温度和压力下熔融塑化，在受到挤出机料筒和螺杆间的挤压作用的同时，被螺杆不断向前推送，连续通过有固定截面的模型，得到具有特定断面形状连续型材的加工方法。在操作过程中，为了保证制品质量，应正确设计螺杆转速、稳定温度系统设置以及加料速度。

2. 双螺杆挤出机的基本结构

双螺杆挤出机的实物图和示意图分别如图 3-5 和图 3-6 所示。

图 3-5　HT-25 型双螺杆挤出机

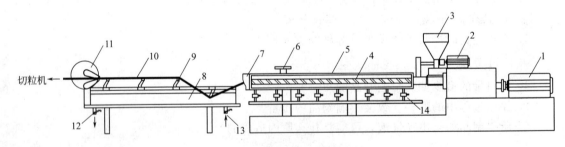

图 3-6　双螺杆挤出机示意图

1—螺杆电动机；2—加料电机；3—料斗；4—螺杆；5—料筒；6—视镜；7—口模；8—冷却系统；
9—牵引系统；10—物料；11—风筒；12—下水管；13—上水管；14—温控系统

挤出机各部分结构的作用如下。

（1）传动装置　由电动机、减速机构和轴承等组成。具有保证挤出过程中螺杆转速恒定、制品质量的稳定以及保证能够变速作用。

（2）加料装置　无论原料是粒状、粉状和片状，加料装置都采用加料斗。加料斗内应有切断料流、标定料量和卸除余料等装置。

（3）料筒　料筒是挤出机的主要部件之一，塑料的混合和加压过程都在其中进行。挤压时料筒内的压力可达 55MPa，工作温度一般为 180～250℃，因此料筒是受压和受热的容器，通常由高强度、坚韧耐磨和耐腐蚀的合金钢制成。料筒外部设有分区加热和冷却的装置，而且各自附有热电偶等。

（4）螺杆　螺杆是挤出机的关键部件。一般螺杆的结构如图 3-7 所示。螺杆直径（D）和长径比（L/D）是螺杆基本参数之一。螺杆直径常用以表示挤出机大小的规格，根据所制制品的形状大小和生产率决定。长径比是螺杆特性的重要参数，增大长径比可使塑料化更均匀。

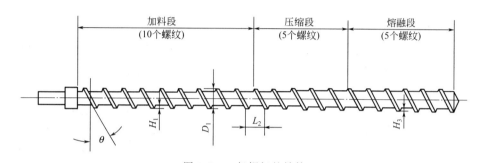

图 3-7　一般螺杆的结构

H_1—加料段螺槽深度；H_3—熔融段螺槽深度；D—螺杆直径；L_2—螺距；θ—螺旋角

螺杆按塑料在螺杆上运转的情况划分为加料段、压缩段和熔融段三个区域。在加料段中，塑料受热软化、压缩前移，但依然是固体状态。螺杆中部为压缩段，塑料在这段中，除受热和前移外，已由粒状固体逐渐压实并软化为连续状的熔体，同时还将夹带的空气向送料段排出。熔融段是螺杆的最后一段，这段的作用是使熔体进一步塑化均匀，并使料流定量、定压由机头流道均匀挤出。

在这一过程中，物料的运动情况因螺杆的啮合方式、旋转方向不同而有所不同，可分为非啮合型双螺杆挤出系统、啮合型同向旋转双螺杆挤出系统以及啮合型异向旋转双螺杆挤出系统。其中，由于非啮合型双螺杆中间空隙较大，存在漏液现象，且没有自清洁作用，一般仅用于混料，因此啮合型应用更为广泛。

① 啮合型同向旋转双螺杆挤出系统［见图 3-8(a)］　由于同向旋转双螺杆在啮合位置的速度方向相反，可以使物料从一根螺杆转到另一个螺杆，呈 ∞ 形前进，非常有利于物料混合和均化。由于啮合区间隙很小，剪切速度高，能刮去黏附在螺杆上的任何积料，从而使物料的停留时间很短。这种挤出机主要用于混炼物料和造粒。

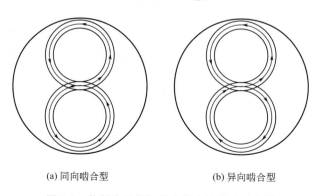

(a) 同向啮合型　　　　　　(b) 异向啮合型

图 3-8　物料在双螺杆挤出机中的流动示意图

② 啮合型异向旋转双螺杆挤出系统［见图 3-8（b）］　在啮合型异向旋转的双螺杆挤出中，两根螺杆回转方向相反，一根螺杆上物料螺旋前进会受到另一根螺杆的螺棱阻碍，从而受到强烈的剪切、搅拌和压延作用，因此，物料的塑化比较好，多用于加工制品。由于两螺杆的径向间隙比较小，因此，有一定的自洁性能，但自洁性比同向旋转的双螺杆要差。

（5）机头　机头是口模与料件之间的过渡部分，其长度和形状随所用塑料的种类、制品的形状加热方法及挤出机的大小和类型而定。机头由合金钢内套和碳素钢外套构成，机头内装有成型模具。其作用是将旋转运动的塑料熔体转变为平行直线运动，均匀平稳的导入模套中，并赋予塑料以必要的成型压力。

3. 挤出过程的工艺条件

挤出过程的工艺条件对制品质量的影响很大，特别是塑化情况，更能直接影响制品的物理机械性能及外观。决定塑料塑化程度的因素主要是温度和剪切作用。

物料的温度除主要来自料筒加热器以外，还来自螺杆对物料的剪切作用产生的摩擦热；当转入正常生产时，摩擦产生的热将变得更为主要。料筒中温度升高，物料塑化程度增大，黏度降低，挤出物出料速度加快，可以提高生产效率，但要注意的是机头和口模的温度不能过高。因此温度过高时，挤出物在出口处仍具有较高的塑性，形状稳定性差，不能正常获得制品的形状。更为严重的是，较高的温度容易造成热敏性物料降解、氧化，造成制品发黄，出现气泡等现象。料筒中的温度也不能太低，这样容易引起熔体黏度增大，机头压力增加，挤出制品在离开口模时所承受的压力瞬间减小，使得制品膨胀变形现象发生。因此，合适的挤出加工温度对合格的制品至关重要。

增大螺杆的转速能强化对物料的剪切作用，有利于物料的混合塑化，且对大多数塑料能降低其熔体的黏度。但过大的剪切速率熔融黏度过低，会造成生产操作上的苦难，同时低黏度熔体在螺杆反压作用下倒流，漏流量明显增加，甚至出现"打滑"现象，因此，应该把螺杆转速控制在一定范围内。对不同物料，应该根据该物料对剪切敏感性的不同来控制转速的范围。在生产过程中，应尽量保持螺杆转速稳定，避免时快时慢。

三、仪器药品

（1）原料　线型低密度聚乙烯，加工助剂。

（2）仪器　HT-25 平行同向双螺杆挤出机，LQ-60 型冷切粒机。

（3）挤出机技术参数参考值

① 传动系统：型号 H-25，额定输入转速 1500r/min，额定输入功率 7.5kW，输出转速 600r/min。

② 喂料系统：型号 SW30，喂料螺杆转速 90r/min。

③ 挤压系统：型号 HT-25，螺杆直径 25mm，螺杆长径比（L/D）：32。

④ 温度控制系统：温度控制精度 ± 2℃，水泵型号 PW-175E，电磁阀型号 BD-8A-V-G1。

⑤ 冷却方法：风冷。

（4）切粒机技术参数　产量 60kg/h；标准切粒 ϕ3mm×3mm；切刀尺寸 Φ120mm×60mm；切刀转速 120～1200r/min；牵引线速 0～36m/min；电机功率 1.1kW。

四、准备工作

① 原材料准备：LDPE 干燥，在 70℃左右烘箱预热 1～2h。

② 观察挤出设备，了解设备结构以及操作规程等。

③ 了解挤出塑料的熔融指数，确定挤出温度控制范围，初步拟定挤出操作工艺条件，

包括加料速度、螺杆转速以及螺杆各段的温度等。

五、实验步骤

① 检查挤出机的各部分，确认设备正常，接通电源，加热，待各段预热到要求温度后，再次检查并趁热拧紧机头各部分螺栓等衔接处，保温 10min 以上再加料。

② 开动主机。在转动下先加少量塑料，注意进料和电流计情况。待有熔料挤出后，将挤出物用手和镊子慢慢引上冷却牵引装置，同时开动切粒机切粒并收集产物。

③ 挤出平稳，继续加料，调整各部分，控制温度等工艺条件，维持正常操作。

④ 观察挤出料条形状和外观质量，记录挤出物均匀、光滑时的各段温度等工艺条件，记录一定时间内的挤出量，计算产率，重复加料，维持操作 1h。

⑤ 实验完毕，关闭主机，趁热消除机头中残留塑料，整理各部分。

六、数据处理

① 写出实验用原料的工艺特性；记录挤出机、口模以及冷却、牵引等在制品合格时主要技术参数值范围。

② 结合试样性能检验结果，分析产物性能与原料、工艺条件及实验设备操作的关系。

③ 分析影响挤出物均匀性的主要原因以及相应的控制方案。

七、注意事项

1. 熔体被挤出之前，任何人不得在机头口模的正前方。挤出过程中，严防金属杂质、小工具等物落入进口中。

2. 清理设备时，只能使用钢棒、铜制刀等工具，切忌损坏螺杆和口模等处的光洁表面。

3. 挤出过程中，要密切注意工艺条件的稳定，不得任意改动。如果发现不正常现象，应立即停车，进行检查处理再恢复实验。

4. 挤出加工过程中，不得徒手触摸料筒，以免烫伤。

八、思考题

1. 挤出机的主要结构有哪些部分组成？

2. 挤出成型原理是什么？

参 考 文 献

[1] 王贵恒. 高分子材料成型加工原理. 北京：化学工业出版社，2010.

[2] 刘长维. 高分子材料与工程实验. 北京：化学工业出版社，2004.

实验十六　挤出吹塑薄膜成型工艺

生产塑料薄膜的方法主要有压延法，流延法，挤出吹塑以及平挤拉伸等，其中挤出吹塑法生产薄膜的生产成本较低，且设备工艺简单、操作方便、适应性强。本实验使学生进一步加深对课堂所学的塑料挤出吹塑薄膜成型加工的理论知识的理解，具有一定的实践意义。

一、实验目的

1. 掌握挤出吹膜成型工艺原理，工艺参数的作用及其对制品性能的影响。

2. 了解挤出吹膜机组的基本构成及过程原理。

二、实验原理

1. 成型工艺原理

采用挤出吹塑薄膜工艺生产时，所生产的薄膜幅宽、厚度范围大；力学强度较高；产品无边料、废料少、成本低。因此，吹塑法已广泛用于生产聚氯乙烯（PVC）、聚乙烯（PE）、聚丙烯（PP）及其复合薄膜等多种塑料薄膜。

薄膜的吹塑过程是塑料经挤出机塑化熔融后，被转动的螺杆把熔料推入成型模具；在模具内熔料被分流成圆管状从模口挤出；被牵引装置牵引运行，管状膜坯在运动过程中由压缩空气吹胀成膜泡，同时有冷空气吹向膜泡使其降温定型，经过人字形夹板导入牵引辊，然后经过牵引辊夹扁后送入收卷处，被卷取装置把膜卷成捆，即完成塑料挤出吹塑薄膜的挤出吹塑成型工作。

在吹塑薄膜成型过程中，根据挤出和牵引方向的不同，可分为平挤上吹法、平挤下吹法、平挤平吹法三种，设备特征如图 3-9 所示，适用范围见表 3-2。

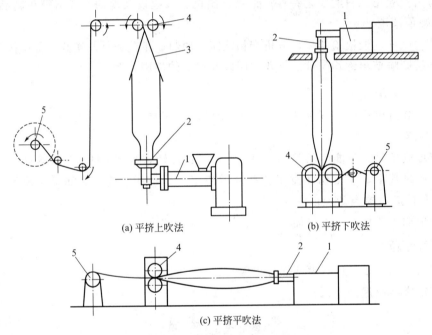

(a) 平挤上吹法　　　　　　(b) 平挤下吹法

(c) 平挤平吹法

图 3-9　吹塑薄膜挤出成型设备的布置

1—挤出机；2—成型模具；3—人字形导板；4—牵引装置；5—卷取装置

表 3-2　吹塑工艺特点及适用范围

工艺流程	工艺特点	适用范围
平挤上吹法	使用直角机头，即机头出料方向与挤出机垂直，挤出管环向上，牵引至一定距离后，由人字板夹拢，所挤管状由底部引入的压缩空气将它吹胀成泡管，并以压缩空气气量多少来控制它的横向尺寸，以牵引速度控制纵向尺寸，泡管经冷却定型就可以得到吹塑薄膜	适用于 PVC、PE、PS、HDPE
平挤下吹法	使用直角机头，泡管从机头下方引出的流程称平挤下吹法，该法特别适宜于黏度小的原料及要求透明度高的塑料薄膜	适用于 PP、PA、PVDC
平挤平吹法	使用与挤出机螺杆同心的平直机头，泡管与机头中心线在同一水平面上	适用于吹制小口径薄膜的产品，如 LDPE、PVC、PS 膜，平吹法也适用于吹制热收缩薄膜

2. 工艺过程影响因素

影响成型工艺和制品质量的因素有型坯温度、空气压力、吹胀比和拉伸比等。

（1）型坯温度　生产型坯时，要重点控制型坯温度，使型坯在吹塑成型时的黏度能保证型坯在吹胀前的移动，并在模具移动和闭模过程中保持一定形状；否则型坯将变形、拉长或破裂。若聚合物熔体的密度为 ρ，所需型坯长度为 L，而型坯在机头口模处的挤出速度为 v 时，则熔体黏度

$$\eta = 622L^2\rho/v \tag{3-1}$$

在挤出吹塑过程中，根据式(3-1)计算出所需的 η，再通过调节型坯的挤出温度，使材料实际的黏度大于计算黏度，则型坯会具有较好的形状稳定性。但由于各种材料对温度的敏感性不同，对那些黏度对温度特别敏感的聚合物要非常小心地控制温度。

（2）空气压力　空气压力是使半熔融状管坯胀大成膜管的压缩空气的压力。由于材料的种类和型坯温度不同，所以使材料膨胀发生形变的空气压力也不一样，一般在 196～686kPa 范围。黏度低和易变形的塑料（如聚酰胺、纤维素塑料等）取较低值；黏度大和模量较高的塑料（如聚碳酸酯、聚乙烯）取较高值。

（3）吹胀比　吹胀比即型坯吹胀的倍数，是模管的直径与口模直径比。虽然增大吹胀比可以节约材料，但制品壁厚变薄，成型困难，制品的机械强度降低；吹胀比过小会造成塑料消耗增加，冷却时间延长，成本增加。一般吹胀比为 2～4 倍。对于 LDPE 膜，以控制在 2.5 左右为好，对 HDPE 一般控制在 3～5 之间为宜。

（4）拉伸比　吹塑过程中，吹胀并冷却过程的模管在上升卷绕途中，受到拉伸作用的程度通常以拉伸比或牵引比来表示，是牵引模管向上的速度与口模处熔体的挤出速度比。为了取得良好的薄膜，纵横向的拉伸作用最好是取得平衡，即纵向的拉伸比与横向的吹胀比应尽量相等。

这里要说明的是，在实际操作上，吹胀比因受到冷却风环直径的限制，可调节的范围是有限的，因为吹胀比过大时会导致模管不稳定。由此可见，拉伸比和吹胀比是很难一致的，一般都是纵向强度大于横向强度。

吹塑薄膜的厚度 δ 与吹胀比和拉伸比的关系可用下式表示：

$$\delta = \frac{b}{\alpha\beta} \tag{3-2}$$

式中，δ 为薄膜厚度，mm；b 为机头口模环形缝隙宽度，mm；α 为吹胀比；β 为拉伸比。

3. 挤出吹塑设备

吹塑设备一般采用单螺杆挤出机，从工艺可知，吹塑薄膜成型的主要设备有挤出机、机头、冷却风环、牵引和卷取。

（1）挤出机　一般使用单螺杆挤出机，螺杆直径 Φ45～120mm，直径的大小由薄膜厚度和直径大小决定。通常，沿机筒到机头口模方向，塑料的温度是逐步升高的，各部位温差设定对不同的塑料要有所不同。熔体温度的提高虽然有利于熔体的黏度降低，挤出流量增大，有利于提高产量，但过高的温度容易造成塑料分解，并且出现模管冷却时间不够，形成不稳定的模泡"长颈"现象，所得模管直径和壁厚不均。因此，通常需要根据塑料的特性设置合适的熔体挤出温度。

（2）机头　机头形状对于不同材料有非常重要的意义。用于吹塑薄膜的机头类型主要有转向式直角型和水平方向直通型两大类。直角型又分为芯棒式、螺旋芯棒式、莲花瓣式、旋转式等几种，各自的优缺点见表 3-3 所示。直通型又分为水平式和直角式两种，该类特别适

合熔体黏度较大和热敏性塑料。

表 3-3　各类直角型机头的优缺点

机头类型	优点	缺点
芯棒式机头	机头内存料少,不易过热分解,适宜加工 PVC,结构简单,易制造,操作方便,只有一条合缝线	芯棒易产生偏中,使直角拐弯处料流缓慢,易产生薄膜厚薄不均
螺旋芯棒式机头	机械强度好、稳定,不易倾斜偏中,薄膜厚薄均匀	体积大,设计不合理,导致薄膜合缝线多,易降低薄膜的机械强度
莲花瓣式机头	结构简单,加工方便,造价底,易操作清理	合缝线多,易降低制品强度
中心进料机头	薄膜厚度较均匀,不易产生偏中现象,适合加工 PE、PP、PA	机关内存料多,合缝线多,操作不方便
旋转机头	薄膜厚度均匀,不易产生偏中现象,可使局部不超标的部位的薄膜,分散卷于轴卷上,使卷曲的薄膜平整,便于印刷,质量高	结构较复杂,造价高一点

（3）冷却风环　是对挤出模管坯的冷却装置,位于离模管坯的四周。其工作原理为风冷,可通过调节风量的大小控制管坯的冷却速度。移动风环的位置可以控制模管的"霜线"位置,其位置的高低会影响模管稳定、薄膜的质量控制。冷却风环与口模需要在合适距离下进行吹膜操作,一般是 30～100mm。

（4）牵引和卷取　由牵引架、人字板、牵引辊、卷取机构及牵引电机等主要部件组成。控制其速度的大小也可以调节薄膜厚度。牵引速度如果增大,虽然可以提高生产效率,但容易拉断模管。因此,牵引比通常控制在 4～6 之间。为了防止薄膜在卷绕时发生折皱,牵引辊与挤出口模的中心位置必须对准。模管与牵引辊完全紧贴着向前进行卷绕,以取得直径一致的模管。

三、仪器药品

（1）仪器　SJM-35D 塑料挤出吹膜机。本机适用于吹制 HDPE、LDPE、LLDPE 塑料薄膜,幅宽 450mm,厚度 0.01～0.10mm 的微型包装膜。

（2）药品　原料为 LDPE 或 HDPE（吹模级）。

四、准备工作

① 原材料准备：LDPE 干燥,在 70℃左右烘箱预热 1～2h。

② 观察挤出吹塑设备,了解设备结构以及操作规程等。

③ 根据实验原料的特性,初步拟定挤出以及其他吹塑操作工艺条件。

五、实验步骤

① 根据拟定的工艺条件进行温度设定和加热。达到一定温度后,按照挤出及操作规程检查各部分运转是否正常。

② 当挤出机加热到设定值后稳定 30～60min。开动主机,在慢速下加料,同时注意电机电流、压力、温度以及扭矩是否稳定。待熔体挤出成管坯后,观察壁厚是否均匀,调节口模间隙,使沿管坯圆周上的挤出速度相同,尽量使管坯厚度均匀。

③ 带上防热手套,用手将挤出管坯缓慢的引入夹辊,使之沿导辊和收卷辊前进。并根据膜厚和宽度要求启动空气压缩机调节进风量,设定吹膜机牵引速度和螺杆转速,使二者相配合。

④ 观察膜泡形状、透明度变化以及挤出制品的外观。取样测量薄膜厚度,调整螺杆转

速及其他工艺条件如牵引速度或温度等因素，使得薄膜的幅宽和厚度都到达需要值，并对挤出合格质量以及不合格的制品时所对应的工艺值范围进行记录。

⑤ 等到合格制品达到一定的质量后，进行切割，取下制品。

⑥ 实验完毕，逐步降低螺杆转速，挤出机内存料，并趁热清理机头等处残留塑料。

⑦ 测试制品的厚度、直径等外观尺寸，观察外观质量，取样测试薄膜纵横两向性能。

六、数据处理

① 写出实验用原料的工艺特性；记录挤出机、口模以及冷却、牵引等在制品合格时主要技术参数值范围。

② 根据泡管外观质量和实验中所观察的现象，分析薄膜厚度与外观（如颜色等）、工艺条件如螺杆转速、风环位置、挤出温度等因素之间的关系。

七、注意事项

1. 螺杆转速启动前务必将控制面板上的旋钮设定在零转速，切忌温度未到设定值时就启动螺杆转动马达。

2. 熔体挤出时，操作者不得位于口模的正前方，以防意外伤人。

3. 在进行挤出机和口模清理时，只能使用铜刀、棒或压缩空气，切忌损伤螺杆和口模的光洁表面。

4. 操作时要戴手套，以防烫伤。

5. 在挤出过程中不得随意改变工艺参数，确保工作状态的稳定性。

八、思考题

1. 生产塑料薄膜的方法有哪些？挤出吹塑法有什么特点？

2. 如何协调拉伸比和吹胀比之间的关系，从而获得较好的薄膜制品？

参 考 文 献

[1] 王贵恒主编. 高分子材料成型加工原理. 北京：化学工业出版社，2010.
[2] 韩哲文主编. 高分子科学实验. 上海：华东理工大学出版社，2005.
[3] 周达飞主编. 高分子材料成型加工. 北京：中国轻工业出版社，2000.
[4] 涂克华，杜滨阳，杨红梅，蒋宏亮编著. 高分子专业实验教程. 杭州：浙江大学出版社，2011.

实验十七　硬质聚氯乙烯模压成型

聚氯乙烯（PVC）在塑料行业特别是化学建材领域占有十分重要的地位，但因聚氯乙烯树脂作为化学建材使用具有明显的缺陷，因此有必要对聚氯乙烯的配方设计进行学习。

一、实验目的

1. 掌握硬质聚氯乙烯的配方设计。

2. 了解模压成型方法，并掌握硬质聚氯乙烯的模压成型加工工艺设计。

二、实验原理

1. 硬质聚氯乙烯配方设计

目前，全球聚氯乙烯消费以化学建材为主，占总消费量的 60% 左右。但纯聚氯乙烯树脂作为化学建材使用具有明显的缺陷：①脆性大；②热稳定性差，在较低温度下就开始分解、降解；③加工性能差，未添加增塑剂的 PVC 熔体黏度大，流动性能差。这些缺陷都大大制约了 PVC 材料应用范围的进一步拓宽。化学建材作为 PVC 应用的主要发展方向，要求其具有更好的物理性能，比如高强度、高抗冲以及优异的加工性能等。随着化学建材的大量推广和使用，PVC硬质制品的使用比例不断提高，尤其是管材、板材和型材等化学建材需求量迅速增大。PVC建材具有强度高、抗老化、耐火自熄性能好、可以粘接、造价低等特点，因此能大量代替钢材木材，替代传统建筑材料，起到节能节材、保护生态的积极作用。本实验进行的是硬质聚氯乙烯的模压成型过程。

HPVC塑料配方通常包含以下组分。

(1) 聚氯乙烯　作为HPVC配方主体，要选择合适的PVC原料进行加工。在我国，由于紧密型树脂的生产量较少，因此在新国标中只对疏松型树脂的规格进行了规定。目前，悬浮法疏松型树脂按国标GB/T 5761—2006执行，该标准规定PVC的平均相对分子质量的大小用黏数表示，即在0.5%PVC的环己酮溶液中于25℃测定的黏度值。根据黏数范围把悬浮法疏松型树脂分为SG-1～SG-8共8八个型号，其中数字越小相对分子质量越大，强度越高，但熔体流动越困难，加工也越困难。一般而言，绝对黏度、黏数越大的，其平均相对分子质量越高，适合加工软质制品。比如，PVC膜使用SG-2树脂（平均聚合度1500～1650），加入50～80份的增塑剂即可，这是因为增塑剂绝大部分是相对分子质量小的油状液体，可使制品的刚性变小，给制品带来一定塑性的同时，也会使加工变得容易。低黏度、低黏数树脂适合加工硬质制品，因为硬质制品一般不加或加入较少量的增塑剂，使用低相对分子质量的PVC树脂加工型较好，比如PVC硬管材使用SG-4树脂（聚合度1200～1350）、塑料门窗型材使用SG-5树脂（聚合度1000～1150）、硬质透明片使用SG-6树脂（聚合度850～950）、硬质发泡型材使用SG-7（聚合度750～850）或SG-8（聚合度650～750）树脂。

(2) 增塑剂　硬聚氯乙烯一般不加增塑剂，加入增塑剂后会导致管材耐热性及耐腐蚀性降低。

(3) 稳定剂　PVC的加工稳定性不好，熔融温度（160℃）高于分解温度（120℃），在加工中容易分解脱除HCl，因此，硬聚氯乙烯加工时一般采用铅系稳定剂，如硬脂酸铅、硬脂酸钡复合稳定剂。稳定剂的用量存在一最佳值，加入量过大会使加工温度提高。

(4) 润滑剂　润滑剂可降低物料之间及物料和加工设备表面的摩擦力，减少摩擦热生成。所以通过调节润滑剂用量，既可改变PVC的塑化时间以适应不同的加工设备和生产工艺，也可延长PVC配方的热稳定时间，改善制品的初期着色性。聚乙烯蜡、硬脂酸和石蜡是常用的几种润滑剂。但润滑剂用量不宜过大，过量时容易导致螺杆与机筒打滑，出料速度大大减慢。若加入的填料较多，则可以适当加大润滑剂用量。

(5) 填充剂　一般用来降低成本和改进制品某些性能，常用的填充剂为碳酸钙。

(6) 改性剂　PVC常用的加工和抗冲击改性剂有氯化聚乙烯（CPE）、聚丙烯酸酯类（ACR）、甲基丙烯酸甲酯-丁二烯-苯乙烯三元接枝共聚物（MBS）、丙烯腈-丁二烯-苯乙烯共聚物（ABS）、乙烯-乙酸乙烯酯共聚物（EVA）以及乙丙橡胶（EPR）等。

从以上可以看出，配方中的各组分的作用是相互联系的，一种组分的增加或减少也会相应的影响其他组分在配方中含量的大小，因此不能孤立的进行各组分配方的设计。应综合考虑各方面的因素，按照制品的不同要求以及各个组分性质来进行成型加工工艺的设计过程。

2. 模压成型加工工艺

模压成型又称压缩模塑，是塑料工业中的一种古老成型技术，其过程为将粉状或预压成一定形状的热塑性塑料直接加入到模具加料室中，经加热、合模、保温、加压、排气和冷却固化，最终脱模后获得所需要的塑件。与注射成型相比，生产过程、使用的设备和模具较为简单，较易成型大型制品。但其也有不足之处，比如生产周期长、效率低、较难实现自动化，因而工人劳动强度大，不能成型复杂形状的制品，也不能模压厚壁制品。

热塑性塑料的模压过程包括预热、加料、合模、排气、保压、冷压、脱模和吹洗模等步骤。

（1）预热　使原料在适当的温度下加热一段时间，排除原料中水分等易挥发性组分，缩短成型时间。

（2）加料　在模具中加入既定的塑料量和添加剂，加料的多少直接影响制品的质量。加料太多容易导致制品毛边厚，尺寸不准确；加料太少则所得制品容易缺陷多、不紧密。在加料前根据模腔尺寸确定合适的加料量。

（3）合模　模具中的阴模和阳模闭合。如果使用平板硫化机作为模压机，闭模过程则是上下板对模具的闭合。以先快、待阴、阳模快接触（或上、下板接近模具）时改为慢速。这种闭模方式有利于保护模具。

（4）排气　虽然预热过程可以适当地排除一些易挥发物质，但仍不完全。在模压加热过程中，可能还会存在水分或低分子挥发物，造成制品中存在气泡，因此有必要在加热一段时间后，泄压松模排气一很短的时间。

（5）保压　保压的作用是在一定温度和一定压力下，热塑性塑料达到完全熔融状态，在模腔内达到充满状态。

（6）冷压　在一定压力作用下冷却模具，防止制品在冷却过程中收缩变形。

（7）脱模　待模具冷却到一定温度，即可脱模。对于某些模压机，脱模通常靠顶出杆来完成。对于平板硫化机，则直接将模具从上、下板中间取出，打开模具取出制品。

（8）模具吹洗　脱模后，用压缩空气吹洗模腔和模具模面。有时也用砂纸、铜刀或铜刷清理。

3. 模压成型加工影响因素

影响热塑性塑料模压成型的工艺因素有以下几方面。

（1）温度　通常是指模具温度。对热塑性塑料来讲，达到塑料的熔体温度，能够使塑料流动、充模即可。模压温度不宜过高，否则会导致塑料在加工过程中发生降解。

（2）模压压力　是压机作用于模具上的压力。其作用为：使塑料在塑模中加速流动；增大塑料密实度；克服树脂在缩聚反应中放出的低分子物及塑料中其他挥发分所产生的压力，避免出现肿胀、脱层等缺陷；使制品具有固定尺寸，防止冷却时发生形变等。一般热塑性塑料的模压压力设置为 15atm（1atm＝101325Pa）。

（3）模压时间　模压时间与塑料的类型、制品形状、厚度以及模具结构、模压压力和温度以及操作步骤（是否排气、预压、预热）等有关。对于热塑性塑料来讲，一般模压时间为 30min 左右，包括预热时间 20min 和保压时间 10min。热敏性热塑性塑料不适合太长的模压时间，否则引起塑料制品分解。

4. 模压设备

模压设备，又称为模压机或平板硫化机，适用于各种橡胶制品的硫化，也广泛应用于固体塑料、泡沫、建筑装潢材料、装饰制品的压制成型。结构外形如图 3-10 所示。

三、仪器药品

1. 仪器

① 高速混合机，用于物料的初混合，结构同实验十六的高速混合机，1 台。

② 双辊筒开放式塑炼机，用于物料的塑化分散混合，结构同实验十六的开炼机，1 台。

③ 电热平板硫化机（模压机），用于压制成型，1 台。

④ 塑料板材模具，模具外形尺寸为 200mm×200mm×3mm，模具型腔尺寸为标准拉伸样条或压缩样条的尺寸。

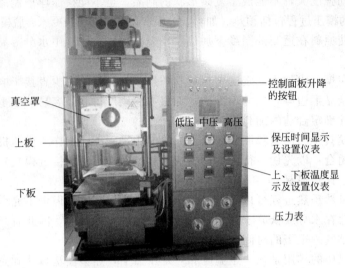

图 3-10　XLB50-D 平板硫化机

⑤ 天平、游标卡尺、浅搪瓷盆、刮刀、铜铲或铜刷等。

2. 药品

下列为指导性实验配方，学生可自行进行设计。

PVC 树脂	100 份
三碱式硫酸铅（工业级）	3 份
硬脂酸钡（工业级）	1.5 份
硬脂酸钙（工业级）	1 份
碳酸钙（工业级）	5 份
石蜡（工业级）	0.5 份
轻质碳酸钙	10 份
CPE	10 份

四、准备工作

① 学习高速混合机、开放式塑炼机以及模压机的使用操作规程，观察机器以及急刹车装置是否运转正常。

② 检查高速混合机以及开炼机辊缝是否有杂物，保持干净光洁。

③ 在模具上预涂上脱模剂，使塑料制品容易脱模。

④ 预热开炼机和平板硫化机。

五、实验步骤

1. 塑料制品的配料、混合以及开炼塑化过程参见实验十六的实验步骤。

2. 硬质聚氯乙烯的模压成型加工

（1）原料预热　打开位于压机后面的开关，这时低压区域的一系列表盘都会处于可调状态，而中压和高压区域的温控还处于不可调状态。首先设定低压区域的温度为（180±5）℃，等压机的温度上升到设定温度后，把已经装在模具里的样品和模具一起放在压机的上下模板中间预热，这时不要让模具及样品受压，只需要两模板都刚刚接触模具即可。

（2）排气　预热约 10min，确保模具内的样品已经被软化之后，就可以开始排气了。把低压区域的保压/排气按钮调至排气位置，把加热板上升至达到最大压力，然后快速把加热板下降，然后重复升降加热板 10～15 次，以使模具中的气体全部排出。

（3）保压　排气过程过后，把低压区域的保压/排气按钮调至保压位置，上升下模板至达到所设置的低压区压力 5MPa，让制品保压 5min 左右。然后继续升起下模板到达所设置的中压区压力 15MPa，再保压 5min。上述操作完成后，关闭加热开关，待制品慢慢冷却。也可以在保压结束后，将模具快速移到冷模压机内（相当于没有加热的同样规格平板硫化机）在 15～20MPa 压力下进行冷压，使模具在一定压力下以较快的速度进行冷却，从而缩短整个制品的成型时间。

（4）脱模　待制品充分冷却后，下降下模板，解除压力，将模具从两模板中间取出，脱模后除去毛边即得制品。

（5）模具吹洗　脱模后，可用砂纸、铜刀或铜刷清理模具内外残留的高分子材料。

六、数据处理

① 比较有无排气步骤时制品内气泡的发生情况。

② 观察不同模温和不同模压条件下制品的外观情况，包括颜色、表面有无明显颗粒以及表面的光滑程度等。

七、注意事项

1. 开炼机和压机的温度必须严格控制，压机上、下模板温度要一致。

2. 开炼机和压机操作时要严格按照操作规程进行，特别是在装入和取出模具时要戴双层手套，谨防烫伤。

3. 压制时模具尽量防止在压机平板中央，以免塑料受压不均匀而导致制品的厚度不均。

4. 在压制样品前，模具型腔内要事先涂上脱模剂如硅脂等，防止塑料制品脱模困难。

八、思考题

1. 进行硬质聚氯乙烯塑料制品的制备时，为什么不选择聚合度较高的 PVC 作为原料？

2. 在配方中加入 CPE 或 ACR，对硬质 PVC 的性能有什么影响？

参 考 文 献

[1] 温变英主编. 高分子材料与加工. 北京：中国轻工业出版社，2011.
[2] 韦春，桑晓明主编. 有机高分子材料与实验教程. 长沙：中南大学出版社，2009.
[3] 王贵恒主编. 高分子材料成型加工原理. 北京：化学工业出版社，2010.
[4] 刘长维主编. 高分子材料与工程实验. 北京：化学工业出版社，2004.

实验十八　酚醛塑料的模压成型

酚醛塑料因具有较高的机械强度、良好的电绝缘性能以及低毒等优点，广泛应用于胶合板、层压板、绝缘材料、电子/电气和工具等行业。学习作为最古老的合成树脂之一——酚醛塑料及其传统的成型工艺，有助于了解热固性树脂的固化机理以及该类塑料的模压成型工艺设计过程。

一、实验目的

1. 了解酚醛塑料的热固化机理。

2. 掌握热固性塑料的模压成型工艺。

二、实验原理

1. 酚醛树脂

酚醛树脂具有较高的机械强度、高温下耐蠕变，尺寸稳定性好、电绝缘性能优异，难燃、低毒、低发烟，作为黏合剂/结合剂的主要组成，广泛应用于胶合板、层压板、绝缘材料等领域；改性过的或玻璃纤维增强的酚醛树脂复合材料等新品种已被列入工程塑料系列，主要用于耐高温、高强度的场合，用于汽车工业中金属制件的替代品，如汽车刹车用活塞、滑轮、接插件等；在尖端复合材料中则主要用于火车内装饰材料、火箭发动机喷管等。

酚醛塑料是由苯酚和甲醛在催化剂条件下缩聚、经中和、水洗而制成的树脂。因酚与醛的摩尔比、选用催化剂的不同，可分为热固性和热塑性两类，醛与酚物质的量比小于 1 时，用酸类物质作催化剂，生成热塑性酚醛树脂。热固性酚醛树脂通常以六亚甲基四胺作为树脂的固化剂，在加热或潮湿条件下分解出甲醛和氨气。所分解出的甲醛与聚合度较低的酚醛树脂在碱性条件下，将进一步缩合和交联。热固性酚醛树脂的合成反应式见图 3-11。

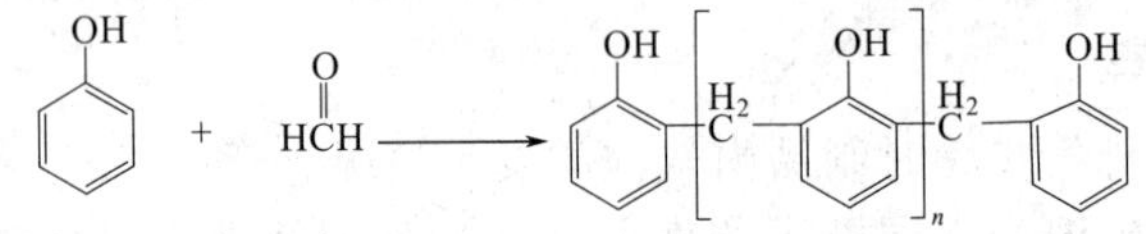

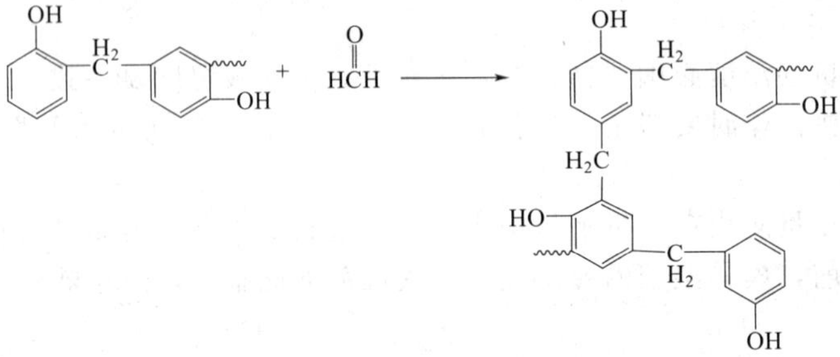

图 3-11　热固性酚醛树脂的合成反应式

本实验以酚醛塑料模压实验为例，了解热固性塑料的加工成型过程。

进行模压实验的原料，通常称为酚醛压塑粉，是多组分塑料，一般包括酸法线型酚醛树脂、固化剂、添加剂等组成。

（1）酸法线型酚醛树脂　是制备酚醛塑料的主体，是以酸为催化剂得到的热塑性线型低聚物，分子量通常是几百到几千。

（2）固化剂　用于酚醛树脂交联的固化剂有碱性固化剂如六亚甲基四胺和酸性固化剂如苯磺酰氯、对甲苯磺酰氯、十二烷基苯磺酸、硫酸乙酯、石油磺酸等。较为常用的固化剂为六亚甲基四胺。

（3）添加剂　木粉、石灰以及氧化镁等添加剂的加入可以改善酚醛树脂的热性能和力学性能。木粉可作为一种有机填料，有增容、增韧及降低成本的作用。同时，由于木粉的分子结构中含有大量羟基，在酚醛树脂的反应条件下也会参与树脂的交联，从而有利于改善制品的力学性能。石灰和氧化镁均为碱性，在以碱性固化剂为主的成型过程中，会促进树脂的固化。另外，其碱性作用还可以中和酚醛树脂中残余的酸，使交联固化进一步完善，从而有利于提高制品的耐热性和机械强度。

（4）润滑剂　为了增加物料混合和在成型加工过程中的流动性，常用硬脂酸盐作为润滑剂。同时润滑剂的加入，也有利于脱模操作。

（5）着色剂　酚醛树脂本为无色或黄褐色透明物，市场销售的产品往往加入着色剂而呈红、黄、黑、绿、棕、蓝等颜色。常用的酚醛树脂着色剂有氧化锌（白色）、苯胺（黑色）、氧化铁红（红色）、锌黄（黄色）等。

2. 热固性树脂的模压工艺

热固性树脂制品的加工成型不能使用热塑性树脂所用的挤塑、吹塑、注塑等手段。一般是先做预聚物（能流动的线型低分子量的聚合物），然后初步成型，最后交联固化后定型。第二步交联固化成型时，则需控制适当的固化时间和速度。本实验主要针对酚醛树脂的第二步固化成型阶段，其主要工艺如图 3-12 所示。

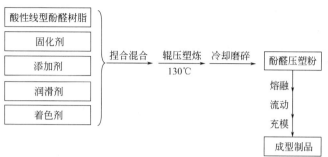

图 3-12　酚醛树脂的模压成型

线型酚醛树脂与配合剂进行捏合混合、辊压塑炼、冷却磨碎后得到酚醛压塑粉，其具有适宜的流动性，也有一定的细度、均匀度及挥发物的含量，可以满足制品成型的要求。在一定的温度和压力下，压塑粉熔融、流动至整个模具中，发生交联化学反应，在经过适宜的时间后，树脂从较难溶难熔的状态逐步发展到不熔不溶的三维网状结构，最后固化成型。

3. 热固性塑料模压成型的影响因素

成型过程中主要工艺参数是成型温度、模压压力及模压时间。

（1）成型温度　对热固性塑料来说，模温是其主要影响因素，它决定了成型过程中聚合物交联反应的速度以及成型物料是否具有良好的流动性，从而影响塑料制品的最终性能。因此，压机模板及模具的温度需要根据制品厚度、物料性质、配方设定，一般在 130～160℃之间。进行加工的塑料最好先经过预热再进行模压，这是因为在成型过程中，加热模具和物料的热量来源于压机的上下模板，故将物料放置于模具加到压机中时，需要一定的时间才能使热量传递到模具中的物料，故加热时间也是重要的工艺参数。适宜的预热时间和预热温度可以使得制品内外层温度均匀，流动性较好。

（2）模压压力　物料必须在一定的压力作用下，才能流动充满模腔，因此压力也是热固性塑料模压成型的一个重要参数。对于热固性塑料来说，当流动性越小、固化速度越快、物料的压缩率越大、制品形状越复杂以及模温越高时，所需成型压力越大，因为增大模压压力可以增进塑料熔体的流动性，降低制品的成型收缩率，使制品更密实，但压力过高时会增加设备的功率消耗，影响模具的使用寿命；反之，成型压力过小时，容易得到带有较多气孔的不合格制品。因此，适宜的模压压力比较重要，对于一般的酚醛塑料模压成型来说其模压压力一般在 25～35MPa 范围内。

（3）模压时间　是指模具完全闭合至启模这段时间。对于热固性塑料，模压时间对塑料制品的性能影响很大，模压时间太短，树脂固化不完全，启模后制品易翘曲、变形或表面无光泽，甚至影响其物理机械性能；适当地增加模压时间，可减少制品的变形和收缩率，但模压时间太长时，会导致树脂交联度过高，使制品的收缩率增加。因此，合适的模压时间对获得合格的塑料制品非常重要，一般需要 3～10min。

三、仪器药品

1. 仪器

① 模压机或平板硫化机，用于压制成型，1 台。

② 塑料板材模具，模具外形尺寸为 200mm×200mm×3mm，模具型腔尺寸为标准拉伸样条或压缩样条的尺寸。

③ 普通天平。

④ 脱模剂，铜刀，石棉手套等。

2. 药品

酚醛树脂	可由学生自制	100 份
添加剂	木粉	100 份
	石灰或氧化镁	3 份
固化剂	六亚甲基四胺	12.5 份
润滑剂	硬脂酸钙	2.0 份
着色剂	氧化锌	1.0 份
脱模剂	硅脂	

四、准备工作

① 学习模压机的使用操作规程，观察机器是否运转正常。

② 在模具上预涂上脱模剂，使塑料制品容易脱模。

③ 查阅资料，选择合适的模压工艺条件。

五、实验步骤

1. 酚醛塑料配料的准备

根据模具型腔体积以及制品的密度，计算酚醛压塑粉用量，然后按照配方分别用天平进行称量（为了混合均匀，酚醛塑料需要预先粉碎，木粉要求干燥）。然后将所有物料放入混合器中进行搅拌直至均匀。

2. 模压成型

（1）模具预热　接通热压机电源，将温度设为130℃，并将模具置于加热板上预热。预热时间设为15min左右。

（2）加料闭模　将上、下模板打开，把已称量好的酚醛压塑粉加入到压机上已预热的模具型腔内，并使之平整分布，中间略高。迅速闭模后，再置于硫化机热板中心位置。设置实验温度为模压温度130~160℃。

（3）开动热压机加压，压机升压至所需的成型表压为止（2MPa），经2~7次卸压放气后，在模压温度和模压压力下保压。

（4）保压固化　按工艺要求保压5~15min，即可得到不熔不溶的交联固化的酚醛塑料制品，趁热脱模。

（5）清理模具　制品脱模后，用铜刀清理干净模具并重新组装待用。

六、数据处理

① 固化不同时间时，观察酚醛塑料制品的外观、溶解性以及力学性能。

② 无预热步骤或无排气步骤时，观察酚醛塑料制品的气泡产生情况。

七、注意事项

1. 由于模具预先加热后再加料，因此加料动作要快，并使物料平均分布在模腔，中间略高。

2. 要戴双层手套，谨防烫伤。

3. 压制时，模具尽量防止在压机平板中央，以免塑料受压不均匀而导致制品的厚度不均。

4. 在压制样品前，模具型腔内要事先涂上脱模剂如硅脂等，防止塑料制品脱模困难。

八、思考题

1. 热固性塑料模压成型时为什么要进行排气？
2. 热固性塑料模压成型工艺中哪些因素会影响最终制品质量？

参 考 文 献

[1] 殷勤俭，周歌，江波编著. 现代高分子科学实验. 北京：化学工业出版社，2012.
[2] 刘建平，郑玉斌主编. 高分子科学与材料工程实验. 北京：化学工业出版社，2005.
[3] 涂克华，杜滨阳，杨红梅，蒋宏亮编著. 杭州：浙江大学出版社，2011.
[4] 周诗彪，肖安国主编. 南京：南京大学出版社，2011.

实验十九　聚乙烯泡沫材料的制备

聚乙烯泡沫材料的制备属于发泡成型，其制品为以聚乙烯塑料为基本组分而内部具有无数微小气孔结构的复合材料。由于具有较高的隔热、隔声以及吸收冲击载荷等优点，在土木建筑、绝热工程、包装、生活及体育器材方面有着良好的应用前景。通过该实验的学习，对学生掌握发泡成型工艺的理论有着一定的实践意义。

一、实验目的

1. 掌握发泡成型加工工艺的基本原理。
2. 了解制备聚乙烯泡沫材料的基本配方以及配方中各种组分的作用。
3. 掌握聚乙烯泡沫材料的制备工艺过程。

二、实验原理

1. 泡沫材料的发泡原理

泡沫塑料的成型过程一般分为三个阶段：气泡核的形成、气泡的增长、气泡的稳定。每个阶段成型机理各不相同。

（1）气泡核的形成　一般在生产泡沫材料时，会在树脂和生胶中加入化学发泡剂或物理发泡剂，在生产工艺条件下，首先让发泡剂分解或气化产生气体，析出的气体聚集起来，即可形成占有一定空间的气泡核。

（2）气泡的增长　气泡核出现后，原有溶解在物料中的气体就会不断地向气泡核迁移。同时，随着发泡剂不断产生气体，物料中的气体就会不断向气泡核输送，这使得气泡核中的气体量增加、膨胀，从而使气泡长大。

（3）气泡的稳定　在发泡过程中，气泡往往是不稳定的。这是由于随着发泡剂不断的分解或气化，形成了无数的气泡，使得发泡体系的体积和表面积增大，气泡壁不断变薄；同时，物料的流动又会使气泡有破裂、塌陷的可能。因此，往往通过一定的措施如控制工艺过程的温度或时间，使发泡物料的黏度和弹性模量提高，从而达到稳定气孔的目的。

2. 聚乙烯泡沫塑料

聚乙烯泡沫塑料是泡沫塑料中应用较广的一种，也是最早成功制得的泡沫塑料之一。在工业上，由于低密度聚乙烯（LDPE）具有优良的物理、化学和力学性能，其韧性、挠曲性和缓冲性能优良，因此制备聚乙烯泡沫材料时往往使用 LDPE。早在 1941 年，美国杜邦公司就用氮气发泡制得了低密度聚乙烯（LDPE）泡沫塑料。经过几十年的发展，LDPE 泡沫塑料已发展成熟，在品种及应用方面实现了多样化，如以发泡倍率可分为高发泡泡沫塑料、低发泡泡沫塑料和微孔泡沫塑料；以形状可分为片材、网状型材和异型材等；以泡孔形态可分为闭孔泡沫塑料和开孔泡沫塑料。

为了制备泡沫塑料，需要熔体必须在较宽的加工温度范围内有一定的黏弹性，从而可以包裹住气体有利于成型。但 LDPE 属于结晶性聚合物，温度超过熔点后熔体黏度急剧下降，因此在生产泡沫塑料时，就会导致发泡气体逃逸。另外，聚乙烯泡沫体从熔融态到结晶态要放出大量的热，再加上熔融体比热容大，因此从熔融态到定型固化时间长，不利于气体在发泡过程中保持；而且聚乙烯的气体透过率较高，容易造成泡孔塌陷，不利于气泡的稳定。因此，为了改善这些缺陷，应提高聚乙烯熔融物的黏弹性，达到适宜的发泡要求，必须对其进行交联，使之成为网状结构，从而有利于发泡。研究表明，随着 LDPE 交联度的增加，熔体黏度、弹性比没有交联的 LDPE 有所增加，从而可以在比较宽广的温度范围内获得适宜发泡的条件，提高泡沫的稳定性，制得均匀、微细、高发泡倍率的泡沫制品。

3. LDPE 的交联发泡

（1）化学交联发泡　化学交联法是指将交联剂和发泡剂以及其他加工助剂与 LDPE 共混，然后制成片材，并在压模型腔中于发泡交联温度下进行化学发泡，最后冷却定型的一种发泡方法。化学交联法成本较低，因此生产 LDPE 发泡制品应用较多。

化学交联剂一般为有机过氧化物，其半衰期的时间可用来作为拟定发泡工艺条件的参考值。以本实验要使用的过氧化二异丙苯（DCP）为例，其半衰期和温度之间的关系见表 3-4。从表 3-4 可以看出，温度越高，DCP 的半衰期越短，其分解速度就越快。

表 3-4　不同温度下 DCP 的半衰期

温度/℃	半衰期	温度/℃	半衰期	温度/℃	半衰期
100	3081min	150	9.32min	200	5.76s
120	253min	170	1.32min	220	1.20s
130	80min	190	13.3s	250	0.14s

DCP 作为交联剂时，交联过程如下式所示。

DCP 的分解：

生成大分子自由基：

大分子自由基相互结合形成 C—C 交联：

交联剂用量太低时，制品的交联程度低，不稳定。交联剂用量太高，又会导致交联的程度过大，熔体黏度增大，气体不能均匀分散。因此，在加工过程中交联剂的用量要适当，否则制品质量难以合格。

（2）辐射交联发泡　辐射交联发泡 LDPE 技术的优点在于不使用化学交联剂，而且 LDPE 发泡材料交联程度均匀并且易于控制。有研究表明，经辐照交联后的聚乙烯泡沫具有更加优良的耐低温性能和耐环境性能，且二次加工性能良好。一般采取的工艺路线为：将 LDPE、发泡剂和助剂（氧化锌、硬脂酸锌）按一定比例经混炼造粒后，在挤出机上挤出管材，然后经不同剂量的电子射线辐照，在发泡炉中自由发泡。由于辐射交联发泡技术必须配备电子加速器，设备投资较大，因此在工业大生产中多数采用化学交联发泡法。

4. LDPE 的发泡成型设备

常规的塑料成型技术经改进后都可以用于 LDPE 泡沫塑料的成型。

模压成型时，工艺过程的温度可以通过模具的温度来进行控制。在模具模型体积不变的情况下，需要注意加料量。加料太多时，可能因积聚压力太高，开模时制品容易爆裂；加料太少时，可能发泡后不能充满模型，造成制品形状不合格。虽然采用模腔体积可变的模具可以解决上述问题，但是制品尺寸的变化范围较大，不易控制尺寸变化。

挤出成型时，一般会将发泡剂的粒料或粉料放入挤出机中，物料在挤出机内被加热、摩擦和被挤压，同时发泡剂分解产生气体。在固定的挤出机腔体体积一定的条件下，压力会很高，气孔的体积也会很小。一旦物料从挤出机机头口模流出，压力会突然降低，气孔体积迅速膨胀，形成泡沫结构，由于外界的温度远低于机筒内的温度，材料会迅速冷却下来，就制成泡沫材料。

其他方法如注射成型法和压延法均不适合 LDPE 的发泡成型。注射法一般仅限于高密度的低发泡制品，而延压法一般用于聚氯乙烯泡沫材料的制备。

三、仪器药品

1. 仪器

① 双辊筒开放式塑炼机，用于物料的塑化分散混合，结构同实验十六的开炼机，1 台。

② 密炼机，1 台。

③ 模压机，1 台。

④ 天平，精度 0.1g，1 台。

⑤ 发泡模具，模具尺寸为 160mm×160mm×3mm，1 套。

⑥ 整形模具，模具尺寸为 350mm×300mm，1 套。

⑦ 游标卡尺、浅搪瓷盆、刮刀等。

2. 药品

① 树脂基体，LDPE 95 份。

② 交联剂，DCP 0.2～0.5 份。

③ 发泡剂，偶氮甲酰胺（ADCA）2 份。

④ 助发泡剂，氧化锌 1.5 份，硬脂酸锌 0.5 份。

四、准备工作

① 学习开放式塑炼机、密炼机和模压机的使用操作规程，观察机器以及急刹车装置是否运转正常。

② 检查密炼机腔内、开炼机辊缝和模具上是否有杂物，保持干净光洁。

③ 预热密炼机、开炼机、平板硫化机和发泡模具。

④ 查阅资料，选择合适的发泡工艺条件。

五、实验步骤

1. 发泡塑料配料的准备

按照预先设定比例，将 LDPE、交联剂、发泡剂、助发泡剂分别用天平称量后，放入容器中。

2. 混合物料的密炼

按照密炼机的操作规程，开启密炼机。设定密炼机混料参数，温度为140℃，转子速度为 55r/min，时间为10min。待密炼机达到设定参数并稳定一段时间后，加料进行密炼操作。在实验过程中，观察时间-转矩和时间-熔体温度曲线，从物料的转矩-温度-时间曲线判断物料是否熔融，从而判断密炼时间是否合适。待混合均匀后，打开密炼机卸料。

3. 混合物料的开炼塑化

过程同实验十六的塑化步骤。两个辊筒温度分别为100℃和120℃左右，辊间距3～4mm，混炼1～2次。辊压后的物料成均匀片坯，趁热将其裁切为 160mm×160mm 的方块。然后用天平进行称量，所得质量为 m_1；并用游标卡尺测量各边厚度和边长，取平均值 h_1 和 L_1。

4. 发泡成型

将已预热至170℃的发泡模具置于模压机的工作台中心位置，然后放入已称量的片坯。合膜加压至10MPa，进行发泡。待模压发泡成型时间为 10～12min。解除压力，并取出泡沫板材，趁热置于整形模具的两块模板间定型2～6min。待冷却后，再次用天平进行称量，所得质量为 m_2；并用游标卡尺测量各边厚度以及边长，取平均值 h_2 和 L_2。

六、数据处理

1. 发泡倍数

根据发泡倍数的概念，所得制品的发泡倍数按下式进行计算：

$$发泡倍数 = \frac{\dfrac{m_1}{L_1^2 h_1}}{\dfrac{m_2}{L_2^2 h_2}} \tag{3-3}$$

2. 解释实验过程中所测的物料转矩、时间与温度之间的关系。

七、注意事项

1. 所设定的混炼温度应在树脂熔点与交联剂和发泡剂分解温度之间，以防止过早交联和发泡，致使以后发泡不足或降低制品质量。

2. 严格按照开炼机和平板硫化机的操作规程进行操作，相关注意事项参见实验二十一。

八、思考题

1. 发泡剂的种类有哪些？

2. 当发泡温度设置过高或过低时，制品会出现什么缺陷？应如何改善？

参 考 文 献

[1] 许佳润，周南桥，晏梦雪，吴清锋. 低密度聚乙烯泡沫塑料研究进展. 工程塑料应用. 2010，38（9）：89-92.

[2] 周诗彪，肖安国主编. 高分子科学与工程实验. 南京：南京大学出版社，2011.

[3] 贾国兴. 聚乙烯泡沫塑料的发泡原理及性能. 塑料，1993，22（1）：45-48.

[4] 张军. 聚乙烯泡沫塑料的配方设计及其共混改性方法. 塑料科技，1988，（5）：12-14.

〔5〕　温变英主编.高分子材料与加工.北京:中国轻工业出版社.2011.

〔6〕　梁宏斌,张玉宝,王强,斯琴图雅.辐射交联聚乙烯泡沫的研究.化学工程师.2004,(6):6-8.

实验二十　不饱和聚酯树脂玻璃钢的制备

不饱和聚酯树脂玻璃钢,又称为玻璃纤维增强不饱和聚酯复合材料,具有比强度高、耐腐蚀性好、价格低廉和成型工艺简单等特点。广泛应用于宇航、航空、建筑、化学、造船、电器、车辆等国民经济的各个领域。通过该实验的学习,可以让学生了解玻璃纤维增强复合材料的制备原理和加工工艺。

一、实验目的

1. 了解玻璃纤维增强复合材料的基本配方。

2. 掌握玻璃纤维增强塑料(玻璃钢)的聚合机理和制备方法。

二、实验原理

1. 不饱和聚酯

不饱和聚酯是由不饱和二元酸或其酸酐与多元醇经缩聚反应制得的聚合物。二元酸或酸酐主要有:顺丁烯二酸、反丁烯二酸、顺丁烯二酸酐等。醇主要包括乙二醇、1,2-丙二醇、丙三醇等。最常用的不饱和聚酯是由顺丁烯二酸酐和1,2-丙二醇合成的,其反应机理如下。

酸酐开环并与羟基加成:

$$HC = CH + HOCH_2CH_2OH \longrightarrow HO-C-CH=CH-C-O-CH_2CH_2-OH$$

形成的羟基酸可进一步进行缩聚反应,得到不饱和聚酯:

$$n\ HO-C-CH=CH-C-O-CH_2CH_2-OH \underset{\longleftarrow}{\overset{-(n-1)H_2O}{\longrightarrow}} HO[-C-CH=CH-C-O-CH_2CH_2-O]_nH$$

一般可通过引发剂、光、高能辐射等引发不饱和聚酯中的双键与可聚合的乙烯类单体(通常为苯乙烯)进行自由基型共聚反应,使线型的聚酯分子链交联成不熔不溶的具有三向网格结构的体型分子,其固化过程如图3-13所示。

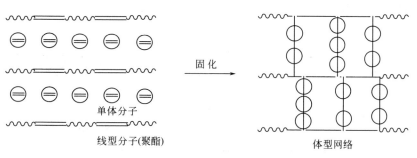

固化

单体分子

线型分子(聚酯)

体型网络

图3-13　不饱和聚酯树脂的固化原理示意图

在实际生产中,为了改进不饱和聚酯最终产品的性能,常常加入一部分饱和二元酸(或酸酐),如邻苯二甲酸酐、己二酸和苯酐等一起共聚。这些饱和酸可以调节线型聚酯中的双键密度,还能增加聚酯和交联剂苯乙烯的相容性。

2. 玻璃纤维增强

用玻璃纤维作为填料进行增强的复合材料,其体积强度可与钢材相匹敌,因此又称"玻璃钢"。本实验所做的聚酯玻璃钢是不饱和聚酯在过氧化物存在下，与不饱和单体交联之前，涂覆在经过预处理过的玻璃纤维布上，在适当的温度和压力下成型固化得到。

图 3-14　玻璃纤维布

玻璃纤维布是无捻粗纱平纹织物，是手糊玻璃钢重要基材，其形状如图 3-14 所示。虽然玻璃纤维布是双向纤维片材，但从力学性能的角度来说，其沿径向和维向的抗拉强度不同，因此在制备玻璃钢的过程中，可利用玻璃布径向的抗拉强度进行玻璃布的涂覆和铺设，或者使玻璃布纵横交替铺放，以保证经纬方向上强度的均匀性。

3. 玻璃钢复合材料的制备工艺

玻璃钢复合材料的制备工艺按成型时的工艺特点，可分为手糊成型法、层压成型法、模压成型法以及纤维缠绕成型法等。其中以手糊成型法所用设备及操作较为简单。但该成型技术依赖操作者的技术水平，仅适合于对制品光洁度不高或实验室操作等条件。本实验采用手糊成型法进行不饱和聚酯树脂玻璃钢的制备。

手糊成型法通常加入适当的有机过氧化物作为引发剂，浸渍玻璃纤维布，经适当的温度和时间后，聚酯和玻璃纤维会紧密黏结在一起，成为坚硬的玻璃钢制品。在整个制备过程中，玻璃纤维布的物理状态始终没有发生变化，而不饱和聚酯是从黏流的液态转变为坚硬的固态。整个工艺需满足以下要求。

（1）对增强前聚酯的要求　增强的聚酯在固化前是黏稠状的液体，聚合度一般为 15～25，黏度为（400～900）$\times 10^{-3}$ Pa·s。聚合度越高，最终产物的物理机械性能越好。但聚合度过高时，其在苯乙烯中的溶解度降低，不能形成均匀的树脂溶液，对最终产物的性能反而不利。因此，工业上控制聚合度最大不超过 50。

（2）对增强玻璃布的要求　手糊成型用玻璃布要预先经过脱蜡、表面处理。在使用前保持不受潮湿、不沾染油污，进行烘干处理。玻璃布的剪裁很重要，剪裁时应注意玻璃布的经纬向强度不同，应使玻璃布纵横交替铺放或按设计要求而定。

（3）对脱模剂的要求　喷涂脱模剂时，要保证脱模剂均匀分布在模具的表面。所选的脱模剂与树脂及模具材料不应发生化学反应或溶解、溶胀等化学作用；不能与树脂着色用的各种颜料发生任何物理及化学作用；具有成膜时间短、脱模效果好以及毒性小等优点。

三、仪器药品

1. 仪器

平板玻璃，14cm×12cm，2 块；毛刷，1 个；天平，精度 0.01g，1 个；剪刀，1 把；刮板，大刮板和小刮板，各 1 个；夹子，4 个；烘箱，1 台；万能制样机，XWZY-1 型，1 台；纸杯、玻璃棒若干。

2. 药品

① 不饱和聚酯，不饱和聚酯溶液（由顺丁烯二酸酐、邻苯二甲酸酐、乙二醇等聚合得到），以及适当的阻聚剂对苯二酚。市售或学生自制，100 份。

② 引发剂，过氧化苯甲酰，2 份。

③ 促进剂，6％环烷酸钴，4 份。

④ 交联密度调节剂，邻苯二甲酸二丁酯，2 份。

⑤ 脱模剂，硅油。

⑥ 脱模材料，聚酯薄膜。

⑦ 增强材料，玻璃纤维布。

四、准备工作

① 为了提高玻璃纤维与树脂之间的粘接能力，将玻璃布浸入 20％肥皂液中煮洗 20min 后，用水冲净，烘干备用。

② 查看平板玻璃上是否有污物，使其保持干净。

五、实验步骤

① 实验前将清洁玻璃布在 300～400℃烘烤 0.5h，剪裁成 8 块 0.4mm 厚、300mm× 200mm 的矩形块，并称重。

② 模具准备。在两块清洁的平板玻璃上均匀地涂上薄薄的一层硅油（或铺上一层聚酯薄膜）。

③ 不饱和聚酯树脂配料的准备。将过氧化苯甲酰和邻苯二甲酸二丁酯混合均匀后，加入到不饱和聚酯树脂中，搅拌均匀，放置备用。

④ 树脂与玻璃纤维的涂覆。在准备好的模具上，于中央区域倒入少量不饱和聚酯树脂及配料的混合物，然后铺上一层已干燥好的玻璃纤维布，用手辊仔细辊压，使玻璃布全部被树脂液浸渍，再刷涂第二层不饱和聚酯胶，铺上第二层玻璃纤维布，再用手辊仔细辊压。按照上述步骤反复铺涂，直至制品需要的厚度。一般需要进行 6～8 次，总共有 6～8 层。然后铺上一层聚酯薄膜，再压上另一块玻璃板，用夹子夹住玻璃板四边，并擦净边缘的树脂。

⑤ 固化。在室温下先将涂覆好的玻璃增强材料平放一段时间，待初步固化以后，再移入 80℃烘箱进一步固化 2h。

⑥ 脱模、修剪。冷却至室温后，脱模，即可制得玻璃纤维增强塑料。

⑦ 制样，检测力学性能。按照拉伸、冲击样条标准在万能制样机上制样，进行力学性能测试。

六、数据处理

① 记录力学性能测试结果。

② 比较有无玻璃纤维增强塑料的区别，并解释其原因。

七、注意事项

1. 脱模时，应使用木质工具轻轻敲击，以防止模具和制品划伤。

2. 在不饱和聚酯与引发剂混合后，应尽快进行铺涂等操作，以防黏度变大，难以涂覆。

八、思考题

1. 手糊成型对树脂有什么要求？

2. 手糊成型的基本工序是什么？

参 考 文 献

[1]　阮积敏．普通玻璃纤维布加固多孔砖砌体的实验研究．杭州：浙江大学，硕士论文．2003.

[2]　刘建平，郑玉斌主编．高分子科学与材料工程实验．北京：化学工业出版社，2005.

[3]　周诗彪，肖安国主编．高分子科学与工程实验．南京：南京大学出版社，2011.

[4]　涂克华，杜滨阳，杨红梅，蒋宏亮．高分子专业实验教程．杭州：浙江大学出版社，2011.

实验二十一　聚合物维卡软化点温度的测定

聚合物由于其特殊的分子结构，在一定温度下降无法保持原有的物理机械能力，从而发生形变。聚合物的维卡软化点则是度量发生形变时所对应的温度。通过该实验，可以让学生了解不同结构聚合物的耐热性能之间的区别，聚合物发生形变时所对应的温度条件，并正确地认识聚合物的适用场所及应用条件。

一、实验目的

1. 学会认识并测定不同塑料的维卡软化点温度。
2. 了解软化点测量仪的结构以及使用方法。

二、实验原理

1. 聚合物的耐热性能

各种塑料结构中的分子链会随着温度的高低出现不同的链段运动。比如在较低的温度下（如在塑料的玻璃化温度以下），聚合物的分子链段只能在平衡位置上做着微小的振动。在外力作用下，仅能发生很小的变形，但撤去外力后，又会恢复原状；当温度升高到某一数值时（如介于玻璃化温度和熔融温度之间），聚合物则处于高弹态，聚合物可以在外力的作用下发生很大的变形，这种变形在外力撤掉后，仍可以呈现一定程度上的恢复；当温度再上升（如在熔融温度以上），聚合物的整个分子链都可以发生位移，这时将难以恢复到原始状态。

塑料的变形与温度密切相关。测量塑料随着温度而发生的变形，可以更为准确地确定塑料的使用范围。在材料领域，设计了很多仪器和实验方法来测定材料达到某一形变，并且该形变会影响到材料的正常使用时所对应的温度。目前，"马丁耐热实验方法"、"维卡软化实验方法"、"热变形温度实验方法"等均是测量发生不同形变时所对应的温度的方法。其测量方法共同的特点是在一定载荷、施力方式、升温速度下达到规定的变形值的温度。值得注意的是，不同方法的测量结果之间无定量关系，只可用来对不同塑料做相对比较。

维卡软化点实验（Vicat softening point test）是评价热塑性塑料高温变形趋势的一种方法。在等速升温条件下，用一根带有规定负荷、截面积为 $1mm^2$ 的平顶针放在试样上，平顶针刺入试样 1mm 时的温度，即为测得的维卡软化温度。本方法仅适用于大多数热塑性塑料。现行的国家标准为 GB/T 1634.1—2004。

维卡软化温度是评价材料耐热性能，反映制品在受热条件下物理机械性能的指标之一。材料的维卡软化温度虽不能直接用于评价材料的实际使用温度，但可以用来指导材料的质量控制。维卡软化温度越高，表明材料受热时的尺寸稳定性越好，热变形越小，即耐热变形能力越好，刚性越大，模量越高。

2. 影响因素

（1）试样制备方法对测试结果的影响　同一材料、相同厚度的试样，模压的比注塑的测试结果要高。

（2）试样状态调节对测试结果的影响　将模压和注塑试样进行退火（退火温度一般较软化点低 20℃左右，退火时间 2～3h），处理后的试样测试结果都比原来有不同程度的提高。这可能是冻结的高分子链得到局部调整，内应力得到进一步消除的原因。

（3）试样尺寸的影响　试样厚度在 3～4mm 时测定值的重复性比较好。除 PVC 以外，厚度达到 6mm 时，分散性尚在允许范围以内。太薄的试样只能叠合后再进行测定。这对试样厚度的均匀性，表面平整度的要求更高些。

测横向尺寸面，应保证压入点能远离边缘 2mm 以上。以保证测定值有较好的重复性，更不会发生开裂等现象。

3. 维卡软化点测试原理

用于测定热塑性塑料及热塑性管材管件的热变形及维卡软化点温度的一种测量仪器，如图 3-15 所示，其仪器内部示意图如图 3-16 所示。

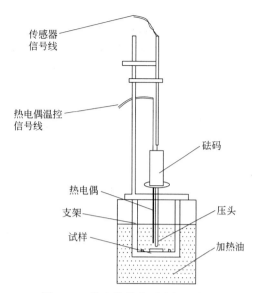

图 3-15　维卡软化点测量仪　　　　　　　　图 3-16　维卡软化点测试仪示意图
（ZWK1302-1）外观图

测试时，抬起负载杆，将试样放入升降架中心上，使压头位于其中心位置，并与试样垂直接触，试样的加工面紧贴支架底座。然后将载有样条的支架浸入油浴槽中。为了使试样均匀受热，试样应位于加热油液面 35mm 以下。根据维卡软化点实验的定义，需要通过测量温度-位移（压头进入样条的距离）之间的关系曲线，确定当平顶针刺入试样 1mm 时的维卡软化温度。因此，一般将油浴槽的起始温度先设置为低于材料的维卡软化点 50℃。油浴的上限温度可由用户自行确定，软件会根据用户所设定的温度上限、位移上限值自动结束维卡实验。

三、仪器药品

1. 仪器

维卡软化点测量仪，ZWK1302-1，1 台。

2. 药品

聚苯乙烯、聚丙烯样条若干。

样条尺寸为 80mm×10mm×4mm，每组试样为 3 个。

四、准备工作

① 认识维卡软化点测量仪结构，认真学习操作规程。

② 利用平板硫化机和合适模具制备测试样条。试样的两面应平行，表面平整光滑、无气泡、毛边等缺陷。

③ 预防高温、过湿、灰尘、腐蚀性介质、水等浸入机器或计算机内部。

④ 注意滑动机件、转动机件是否保持润滑。

五、实验步骤

1. 样条的放置

将试样放入支架，其中心位置约在压针头之下，经机械加工的试样，加工面应紧贴支座底座。

2. 运行维卡软化点测量实验程序

双击维卡软件程序图标，点击【实验运行】下拉菜单中的【维卡实验】按钮。即可进入维卡实验的参数设置界面。

3. 设置实验参数及试样信息

在维卡实验的参数设置界面中设置好所有的维卡实验条件，包括实验通道选择和数据库文件名。在控制参数的设置区右边为其他参数，例如试样预处理温度，预处理时间等。试样参数栏中是试样的一些基本参数，将测量好的试样尺寸等输入进去。在右下方的数据库文件名栏中输入试样数据库文件名。所有条件设置好之后，点击"确认"按钮，此时软件会弹出一个提示框，提示您是马上开始实验还是只保存设置的实验条件，点击"确定"按钮之后，程序会回到主界面，准备开始实验。

具体测试条件设定应参照以下数值：

① 起始温度应至少低于试样维卡软化点 50℃；

② 再加硅码使试样承受负载 (1000±50)g 或 (5000±50)g；

③ 按 (5±0.5)℃/6min 或 (12±0.5)℃/6min 升温速度加热；

④ 实验前应先进行清零，清零的最佳范围 4～5mm。

4. 开始维卡软化点测量实验

此时控制区的信息栏会变成绿色背景，同时温度值和位移值变成红色。曲线区域会自动开始绘制曲线，同时在软件状态栏中会以红色显示总的实验时间。当试样被压针头压入 1mm 时的温度，此温度即为试样的维卡软化点。

5. 结束维卡实验

在维卡实验过程中，软件会根据所设定的温度上限、位移上限值自动结束维卡实验。也可以有两种方式手动结束当前实验：第一种，点击"ALL"页签中的"停止"按钮，可以根据需要停止某次实验。第二种，点击每一通道页签中的"停止"按钮，此时只停止这一通道的实验，并不影响其他路。无论是手动结束实验还是自动停止实验，位移和温度的示值都会由红色变为黑色。

6. 冷却

实验结束后，可通过冷却装置（在冷却管中通过水或压缩空气）使油温快速下降，以进行新的一次实验。

六、数据处理

① 根据温度-位移曲线，记录试样被压针头压入 1mm 时的温度，此温度即为试样的维卡软化点。一次实验至少两个试样，两个试样的维卡软化温度的算术平均值，即为所测材料的维卡软化温度。

② 比较不同塑料维卡软化点温度的区别，并解释其原因。

七、注意事项

1. 注明实验所采用的负荷及升温速度。若同组试样测定温差大于 2℃ 时，必须重做实验。

2. 开机后，机器要预热 10min，待机器稳定后，在进行实验。

3. 若刚刚关机，需要再开机，时间间隔不可少于 10min。

4. 任何时候都不能带电拔插电源线和信号线，否则很容易损坏控制元件；除在室温下安放试样外，不要将手伸入油箱或触摸靠近油箱的部位，以免烫伤。

5. 试样应光滑无毛刺，放置试样应使压头压在试样的中心位置。

6. 做实验时，必须关掉冷却水源，以免影响加热过程，实验完成后打开冷却水源进行冷却。实验结束后，油箱内温度≤220℃时进行水冷却，如果≥220℃，先进行自然冷却，待冷却下来时再进行水冷却（用户需当心出水管喷出的高温水蒸气烫伤）。

7. 该设备为高温实验设备，如使用不当可能引起火灾，故实验时请别远离设备，人员离开时最好关闭机器。

8. 实验时，不要触碰传感器线，以免影响数据的准确性。

八、思考题

1. "材料的维卡软化温度直接用于评价材料的实际使用温度"这句话对吗？为什么？

2. 在测试维卡软化点过程中，温度-位移曲线呈抖动状，是什么原因？如何解决？

实验二十二　塑料拉伸强度的测定

拉伸性能是聚合物力学性能中最重要、最基本的性能之一。几乎所有的塑料都要考虑拉伸性能测试的各项指标，这些指标的高低将决定该塑料的应用场合。通过该实验，可以让学生学习并掌握拉伸性能测试的基本原理以及测试方法，这也是工科学生最基本的技能之一。

一、实验目的

1. 绘制聚合物应力-应变曲线，测定其屈服强度、拉伸强度、断裂强度和断裂伸长率。

2. 观察不同聚合物的拉伸特征。

3. 了解测试条件对测试结果的影响。

4. 熟悉电子万能试验机原理以及使用方法。

二、实验原理

1. 拉伸应力-应变曲线

拉伸性能实验是在规定的实验温度、湿度和速度条件下，对标准试样沿纵轴方向施加静态拉伸负荷，直到试样被拉断为止。整个拉伸过程的变化趋势由拉伸应力-应变曲线来呈现。将试样上施加的载荷、形变通过压力传感器和形变测量装置转变成电信号记录下来，经计算机处理后，测绘出试样在拉伸变形过程中的拉伸应力-应变曲线，如图 3-17 所示。

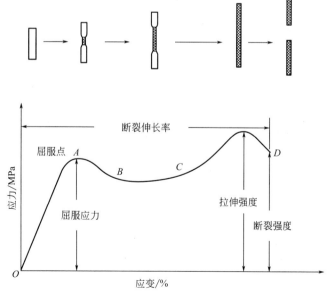

图 3-17　具有屈服点的材料的应力-应变曲线及对应试样断裂示意图

应力-应变曲线一般分两个部分：弹性变形区（OA 段）和塑性变形区（ABCD 段）。

在弹性变形区域，拉伸过程中试样被均匀拉长，应变很小。材料发生可完全恢复的弹性变形。这种形变反应到曲线上，近乎是一条直线，即应力与应变呈线性关系，符合虎克定律。该直线的斜率即为弹性模量。A 点为屈服点。

在塑性变形区，形变是不可逆的塑性形变，应力和应变增加不再呈正比关系，最后出现断裂。当拉伸过程越过屈服点后（BC 段），试样上可能会开始出现一处或几处"细颈"现象。这是分子在该处发生一定的取向，拉伸时细颈不会持续变细拉断，而是向样条两段扩展，直至整个试样完全变细为止。反映到应力-应变曲线上，此阶段应力几乎不变，而变形却增加很多。这种现象在结晶高分子材料的拉伸过程中常常出现。如果样条材料硬而脆，则出现"细颈"现象的应变范围很小或没有。当拉伸继续进行（达到 CD 段），试样将进一步被拉细，分子会再次发生取向，应力随着应变增加而增大，直到被拉断。

从应力-应变曲线上可得到材料的各项拉伸性能指标值。

拉伸强度：在拉伸实验中，试样断裂时所承受的最大拉伸应力，单位 MPa。

断裂应力：在拉伸应力-应变曲线上，试样断裂时的应力，单位 MPa。

屈服应力：在拉伸应力-应变曲线上，屈服点处的应力，单位 MPa。

断裂伸长率：在拉力作用下，试样断裂时，标线间距离的增加量与初始标距之比的百分率，无单位，%。

弹性模量（杨氏模量）：在弹性变形区，材料所受应力与产生的应变之比，单位 MPa 或 GPa。

不同的高聚物材料、不同的测定条件，分别呈现不同的应力-应变行为和曲线形状。根据应力-应变曲线的形状，目前大致可归纳成五种类型，见表 3-5。

表 3-5　五种类型材料特征及其应力-应变曲线

材料特征	应力-应变曲线	拉伸性能	材料举例
软而弱		拉伸强度低，弹性模量小，且伸长率也不大	溶胀的凝胶
硬而脆		拉伸强度和弹性模量较大，断裂伸长率小	聚苯乙烯
硬而强		拉伸强度和弹性模量较大，且有适当的伸长率	硬质聚氯乙烯

续表

材料特征	应力-应变曲线	拉伸性能	材料举例
软而韧		断裂伸长率大，拉伸强度也较高，但弹性模量低	天然橡胶、顺丁橡胶
硬而韧		弹性模量大、拉伸强度和断裂伸长率也大	聚对苯二甲酸乙二醇酯、尼龙

　　通过拉伸实验提供的数据，可对高分子材料的拉伸性能做出评价，从而为质量控制，按技术要求验收或拒收产品，研究、开发与工程设计及其他项目提供参考。

　　2. 影响聚合物拉伸强度的因素

　　（1）高聚物的结构和组成　聚合物的相对分子质量及其分布、取代基、交联、结晶和取向是决定其机械强度的主要内在因素；通过在聚合物中添加填料，采用共聚和共混方式来改变高聚物的组成可以达到提高聚合物的拉伸强度的目的。

　　（2）实验制备　在试样制备过程中，由于混料及塑化不均，引进微小气泡或各种杂质，在加工过程中留下来的各种痕迹如裂缝、结构不均匀的细纹、凹陷、真空气泡等。这些缺陷都会使材料强度降低。

　　（3）拉伸速度　当低速拉伸时，分子链来得及位移、重排，呈现韧性行为，表现为拉伸强度减小，而断裂伸长率增大。高速拉伸时，高分子链段的运动跟不上外力作用速度，呈现脆性行为，表现为拉伸强度增大，断裂伸长率减小。由于聚合物品种繁多，不同的聚合物对拉伸速度的敏感不同。硬而脆的聚合物对拉伸速度比较敏感。一般采用较低的拉伸速度。韧性塑料对拉伸速度的敏感性小，一般采用较高的拉伸速度，以缩短实验周期，提高效率。不同品种的聚合物可根据国家规定的实验速度范围选择适合的拉伸速度进行实验（GB/T 1040—1992）。比如软质热塑性塑料的拉伸速度一般为 50mm/min、100mm/min、200mm/min、500mm/min，误差允许值均为 ±10%；硬质热塑性塑料的拉伸速度为 2mm/min、5mm/min、10mm/min、20mm/min、50mm/min，误差允许值分别为 ±20%、±20%、±20%、±10%、±10%。

　　（4）拉伸温度　环境温度对拉伸强度有着非常重要的影响。塑料属于黏弹性材料，其应力松弛过程对拉伸速度和环境温度非常敏感。高分子材料的力学性能表现出对温度的依赖性，随着温度的升高，拉伸强度降低，而断裂伸长则随温度升高而增大。因此，实验要求在规定的温度下进行。

　　3. 拉力试验机

　　只要能满足实验要求，具有多种拉伸速度的拉力试验机均可。实验室一般使用的是万能材料试验机，是集拉伸、压缩和弯曲等测试功能于一体的实验机，如图 3-18 所示。万能材料试验机进行拉伸测试时应使用拉伸夹具。当进行压缩或弯曲实验时，需更换相应夹具。

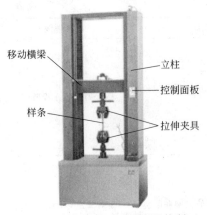

图 3-18 WDW-10 系列微机控制
电子万能试验机外形示意图

三、仪器药品

1. 仪器

万能材料试验机：WDW-10 系列微机控制电子式万能试验机，1 台。

游标卡尺：1 把。

2. 药品

聚丙烯、聚苯乙烯样条若干，每组样条至少为 5 个。

试样要求：试样要求表面平整，无气泡、裂纹、分层、伤痕等缺陷。

拉伸样条种类：拉伸实验共有 4 种类型的试样：Ⅰ型试样（双铲型）；Ⅱ型试样（哑铃型）；8 字型试样；长条型试样。不同的材料优选的试样类型及相关条件及试样的类型和尺寸参照 GB/T 1040—1992 执行。本实验选择较为通用的哑铃型样条。试样图形和具体尺寸如图 3-19 和表 3-6 所示。

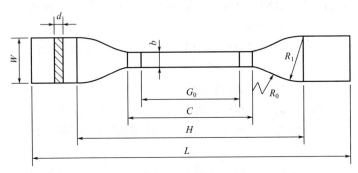

图 3-19 哑铃型样条试样

表 3-6 哑铃型样条尺寸 单位：mm

符号	名称	尺寸	公差	符号	名称	尺寸	公差
L	总长（最小）	115	—	d	厚度	2	—
H	夹具间距离	80	±5	b	中间平行部分宽度	6	±0.4
C	中间平行部分长度	33	±2	R_0	大半径	14	±1
G_0	标距（或有效部分）	25	±1	R_1	小半径	25	±2
W	端部宽度	25	±1				

四、准备工作

① 试样的制备和外观检查，按 GB/T 1040—1992 规定进行。

② 试样编号，测量试样工作部分的宽度和厚度，精确至 0.01mm。每个试样测量三点，取算术平均值。

③ 在试样中间平行部分做标线。标明标距 G_0，此标线对测试结果不应有影响。

④ 熟悉电子式万能试验机的结构，操作规程和注意事项。

五、实验步骤

① 打开电源。启动 WDW-10 系列微机控制电子式万能试验机实验软件，打开电子万能

试验机测试系统，出现如图 3-20 界面。

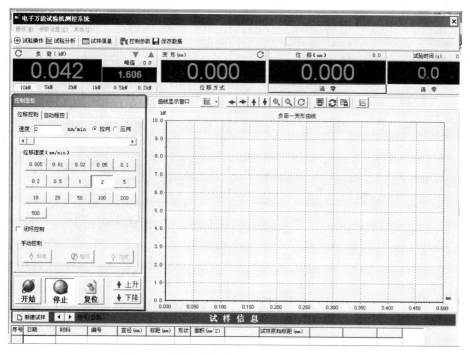

图 3-20　电子万能试验机测试系统初始界面

② 在电子万能试验机测试系统界面的左下方选择"新建试样"，进入新窗口，如图 3-21 所示。

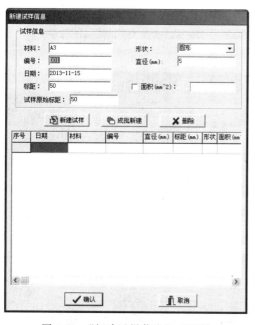

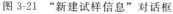

图 3-21　"新建试样信息"对话框

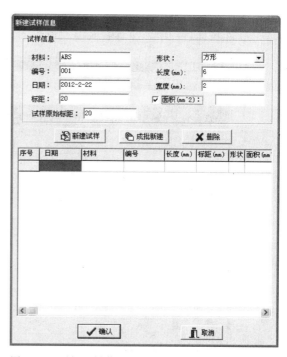

图 3-22　更新试样信息后的"新建试样"信息对话框

在相应的空格位置填写具体的样条信息，如图 3-22 所示。其中"形状"一栏中，应填

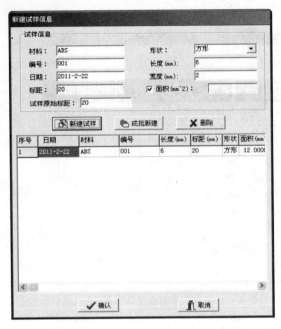

图 3-23　确认试样信息后的"新建试样"信息对话框

写样条的横截面信息。对于拉伸样条，横截面一般为方形，需要点击左侧的向下箭头，在出现的下拉菜单中选择"方形"即可。

点击"新建试样"按钮，则试样信息会出现在对话框下方的空白区域，如图 3-23 所示，其序号定"1"。若还有其他试样信息需要加入，重复上述步骤即可。其后再添加的试样可按照添加顺序依次添加在空白区域处。若添加试样信息完毕，点击对话框最下方的"确定"即可。

③ 检查夹具：根据实际情况（主要是试样的长度及夹具的间距）设置好限位装置。

④ 夹持试样：夹具夹持试样时，要使试样纵轴与上下夹具中心线相重合，并且要松紧适宜，以防止试样滑脱或断在夹具内。

⑤ 开始设置拉伸测试条件信息，如图 3-24 所示。在"控制面板"界面中，将位移速度设置为所需要的数值，应注意其单位是"mm/min"。例如，若将位移速度设置为 20mm/min，只需在该界面上用鼠标左键点击标有"20"的按钮即可。然后，在最上面标有绿色数字的一排按钮，选择 σ 及"清零"按钮，将所有绿色数字修正为零值，然后点击【开始】，开始拉伸实验。

⑥ 在拉伸过程中，注意右侧的"负荷-变形曲线"一栏中，开始有曲线出现，直至试片

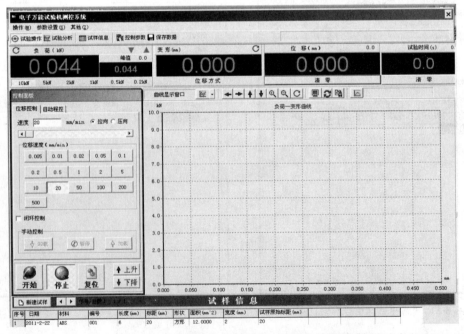

图 3-24　在电子万能试验机测试系统界面设置拉伸测试条件信息

拉断，该曲线停止绘制，整个拉伸测试会自动停止。然后，打开夹具取出已断裂的试样。

⑦ 点击图 3-24 中的"上升"或"下降"按钮，将夹具进行复位，准备下一轮的拉伸测试。

⑧ 重复②～⑥步骤，进行其余样条的测试。若试样断裂在中间平行部分之外时，此试样作废，另取试样补做。

⑨ 实验自动结束后，点击 实验分析 按钮，显示如图 3-25 所示。其中，红色曲线为拉伸实验中的曲线。该曲线下方即为拉伸测试的数据结果展示。

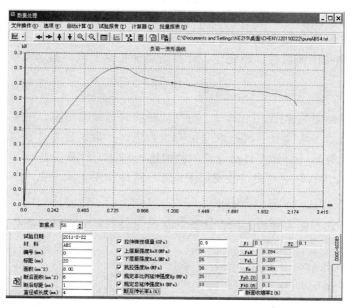

图 3-25　数据处理对话框

该数据处理对话框中的红色曲线为默认的"负荷-变形曲线"。若需要改变该图的横纵坐标属性，可以点击左上方的 按钮右侧的下拉箭头，会出现如图 3-26 所示的下拉菜单，包

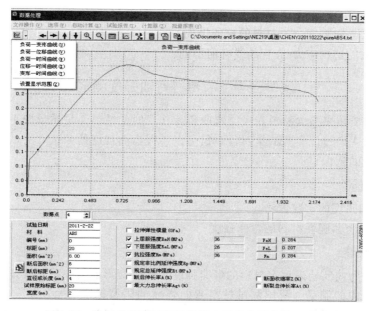

图 3-26　数据处理对话框的横纵坐标改变子菜单显示图

括"负荷-变形曲线"、"负荷-位移曲线"、"负荷-时间曲线"、"位移-时间曲线"、"变形-时间曲线"等。用户可根据需要设置不同属性的横纵坐标曲线。

六、数据处理

1. 从应力-应变曲线，计算拉伸强度或拉伸断裂应力或拉伸屈服应力（MPa）：

$$\sigma_t = \frac{P}{bd} \tag{3-4}$$

式中，P 为最大负荷或断裂负荷或屈服负荷，N；b 为试样工作部分宽度，mm；d 为试样工作部分厚度，mm。

各应力值在拉伸应力-应变曲线上的位置如图所示。

2. 测量试样在拉断前后的标距变化，计算断裂伸长率 ε_t（%）：

$$\varepsilon_t = \frac{L - L_0}{L_0} \tag{3-5}$$

式中，L 为试样原始标距，mm；L_0 为试样断裂时标线间距离，mm。

计算结果以算术平均值表示，σ_t 取三位有效数值，ε_t 取两位有效数值。

将以上数据计算后，与软件自动计算的数值进行对比，计算误差。

3. 将实验数据从软件中导出，并使用 EXCEL 软件作图。

七、注意事项

微机控制电子式万能实验机属精密设备，在操作材料实验机时。务必遵守操作规程，精力集中，认真负责。

1. 每次设备开机后要预热 10min，待系统稳定后，才可进行实验工作；如果刚关机，需要再开机，至少保证 1min 的间隔时间。

2. 实验过程中，不能远离试验机。

3. 实验过程中，除停止键和急停开关外。不要按控制盒上的其他按键，否则会影响实验。

4. 实验结束后，一定要关闭所有电源。

八、思考题

1. 哪些因素会影响聚合物材料的拉伸性能？

2. 不同材质的塑料应力-应变曲线有何不同？

实验二十三　塑料弯曲强度测定

弯曲实验主要用来检验材料在经受弯曲负荷作用时的性能，是质量控制和应用设计的重要参考指标。学生通过该实验的学习，不仅可以掌握弯曲强度的测试方法，更能对脆性与非脆性材料有明确的认识。

一、实验目的

1. 掌握弯曲强度的实验方法。

2. 认识脆性与非脆性材料的弯曲强度。

二、实验原理

生产中常用弯曲实验来评定材料的弯曲强度和塑性变形的大小，尤其是对于托架等需要具有一定承重能力的制品。我国测试材料弯曲强度的国家标准为 GB/T 9341—2000。国标中其中详细规定了适用的材料范围，如热塑性模塑和挤塑材料，包括填充的和增强的未填充材料以及硬质热塑性板材；热固性模塑板料，包括填充和增强材料，热固性板材，包括层压材料；纤维增强热固性和热塑性复合材料，其含有单向或非单向的增强材料，如毡、纺织纤维、纺织粗纱、短切原丝组合或混杂增强材料无捻粗纱和磨碎纤维等；热致结晶聚合物等。

本实验采用 WDW-10 系列微机控制电子式万能试验机进行弯曲强度的测定。测试方法与实验二十二相似，仅需将夹具进行更换即可。首先，把试样支撑成横梁，使其在跨度中心以恒定速度弯曲，直到式样断裂或变形达到预定值，测量该过程中对试样施加的压力，如图 3-27 所示。实验参数包括跨度、速度以及最大偏差，它们一般由试样厚度来决定，尺寸的标注如图 3-28 所示。

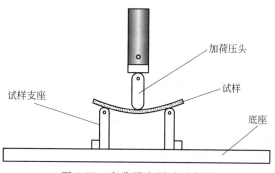

图 3-27　弯曲强度测试示意图

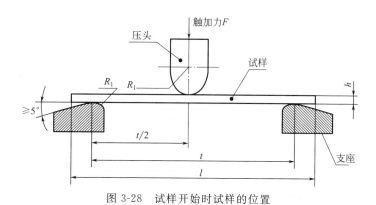

图 3-28　试样开始时试样的位置

实验跨度 L：

$$L = 10h \pm 0.5mm$$

实验速度 w：

$$w = (l-3)h \; mm/min$$

式中，l 为试样长度；h 为试样厚度。

使脆性试样变形直至破裂时的强度，即为破坏载荷。对于非脆型材料，当载荷达到某一值时，其变形继续增加而载荷不增加，即使没有使试样变形破裂，这时的载荷也可称为破坏载荷。

三、仪器药品

1. 仪器

万能材料试验机：WDW-10 系列微机控制电子式万能试验机，1 台。

游标卡尺：1 把。

2. 药品

聚乙烯（LDPE）、聚苯乙烯（PS）样条若干，每组样条至少为 5 个。

试样尺寸为长（80±2）mm，宽（10±0.2）mm，厚（4±0.2）mm。对于任一试样，其中部 1/3 的长度各处厚度与厚度平均值的偏差不应大于 2%，相应的宽度偏差不应大于 3%，试样截面应是矩形且无倒角。

试样不扭曲，表面平整，无气泡、裂纹、分层、伤痕、毛边等缺陷。

四、准备工作

① 试样的制备和外观检查，按 GB/T 9341—2000 规定进行。

② 试样编号，测量试样中间部位的宽度和厚度。每个试样测量三点，取算术平均值。

③ 熟悉电子式万能试验机的结构以及弯曲实验零件，操作规程和注意事项。

④ 保持室温（25±5）℃，相对湿度为（65±5）％。

五、实验步骤

① 开机：按照试验机-打印机-计算机的顺序依次进行开机。

② 启动实验软件：打开拉伸测试的实验软件，出现如图 3-29 的界面。

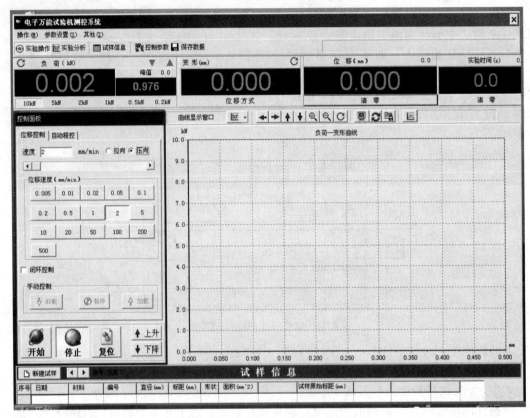

图 3-29　电子万能试验机测试系统界面

在图 3-29 的界面中，将"压向"字样前方的复选框点中，表明所进行的实验是弯曲实验。

③ 在图 3-29 系统界面左下方点击"新建试样"，进入试样建立窗口，输入试样的一些参数，如试样横截面的"形状"、"长度"和"宽度"等尺寸。当上述信息输入完毕后，点击"新建试样"按钮，试样相关信息会出现在图 3-30 中空白区域的表格中，然后点击"确认"。

④ 回到如图 3-29 所示的系统界面，在"位移速度"处，点击相应的数字按钮选择合适的速度数值，设置实验速度。应注意其单位是"mm/min"。

⑤ 调节好跨度，将试样放于支架上，上压头与试样宽度的接触线需垂直于试样长度方向。

⑥ 在图 3-29 中最上面有一排标有绿色数字的按钮，选择 ⟳ 及"清零"按钮，将所有绿色数字修正为零值，然后点击【开始】，开始弯曲实验，至试样达到屈服点（非脆性材料如 PE）或断裂（脆性材料如 PS）时，实验停止。

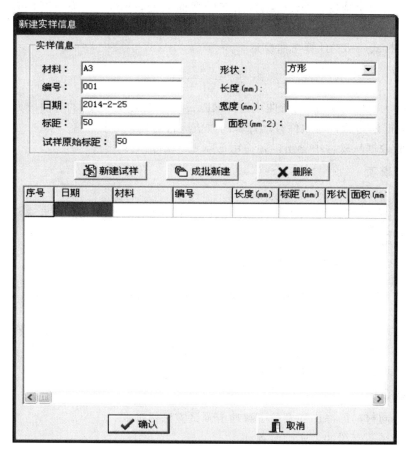

图 3-30 "新建实验"对话框

⑦ 记录载荷值。

⑧ 点击图 3-29 中的"上升"按钮，将压头进行复位，准备下一轮的弯曲测试；重复③～⑦步骤，进行其余样条的测试。

⑨ 实验自动结束后，点击 实验分析 按钮，显示出弯曲实验中的数据曲线。该曲线下方即为拉伸测试的数据结果展示。具体方法可以参见实验二十二。

六、数据处理

1. 弯曲强度（弯曲应力）σ

是试样在弯曲过程中承受的最大弯曲应力，单位 MPa。

按下式计算：

$$\sigma = \frac{1.5PL}{bh^2} \tag{3-6}$$

式中，P 为最大载荷，N；L 为跨度，mm；b 为试样宽度，mm；h 为试样厚度，mm。

2. 弯曲模量

是应力差 $\sigma_{f2} - \sigma_{f1}$ 与对应的应变差 $[(\varepsilon_{f2}=0.0025)-(\varepsilon_{f1}=0.0005)]$ 之比，单位 MPa。

对于弯曲模量的测量，先根据给定的弯曲应变 $\varepsilon_{f1}=0.0005$ 和 $\varepsilon_{f2}=0.0025$，按式(3-7)计算相应的挠度 s_1 和 s_2：

$$s_i = \varepsilon_{fi} L^2 / 6h \quad (i=1,2) \tag{3-7}$$

式中，s_i 为单个挠度，mm；ε_{fi} 为给定的弯曲应变，mm；L 为跨度，mm；h 为试样厚度，mm。

然后，根据式(3-8) 计算弯曲模量 E_t，单位 MPa：

$$E_t = \frac{\sigma_{f1} - \sigma_{f2}}{\varepsilon_{f2} - \varepsilon_{f1}} \tag{3-8}$$

式中，σ_{f1} 为挠度为 s_1 时的弯曲应力，MPa；σ_{f2} 为挠度为 s_2 时的弯曲应力，MPa。

将以上数据计算后，与软件自动计算的数值进行对比，计算误差。

3. 将实验数据从软件中导出，并使用 EXCEL 软件作图。

七、注意事项

1. 实验期间，不得离开实验仪器。

2. 试样在跨度中部 1/3 外断裂的实验结果应予作废，并应重新取样进行实验。

八、思考题

脆性材料与非脆性材料的弯曲性能的区别是什么？

实验二十四　简支梁冲击实验

冲击性能实验是在冲击负荷的作用下测定材料的冲击强度，被用来评价聚合物在高速冲击状态下抵抗冲击能力的测试方法。简支梁冲击实验就是这种测试方法中的一种。通过该实验的学习，有助于学生掌握材料冲击性能测试原理以及测定方法。

一、实验目的

1. 测定不同材料的冲击强度，了解冲击测试方法标准。

2. 学会使用简支梁冲击实验设备。

二、实验原理

1. 冲击性能原理

塑料的力学性能的表征方法，可分为"静"、"动"两类测试方法。比如拉伸、弯曲等实验属于负载速率较缓慢的测试方法，可归类于静荷实验；冲击、高速拉伸、疲劳实验等实验所采用的负载速率十分迅速或者是交变的，因此属于动荷实验。由于材料在实际过程中所面临的复杂条件，其性能的测试往往结合静动两类方法进行材料性能表征。

冲击强度（Impact Strength）是高聚物材料的一个非常重要的力学指标。如上所述，它由属于动荷实验——冲击实验来进行测量。冲击强度是指某一标准试样在每秒数米乃至数万米的高速形变、较大载荷速度的情况下表现出的破坏强度，或者说是材料对高速冲击破坏的抵御能力，也称为材料的韧性。材料的冲击强度，作为一个重要的力学评价标准，无论在研究工作或工业应用中都是不可缺少的。根据冲击实验可以判别材料韧性的好坏，冲击强度小的材料脆性大，反之则材料的韧性较好。

材料冲击强度的测定有多种方法，比如摆锤式冲击实验［包括简支梁（Charpy）和悬臂梁型（Izod）］、落球式冲击实验或高速拉伸冲击实验等。其中，摆锤式冲击实验是目前应用较多的测定材料冲击强度的实验方法。用已知能量的摆锤打击支承成水平梁的试样，由摆锤一次冲击使试样破坏。冲击线位于两支座正中，若为缺口试样则应正对缺口。以冲击前、后摆锤的能量差，确定试样在破坏时所吸收的能量。简而言之，它所测得的冲击强度数据是指试样破断时单位面积上所消耗的能量。简支梁和悬臂梁的区别在于，样条在支撑物上固定形式不同。对于简支梁，试样的两端同时固定于支撑物上，冲击线位于两支座正中，通过冲击前、后摆锤的能量差的计算来确定试样在破坏时所吸收的能量。其形式如图 3-31 所示。

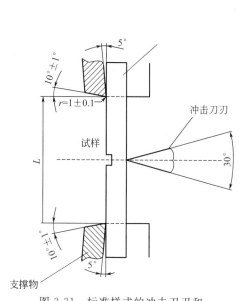

图 3-31　标准样式的冲击刀刃和
支座（俯视图）

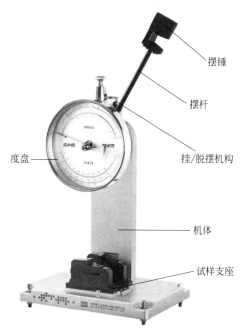

图 3-32　指针式塑料摆锤冲击
试验机 ZBC1251 设备示意图

在简支梁冲击实验中破坏有以下几种定义。

完全破坏：指经过一次冲击使试样分成两段或几段。

部分破坏：指一种不完全破坏，即无缺口试样或缺口试样的横断面至少断开 90％ 的破坏。

无破坏：一种不完全破坏，即无缺口试样或缺口试样的横断面断开部分小于 90％。

如果同种材料可以观察到一种以上的破坏类型，需在实验报告中标明每种破坏类型的平均冲击值和试样破坏的百分数。不同破坏类型的结果不能进行比较。

2. 简支梁冲击实验机

简支梁冲击实验机用于测定硬质塑料、纤维增强复合材料、尼龙、玻璃钢、陶瓷、铸石、塑料电器绝缘材料等非金属材料的冲击韧性。它由摆体、试样支座、能量指示仪和机体等主要构件组成，如图 3-32 所示。

（1）摆锤：直接对试样进行冲击。对于不同的实验材料，要采用合适重量的摆锤。对同一材料，由不同摆锤测得的结果会有偏差，其结果不宜做比较。

（2）摆杆：连接摆锤与转轴，且起到力臂的作用。摆杆的长度对摆锤力矩以及对冲击能量都产生正比例的影响。

（3）挂/脱摆机构：挂摆或脱开摆。

（4）度盘：标有能量值刻度。有些仪器目前已配备液晶显示屏直接显示数值。能指示试样破坏过程中材料所吸收的冲击能量。

（5）机体：刚性良好的金属框架，并牢固地固定在质量至少为所用最重摆锤质量 40 倍的基础上。

（6）试样支座：由两块安装牢固的支撑块组成，固定试样成水平状态放置，使试样打击面平行于摆锤冲击刀刃。

测量时，将摆锤从垂直位置挂于机架的扬臂上，从而获得一定的势能，松开，使其自由落下，则此时势能将转化为动能。这时，位于试样支座的试样会受到具有一定速度的冲击刀刃的冲击，试样随之冲断。冲断后，摆锤的剩余能量会带动摆锤升高到某一高度。可以根据摆锤初始位置和最终位置来计算冲断样条时所消耗的功的大小，将此功除以试样的横截面积，即得材料的冲击性能。

三、仪器和试样

1. 仪器

简支梁冲击实验仪，一台；游标卡尺，一把。

2. 试样

聚苯乙烯、聚乙烯等冲击标准试样，如图 3-33 所示，每组试样不少于 5 个。

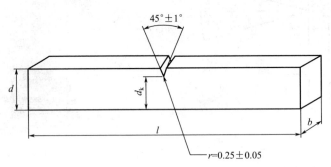

图 3-33　缺口样式及相应尺寸

试样表面应平整、无气泡、裂纹、分层和明显杂质。缺口试样缺口处应无毛刺。常用的试样尺寸（ldb）为（80±2）mm×（10±0.5）mm×（4±0.2）mm，其中缺口剩余厚度 $d_k=0.8d$，相应的支撑块之间的距离为 60mm。

四、准备工作

① 试样的制备和外观检查，按 GB/T 1043.1—2008 规定进行。

② 试样编号，测量试样工作部分的宽度和厚度，精确至 0.02mm。每个试样测量三点，取算术平均值。缺口试样应测量缺口处的剩余厚度，测量时应在缺口两端各测一次，取其平均值。

③ 熟悉简支梁冲击实验仪的结构，操作规程和注意事项。

五、实验步骤

① 选择简支梁支座并将其安装在支架上，用支座跨距找正块进行支座的跨距调整。本实验选择 60mm 规格的跨距找正块，并将其放置在正确的位置，使得两支座内侧面之间尺寸正好为跨距找正块长度尺寸，冲击刀刃（摆锤的冲击刀刃）正好与跨距找正块中间右侧缺口相吻合。如果不相吻合，松开螺钉，调整两支座或者简支梁支座体前后位置，使摆锤冲击刀刃与跨距找正块缺口相吻合，此时两支座内侧面之间距离正好为跨距找正块长度尺寸，并紧固压块螺钉。

② 根据试样破坏时所需的能量选择并安装摆锤，使消耗的能量在摆锤总能量的 10%～85%范围内。

③ 选择简支梁刻度线：松开度盘背后的滚花螺钉，向左或向右旋转度盘，使"简支梁实验"这几个字水平正放即可。

④ 调整度盘：当摆锤自由悬挂时，逆时针旋转玻璃面板上的滚花螺母，使指针不能在

逆时针旋转为止，此时指针应正指读数盘的最大能量刻线处。每换一次摆锤都要检查一下。

⑤ 用手逆时针旋转摆锤顶上的旋转手柄，使旋转手柄弹起。然后将摆锤逆时针转到底，左手按下旋转手柄顺时针旋转到底，使摆杆上的挂钩与旋转手柄所控制的挂钩二者牢牢挂住。

⑥ 先将实验缺口方向向左放在两支座平面上，然后将试样左侧平行插入，使试样对中块的对中部分对准试样缺口（无缺口试样对准试样中心处），并紧靠试样缺口。对准完成后，向左顶压试样，使试样左端紧靠两钳口，将试样对中块移开。

⑦ 将旋转手柄逆时针旋转到底并迅速松开，摆锤将顺时针落下打击试样。

⑧ 读取数据时，应根据采用的摆锤大小，在相应的刻线上来读数。如采用 25J 的简支梁摆锤，应在 0～25J 刻线上读数。

⑨ 共做 5 个以上试样，重复上述步骤。

⑩ 按公式计算出每个试样的冲击强度并求出算术平均值。

六、数据处理

1. 无缺口试样简支梁冲击强度 a（kJ/m²）

其定义为无缺口试样在冲击负荷作用下，破坏时所吸收的冲击能量与试样的原始截面积之比，按下式计算：

$$a = \frac{A}{bd} \times 10^3 \tag{3-9}$$

式中，A 为无缺口试样吸收的冲击能量，J；b 为试样宽度，mm；d 为试样厚度，mm。

2. 缺口试样简支梁冲击强度 a_k（kJ/m²）

其定义为缺口试样在冲击负荷作用下，破坏时吸收的冲击能量与试样缺口处的原始横截面积之比，按下式计算：

$$a_k = \frac{A_k}{bd_k} \times 10^3 \tag{3-10}$$

式中，A_k 为缺口试样吸收的冲击能量，J；b 为试样宽度，mm；d_k 为缺口试样缺口处剩余厚度，mm。

3. 标准偏差 S：

$$S = \sqrt{\frac{\sum(X_i - \overline{X})}{N-1}} \tag{3-11}$$

式中，X_i 为单个测定值；$\overline{X}$ 为一组测定值的算术平均值；N 为测定值个数。

七、注意事项

1. 试样无破坏的冲击值不应作为材料的冲击强度。

2. 冲击时，在场人员须站在摆杆摆动平面的两侧，严防迎着摆锤站立，以免造成事故。

3. 扳动手柄时要用力适当，切忌过猛。

4. 摆杆扬起，安放试样时，任何人不准按动摆杆下落按钮，以防摆杆下摆冲击伤人。

八、思考题

冲击样条为什么要设置缺口？

参 考 文 献

[1] 刘长维主编. 高分子材料与工程实验. 北京：化学工业出版社，2004.
[2] 刘建平，郑玉斌主编. 高分子科学与材料工程实验. 北京：化学工业出版社，2005.
[3] 国家标准"塑料 简支梁冲击性能的测定". GB/T 1043.1—2008.

〔4〕 韩哲文.高分子科学实验.上海:华东理工大学出版社,2005.

实验二十五　　悬臂梁冲击实验

悬臂梁(Izod)冲击实验是材料冲击性能测试的一种方法。对使用简支梁冲击实验冲不断的材料,使用悬臂梁冲击实验就显得尤其重要。通过该实验,学生可以掌握悬臂梁冲击实验的测定方法。

一、实验目的

1. 掌握悬臂梁冲击实验测试方法及原理。
2. 学会使用悬臂梁冲击试验机。

二、实验原理

1. 测试原理及方法

悬臂梁冲击试验机主要用于硬质塑料热塑性塑料和热固性塑料、填充和纤微增强塑料,以及这些塑料的板材包括层压板材等材料冲击韧性的测定。ISO180:1993 和 GB1843—2008 中规定了塑料悬臂梁冲击实验方法及标准要求。

悬臂梁冲击实验与简支梁冲击实验原理相似。由已知能量的摆锤一次冲击支撑成垂直悬臂梁的试样,测量试样破坏时所吸收的能量。冲击线到试样夹具的距离以及冲击线到缺口试样的缺口中心线的距离均为固定值。

悬臂梁冲击实验的试样分无缺口和带缺口两种。

悬臂梁无缺口冲击强度(Izod Unnotched Impact Strength):无缺口试样在悬臂梁冲击强度破坏过程中所吸收的能量与试样原始横截面积之比,单位 kJ/m^2。

悬臂梁缺口冲击强度(Izod Notched Impact Strength):缺口试样在悬臂梁冲击强度破坏过程中所吸收的能量与试样原始横截面积之比,单位 kg/m^2。采用这种带缺口试样的目的是减少缺口处试样的截面积,使得受冲击时试样断裂必然发生在这一薄弱处,所有冲击能量都能在这一局部区域被吸收,从而提高了实验的准确性。

悬臂梁冲击实验的破坏类型有以下四种。

完全破坏:试样断开成两段或多段。

铰链破坏:断裂的试样由没有刚性的很薄表皮连在一起的一种不完全破坏。

部分破坏:除铰链破坏外的不完全破坏。

不破坏:试样不破坏,只是弯曲变形,可能有应力发白的现象发生。

凡试样不破坏,破裂在试样两端的 1/3 处,缺口试样不破裂在缺口处时,所得的数据作废,并另补试样实验。

2. 悬臂梁冲击试验机

悬臂梁冲击试验机与简支梁冲击试验机结构类似,由摆体、试样支座、能量指示仪和机体等主要构件组成。

具体的缺口试样冲击处、虎钳支座、试样及冲击刃的位置和形状与简支梁冲击试验机有较大差别,如图 3-34 所示。

(1)冲击刀刃　冲击刀刃应为圆柱形表面的

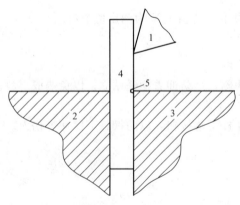

图 3-34　缺口试样冲击处、虎钳
支座、试样及冲击刀刃的位置
1—冲击刀刃;2—固定夹具;3—活动
夹具;4—试样;5—试样缺口

硬化钢。在冲击测试中，冲击刀刃在长时间使用下容易发生磨损。要经常检查刀具的锐度，如果刀尖曲率半径 $[R=(0.8\pm0.2)\text{mm}]$ 和形状不在规定的范围内，要及时更换刀具。

（2）底座 悬臂梁冲击试验机底座的质量至少为所用最重摆锤质量的 40 倍，从而使试验机牢固地固定在底座上。

（3）虎钳 由固定夹具和活动夹具组成。夹具的夹持面应平行，偏差在 $\pm0.025\text{mm}$ 之内。虎钳所夹持的试样的长轴线应与夹具顶面垂直。无论是固定夹具还是活动夹具，其顶棱圆角半径为 $(0.2\pm0.1)\text{mm}$。在实验过程中，应使夹具牢固夹持试样，不能产生松动。

三、仪器和试样

1. 仪器

悬臂梁冲击试验机 ZBC1000，一台；游标卡尺，一把。

2. 试样

聚苯乙烯、聚乙烯等冲击标准试样，包括无缺口和缺口试样，每组试样不少于 5 个。

试样：尺寸为 $(80\pm2)\text{mm}\times(10\pm0.2)\text{mm}\times(4\pm0.2)\text{mm}$，其中，缺口试样的缺口形状及尺寸如图 3-35 所示，其中 $R=0.25\text{mm}\pm0.05\text{mm}$（A 型）或 $1.00\text{mm}\pm0.05\text{mm}$（B 型）。优选的缺口类型是 A 型，如果要获得材料缺口敏感性的信息，应同时实验 A 型和 B 型缺口的试样。本实验的缺口类型是 A 型。同时，试样不应有翘起、弯曲现象，相对表面

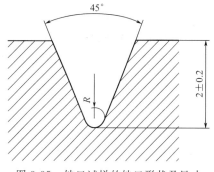

图 3-35 缺口试样的缺口形状及尺寸

应互相平行，相邻表面应互相垂直。所有表面和边缘应无刮痕、麻点、凹陷和毛边。

四、准备工作

① 试样的制备和外观检查，按 GB/T 1843—2008 规定进行。

② 试样编号，测量试样工作部分的宽度和厚度，精确至 0.02mm。每个试样测量三点，取算术平均值。缺口试样应测量缺口处的剩余厚度，测量时应在缺口两面各测一次，取其平均值。

③ 熟悉悬臂梁冲击试验机的结构，操作规程和注意事项。

④ 检查试验机是否有规定的冲击速度 $[(3.5\pm0.35)\text{m/s}]$ 和正确的能量范围，对试样先进行冲击的预实验，当破断试样吸收的能量在摆锤容量的 10%～80% 范围内时，选择此摆锤。若有多个摆锤均满足此范围时，选择其中能量最大的摆锤。

五、实验步骤

① 选择悬臂梁支座并将前后两端的螺钉固定。

② 按照实验二十四的方法选择并安装摆锤。

③ 松开度盘背后的滚花螺钉，向左或向右旋转度盘，使"悬臂梁实验"这几个字水平正放，即选择了"悬臂梁实验"的刻度线。

④ 当摆锤自由悬挂时，逆时针旋转玻璃面板上的滚花螺母，使指针不能在逆时针旋转为止，此时指针应正指读数盘的最大能量刻度线处。每换一次摆锤都要检查一下。

⑤ 用手逆时针旋转摆锤顶上的旋转手柄，使旋转手柄弹起。然后将摆锤逆时针扬起至预扬角位置，左手按下旋转手柄顺时针旋转到底，使摆杆上的挂钩与旋转手柄所控制的挂钩二者牢牢挂住。

⑥ 用试样定位器来确定缺口试样的正确位置，将定位器置于支座的活动钳口上，使试

样缺口对准定位器 V 型槽的 22.5°斜面，然后将试样夹紧并取走定位器。

⑦ 将旋转手柄逆时针旋转到底并迅速松开，摆锤将顺时针落下打击试样。

⑧ 读取数据时，应根据采用的摆锤的大小，在相应的刻线上来读数。如采用 25J 的简支梁摆锤，应在 0~25J 刻线上读数。

⑨ 共做 5 个以上试样，重复上述步骤。

⑩ 按公式计算出每个试样的冲击强度并求出算术平均值。若在同一样品中，如果有部分破坏和完全破坏时，应记将每种破坏类型的算术平均值分开记录。

六、数据处理

1. 无缺口试样悬臂梁冲击强度 a（kJ/m²）

按下式计算：

$$a = \frac{W}{bd} \times 10^3 \tag{3-12}$$

式中，W 为无缺口试样吸收的冲击能量，J；b 为试样宽度，mm；d 为试样厚度，mm。

2. 缺口试样悬臂梁冲击强度 a_k（kJ/m²）

按下式计算：

$$a_k = \frac{A_k}{bd_k} \times 10^3 \tag{3-13}$$

式中，A_k 为缺口试样吸收的冲击能量，J；b 为试样宽度，mm；d_k 为缺口试样缺口处剩余厚度，mm。

3. 标准偏差 S：

$$S = \sqrt{\frac{\sum(X_i - \overline{X})}{N-1}} \tag{3-14}$$

式中，X_i 为单个测定值；$\overline{X}$ 为一组测定值的算术平均值；N 为测定值个数。

七、注意事项

1. 试样无破坏的冲击值不应作为材料的冲击强度。
2. 冲击时，在场人员须站在摆杆摆动平面的两侧，严防迎着摆锤站立，以免造成事故。
3. 扳动手柄时要用力适当，切忌过猛。
4. 摆杆扬起，安放试样时，任何人不准按动摆杆下落按钮，以防摆杆下摆冲击伤人。

八、思考题

悬臂梁冲击试验机主要用于哪些材料的韧性测试？

参 考 文 献

[1] 国家标准"塑料 悬臂梁冲击强度的测定". GB/T 1843—2008.
[2] 韩哲文. 高分子科学实验. 上海：华东理工大学出版社，2005.
[3] 张兴英，李齐芳. 高分子科学实验. 北京：化学工业出版社，2007.

实验二十六　邵氏硬度测定

在生产实践中，为了了解物质受压变形程度或抗刺穿能力，需要对材料的硬度进行测量。邵氏硬度即为硬度中的一种，一般橡胶类材料多用此硬度进行表征。

一、实验目的

1. 通过本实验，熟悉硬度测定的原理。

2. 了解邵氏硬度计的使用操作方法。

二、实验原理

材料的硬度分为相对硬度和绝对硬度。绝对硬度一般在科学界使用，生产实践中很少用到。通常使用的硬度体系为相对硬度，常用有以下三种标示方法：肖氏（也叫邵氏，邵尔，英文 SHORE）、洛氏、布氏。本实验采用邵氏硬度来表征材料的硬度。用来测量邵氏硬度的设备被称为邵氏硬度计。

邵氏硬度计的基本原理为：将具有一定形状的钢制压针，在弹簧压力作用下垂直压入试样表面，把压针压入试样的深度 L 转换为硬度值即为材料的邵氏硬度。L 值越大，表明材料越软，反抗压针压入的力量越小，因此压针压入试样表面深度越深，表示邵氏硬度越低，反之则硬度越高。其计算公式为：

$$H = 100 - L/0.025 \tag{3-15}$$

不同种类的高分子材料，材料的软硬程度差别很大，因此邵氏硬度计一般分为 A 型（采用 35°锥角的压针）和 D 型（采用 30°锥角的压针）用来更准确地测量材料硬度。A 型邵氏硬度计用来测定一般橡胶、合成橡胶、软橡胶、多元酯、皮革、蜡等的硬度；D 型邵氏硬度计用来测定硬塑料和硬橡胶的硬度。

A 型和 D 型硬度计的选择可以参照以下方法：当试样用 A 型硬度计测量硬度值大于90 时，需改用 D 型硬度计测量；当 D 型硬度计测量硬度值低于 20 时，改用 A 型硬度计测量。A 型硬度计示值低于 10 时是不准确的，测量结果不能使用。测试时，A 型和 D 型的选择也可以根据测量人员的感官进行初步确定，比如手感弹性比较大或者说偏软的制品一般选择 A 型较为合适，而手感无弹性或材料质地偏硬的则一般选择 D 型。不同类型的硬度计对同一材料测量出来的数值由于设备不同可能有所差别，因此不应进行比较。为了区分是哪种类型硬度计测量出来的硬度值，A 型和 D 型硬度计所测出硬度值 H 应分别表达为 HA 和 HD。

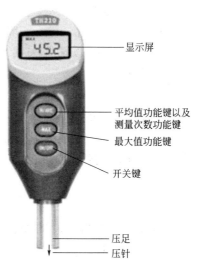

以 D 型邵氏硬度计 TH210 为例，邵氏硬度计的设备构造如图 3-36 所示。

邵氏硬度计的主要测量部件为与弹簧相连的压针。为了保证测量精度，在不使用硬度计时一般需要防护套，主要用来保护硬度计压针尖端在非工

图 3-36　D 型邵氏硬度计的设备构造

作状态下免受冲击。在使用硬度计测量前，应首先从硬度计上卸下防护套，用手握住防护套并用力沿测量装置套筒向下拔出，即可卸下防护套。在结束测量工作后，还要及时戴好防护套，将防护套套在测量装置套筒上并用力向上推进，直至与主机壳体卡紧为止。

三、仪器和试样

1. 仪器

邵氏硬度计 A 型和 D 型。游标卡尺，一把。

2. 试样

不同规格型号的丁苯橡胶、聚丙烯塑料样条若干（在测试前应按 GB/T 2941、GB/T 2918

的规定在实验室标准温度下进行调节后再做测试），长宽厚规格为 50mm×50mm×3.5mm。

试样应厚度均匀，表面光滑、平整、无气泡、无机械损伤及杂质等。

用 A 型硬度计测量时，试样厚度不应小于 5mm；用 D 型硬度测量时，试样厚度应不小于 3mm。若试样单层厚度不足上述要求时，试样允许两层，最多不能超过三层叠合。叠合时需保证各层面间接触良好。

四、准备工作

① 原材料准备：制备符合要求的试样，并在恒温 [(23±2)℃] 恒湿（45%～50%）条件下放置 5h 以上。

② 认识邵氏硬度计，了解设备结构以及操作规程等。

五、实验步骤

① 开启设备。按动开关键 ON/OFF，显示屏首先显示 "0"，数秒后，显示数值变为 "00.0"，此时硬度计测量程序开始工作。

② 硬度计的零度和满度检查。测定前应首先检查硬度计的读数在自由状态下为 0，然后将硬度计压在厚度均匀的玻璃板上时，硬度计读数应为 100，则完成检查。如在上述状态下，读数不为 0 和 100 时，则不能使用，需要指导老师或专业人员进行调整。

③ 将试样放在坚固的平面上，手持硬度计，保持压足平行于试样表面，平稳地将压针垂直地压入试样，不能有任何振动。当硬度计压足底面刚好与试样表面完全稳定接触时，在 1s 内读数，此时硬度计屏幕显示值即为试样硬度值。

④ 重复步骤②，在试样上相隔 6mm 以上的不同点测量 5 次以上，取算术平均值。

⑤ 实验结束后，按动开关键 ON/OFF 即可关闭，同时将压针防护套带上，以保护压针。

六、数据处理

① 记录邵氏硬度计的读数，取一组试样测量数据的算术平均值作为该试样的邵氏硬度。用符号 HA 或 HD 分别表示 A 型和 D 型的测量硬度。

② 实验结果的标准偏差按照下式计算。

$$S = \sqrt{\frac{\sum(X-\overline{X})^2}{N-1}} \tag{3-16}$$

式中，S 为标准偏差；X 为单个测定值；$\overline{X}$ 为算术平均值；N 为测定个数。

七、注意事项

1. 硬度计在使用过程中压针的形状和弹簧的性能有可能发生变化，因此要进行定期检查弹簧压力与读数关系及压针端部的形状尺寸。

2. 硬度计压针头为圆锥尖端，为保护其针尖，要求严格避免压针与玻璃板强力接触，否则容易将硬度计压针尖损坏，而使仪器无法正常使用。

3. 硬度计要严防摔撞，在不用时，应戴好防护套，以保护好压针的外露端部。

八、思考题

邵氏硬度计一般分为几种？分别适用于哪种材料？

参 考 文 献

[1] 刘长维主编. 高分子材料与工程实验. 北京：化学工业出版社，2004.
[2] 国家标准"塑料和硬橡胶　使用硬度计测定压痕硬度（邵氏硬度）". GB/T 2411—2008.

实验二十七　氧指数测定方法

氧指数法是用来测定聚合物燃烧性能的测试方法之一，通过本实验的学习，有助于学生对聚合物燃烧性能有进一步的了解。

一、实验目的

1. 了解不同高分子材料的燃烧性能。
2. 掌握高分子材料的燃烧性能测试方法——氧指数法。

二、实验原理

1. 氧指数和氧指数法

氧指数（Oxygen Index，简称 OI）是表征材料燃烧性能的指标之一。OI 是指在规定条件下，试样在氧、氮混合气流中，维持平稳燃烧所需的最低氧气浓度，以氧所占体积百分数表示。OI 高表示材料不易燃烧，OI 低表示材料容易燃烧。一般认为 OI<22 属于易燃材料，OI 在 22～27 之间属可燃材料，OI>27 属难燃材料。

本实验所用的氧指数法是评价塑料及其他高分子材料相对燃烧性的一种表示方法，以此判断材料在空气中与火焰接触时，燃烧的难易程度非常有效。本方法适用于常温时测定夹住下端能直立的塑料试样的氧指数。本实验方法及步骤参照 GB/T 2406—93。

2. 氧指数仪

氧指数测定仪可用于评定聚合物在规定实验条件下的燃烧性能，即测定聚合物的氧指数。适用于阻燃木材、塑料、橡胶、纤维、泡沫塑料、软片、人造皮革和薄膜及纺织等材料的燃烧性能测定。仪器具体结构如图 3-37 所示。

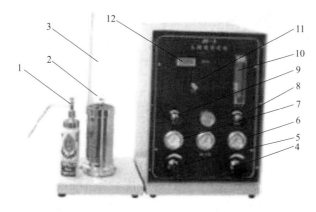

图 3-37　JF-3 氧指数测定仪图

1—点火器；2—式样夹；3—玻璃燃烧筒；4—氧气稳压阀；5—氮气稳压阀；6—氧气压力表；
7—氮气压力表；8—氧气流量旋钮；9—氮气流量旋钮；10—流量计；
11—调满度旋钮；12—氧指数显示屏

（1）燃烧筒　一般为圆筒型耐热玻璃管。垂直固定在可通过氧、氮混合气流的基座上。底部用直径为 3～5mm 的玻璃珠填充，填充高度为 80～100mm。为了防止在燃烧过程中下落的燃烧碎片阻塞气体入口和配气通路，在填充的玻璃珠上还需覆盖上一层金属网。

（2）试样夹　一般固定在燃烧筒轴中心位置上，并能垂直夹住试样的构件。试样夹及其支撑物的轮廓应光滑，使引入气体的湍流最小化。

（3）气体测量和控制系统　由压力表、调节阀、转子流量计（氧、氮转子流量计的最小刻度为 0.05L/min)、减压器等组成。控制混合气体中氧气浓度的体积含量精度为±0.5％，调节混合气体浓度的体积含量，精度为±0.1％。

(4) 气源　氧、氮气钢瓶和调节装置。气体使用的压力不低于 1MPa。

(5) 点火器　一根能伸入燃烧筒内点燃试样的管子，其喷嘴直径为（2±1)mm。燃气可根据情况选用丙烷、丁烷、液化石油气、天然气等。燃烧时，从喷嘴垂直向下喷出的火焰高度为（16±4)mm。

在进行试样氧指数的测量时，需先将试样垂直固定在燃烧筒中，使氧、氮混合气流由下向上流过，点燃试样顶端，同时计时和观察试样燃烧长度，与所规定的判据相比较。在不同的氧浓度中实验一组试样，测定试样刚好维持平稳燃烧时的最低氧浓度作为氧指数。

三、仪器和试样

1. 仪器

JF-3 氧指数测定仪，秒表，最小刻度为 1mm 的不锈钢直尺。

2. 试样

氧指数测试样条，其尺寸为长 80～150mm，宽（6.5±0.5)mm，厚（3±0.25)mm。为了便于测量试样的燃烧长度，在距实验点火端 50mm 处作一标记。至少准备 10 个试样。试样表面应清洁，无影响燃烧行为的缺陷，如应平整光滑、无气泡、飞边、毛刺等。

氮气纯度应符合国标 GB 3864 的技术要求，即纯度≥98.4％，无游离水。

氧气纯度应符合国标 GB 3863 的技术要求，即纯度≥99.2％，无游离水。

四、准备工作

① 材料的准备。

② 详细观察、了解氧指数测量的结构、工作原理和操作规程等。

③ 根据经验或试样在空气中燃烧的情况，估计开始实验时的氧浓度。将试样的一端在空气中点燃，如果试样在空气中迅速燃烧，氧浓度估计为 18％；如果在空气中缓慢或不稳定燃烧，估计为 21％；在空气中不着火，至少估计为 25％。

五、实验步骤

① 检查实验装置确保完好。燃烧筒应安放垂直，在筒中央的试样支架上竖直夹好试样，试样顶端距离筒口至少 100mm。

校正满度：接通仪器电源，开启已知氧浓度值（钢瓶上有充气标定值）氧气钢瓶总阀并调节减压阀，压力为 0.25～0.4MPa；顺时针调节氧气稳压阀，氧气压力表指示值为（0.15±0.01)MPa，逆时针调节流量旋钮，使流量计指示值为（10±0.5)L/min，此时仪器数显表显示的数值应符合已知氧浓度值，否则应调节满度旋钮至已知氧浓度值。

② 根据工作准备阶段试样在空气中燃烧的情况，确定氧浓度的初始值。

保持稳压阀不动，仅通过调节流量旋钮，调节相应的氧气和氮气流量到达合适的氧指数值，并使流量计指示值始终保持在（10±0.5)L/min。测试时，让其在燃烧筒中流动至少30s，以除去燃烧筒中的空气。每个试样实验前都应重复此过程。在点火和燃烧过程中，不应改变气流速度和氧浓度。

③ 点燃点火器，将火焰调到规定的长度，把点火器喷嘴伸入燃烧筒内。让火焰充分接触试样顶端表面，但不能与侧面接触，施加火焰时间不超过 30s，其间每隔 5s 移开点火器观察一次，看试样是否被点燃，如果试样整个顶端面都燃烧起来，就认为试样已被点燃，立即开始计时，或测量燃烧长度。

④ 燃烧特性测定。

若试样燃烧时间不到 180s 或燃烧不到 50mm 标记处火焰自熄，记作特征"O"，并记录此时的燃烧时间和燃烧长度。

若试样燃烧时间超过 180s 或燃烧超过 50mm 标记处，记作特征"×"，并将实验熄灭。

如有熔滴、结炭、不稳定燃烧、阴燃灯现象，也作为燃烧特征加以记录。

⑤ 为继续实验需要选择下一个氧浓度，应按以下原则选择氧浓度。若得到"O"特征，应增加氧浓度；若得到"×"，应降低氧浓度。

⑥ 用适当的级差改变氧浓度，重复步骤③～⑤的操作，直到有一对"O"和"×"特征的氧浓度相差小于或等于1。这两个相反的特征不一定是连续出现的，"O"特征的氧浓度不一定比"×"特征的低。用这一对特征中"O"的相应氧浓度作为初始氧浓度。

⑦ 用由步骤⑥得到的初始氧浓度，重复步骤③～⑤的操作，实验 1 个试样，记录所用的氧浓度和特征作为第 1 个结果。

⑧ 取氧浓度级差 $d = 0.2\%$，重复步骤③～⑤的操作，直到得出与第 1 个结果相反的特征为止。记录这些特征和相应的氧浓度。

⑨ 保持 $d = 0.2\%$，重复步骤③～⑤的操作，再实验 4 个试样，记录每个试样所用的氧浓度及其特征。并制定用于最后 1 个试样的氧浓度为最终氧浓度 CP，并将这 4 个特征和步骤⑦中所得到得最后 1 个特征排列到一起，以便根据表 3-7 确定 k 值。

⑩ 计算最后 6 个试样所用氧浓度（包括 CP）的估计标准差 σ，如果下列关系成立：

$$\frac{2}{3}\sigma < d < \frac{3}{2}\sigma$$

则按公式(3-17)计算的氧指数结果可信，否则：

若 $d < \frac{2}{3}\sigma$，增加 d 值，重复⑧～⑩的操作，到条件满足为止；

若 $d > \frac{3}{2}\sigma$，当 $d = 0.2\%$，认为氧指数结果可信；但当 $d > 0.2\%$，则减少 d 值，重复⑧～⑩的操作，到条件满足为止。

六、数据处理

1. 氧指数的计算

$$OI = C_P + kd \tag{3-17}$$

式中，OI 为用体积百分数表示的氧指数，计算中保留两位小数，报告中只保留一位小数；C_P 为用体积百分数表示的最终氧浓度，保留一位小数；k 为系数；d 为用体积百分数表示的氧浓度级差，保留一位小数。

2. k 值的确定

k 值及其正负号取决于试样的特征，可按下述方法从表 3-7 中确定。

表 3-7　k 值确定表

1	2	3	4	5	6
最后五个特征					
	(a)O	OO	OOO	OOOO	
×OOOO	−0.55	−0.56	−0.56	−0.55	O××××
×OOO×	−1.25	−1.25	−1.25	−1.25	O×××O
×OO×O	0.37	0.38	0.38	0.38	O××O×
×OO××	−0.17	−0.14	−0.14	−0.14	O××OO

续表

1	2	3	4	5	6
×O×OO	0.02	0.04	0.04	0.04	O×O××
×O×O×	−0.50	−0.46	−0.45	−0.45	O×O×O
×O××O	1.17	1.24	1.25	1.26	O×OO×
×O×××	0.61	0.73	0.76	0.76	O×OOO
××OOO	−0.30	−0.27	−0.26	−0.26	OOO××
××OO×	−0.83	−0.76	−0.75	−0.75	OO××O
××O×O	0.83	0.94	0.95	0.95	OO×O×
××O××	0.30	0.46	0.50	0.50	OO×OO
×××OO	0.50	0.65	0.68	0.68	OOO××
×××O×	−0.04	0.19	0.24	0.25	OOO×O
××××O	1.60	1.92	2.00	2.01	OOOO×
×××××	0.89	1.33	1.47	1.50	OOOOO
	(b)×	××	×××	××××	
					最后 5 个特征

① 按照实验步骤⑦得到"O"特征，那么第一个相反的特征应为"×"。从表内第一列中每行的后 4 个特征排列里，找到与实验步骤⑨得到的特征排列完全相同的那一行，再根据实验步骤⑦和⑧得到的"O"特征的个数，从（a）行中找到个数与之相同的那一列，行列交叉处即为所求的 k 值。

② 按照实验步骤⑦得到"×"特征，那么第一个相反的特征应为"O"。从表内第六列中每行的后 4 个特征排列里，找到与实验步骤⑨得到的特征排列完全相同的那一行，再根据实验步骤⑦和⑧得到的"×"特征的个数，从（b）行中找到个数与之相同的那一列，行列交叉处即为所求的 k 值。此时的 k 值应改变符号，即查正得负，查负得正。

3. 氧浓度标准差的确定

$$\sigma = \left[\frac{\sum (C_i - OI)^2}{n-1} \right]^{1/2} \tag{3-18}$$

式中，σ 为氧浓度的标准差；C_i 为依次表示最后 6 个氧浓度；OI 为按方程式（3-17）计算所得的氧指数；n 为对 $\sum (C_i - OI)^2$ 有影响的实验次数，对本方法，$n=6$。

七、注意事项

1. 为排除实验中产生的烟雾和有害气体，实验应在通风柜内进行，但实验过程中不能开抽风机，以免影响筒内气流速度。

2. 玻璃燃烧筒要轻拿轻放，放置时需水平放置。

八、思考题

1. 什么叫做氧指数？

2. 如何用氧指数值评价材料的燃烧性能？

参　考　文　献

[1]　塑料燃烧性能试验方法 氧指数法. GB/T 2406—93.

[2]　刘建平，郑玉斌主编. 高分子科学与材料工程实验. 北京：化学工业出版社，2005.

第二节　纤维成型与性能表征实验

纤维是指长径比很大并具有一定柔韧性的纤细物质，包括天然纤维和化学纤维。化学纤维是高分子化合物经过纺丝加工得到的产品。目前，我国是世界化纤生产第一大国，化纤产量已占世界的60%，在世界化纤行业以及我国国民经济中占据举足轻重的地位。高分子材料经过纺丝成型制得化学纤维，纺丝过程是将聚合物熔体或将其用其他溶剂将聚合物溶解为黏性溶液，用齿轮泵定量供料，在牵引作用下，通过喷丝头，经凝固或冷凝成纤维。主要的纺丝方法有三种：熔融纺丝、干法纺丝、湿法纺丝。纤维性能测试有结晶性能、力学性能、染色性能等，掌握纤维物性测试技术，提高测试技术水平，对纤维材料发展有重大意义。

通过纤维成型与性能表征实验进一步加深理解高分子成型加工原理，掌握纤维成型加工常用设备的操作方法和基本工艺条件，培养加工配方设计的能力、创新能力，学会独立分析问题和解决问题的方法，养成严谨的科学态度、思维方法和实际动手能力。通过纤维材料性能测试实验，揭示纤维材料的性能机理，用于指导纤维材料的材料设计；取得可靠的性能数据，用于纤维材料结构设计的基本参数；对材料性能的检验，作为生产过程中的质量控制手段和最终产品的质量评定依据。

实验二十八　聚己二酰己二胺的制备

一、实验目的

1. 通过聚己二酰己二胺的制备，了解开环逐步聚合反应的机理和聚合方法。
2. 学会聚己二酰己二胺的制备方法。

二、实验原理

开环聚合绝大部分属于链锁聚合，只有少数的开环聚合属于逐步聚合反应类型，开环聚合的反应机理随引发剂的不同而有很大差别。

己内酰胺具有不稳定的七元环结构，因此，在高温和催化剂作用下，可以开环聚合成线型高分子，通常称为尼龙-6，我国称它为锦纶-6，可以做纤维，也可以作塑料。

己内酰胺的开环聚合是目前工业生产中最大的开环聚合品种，它的聚合机理随引发方式不同而不同。聚合反应的催化剂，除了常用的水之外，还有有机酸、碱及金属锂、钠等。采用不同的催化剂，聚合机理不同，从而聚合速率和所得的聚合物结构也就不同。用水作催化剂时，通常得到相对分子质量为10000～40000的线型高聚物。

以水为催化剂的聚合反应方程式如下：

三、实验仪器及试剂

三口瓶、搅拌装置、温度计、己内酰胺等。实验装置图见图3-38。

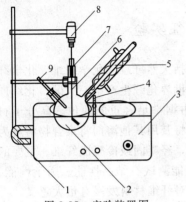

图 3-38　实验装置图

1—电机支架；2—三口烧瓶；3—水浴锅；
4—温度计；5—球形冷凝；6—搅拌棒；
7—叶封；8—电动搅拌器；9—温度计

四、实验方法

① 称量、三口烧瓶重量（W_0）。

② 将己内酰胺 W_1 加入三口烧瓶中，加入蒸馏水（0.1%～1%质量比）、磷酸（0.3%～1.5%质量比），将电动搅拌器的调速旋钮调节至适当位置，升温至 250～260℃，通入 N_2 保护，恒温反应 3～4h。

③ 反应完毕，停止加热，称量烧瓶和聚合物总重量（W_2），然后将反应产物导入瓷盘冷却。

五、实验数据处理

将挂有聚合物的三口瓶冷却至 30～50℃后称重（W_3），倒入少量甲酸，将聚合物溶解后倒入烧杯，用水将聚合物从溶剂中分离出来，烘干并称重（W_4），按式（3-19）和式（3-20）计算反应产物收率和转化率。

$$收率 = \frac{W_2 - W_0}{W_1} \times 100\% \tag{3-19}$$

$$转化率 = \frac{W_4}{W_3 - W_0} \times 100\% \tag{3-20}$$

六、思考题

1. 什么叫开环聚合？简述以水为催化剂的己内酰胺开环聚合的机理。除水之外，还有哪些试剂可作为己内酰胺开环聚合的催化剂。

2. 请简述缩聚反应、逐步加聚反应和自由基聚合反应的特点。

实验二十九　聚酯缩聚反应

一、实验目的

1. 理解缩聚反应的机理。

2. 掌握缩聚反应制备聚酯的实验方法。

二、实验原理

缩聚反应，是一类有机化学反应，是具有两个或两个以上官能团的单体，相互反应生成高分子化合物，同时生成简单分子（如 H_2O、HX、醇等）的化学反应。兼有缩合出低分子和聚合成高分子的双重含义，反应产物称为缩聚物。

不饱和聚酯树脂是二元不饱和酸和二元不饱和醇经过缩聚反应而生成的聚合物。制作不饱和聚酯的二元酸主要有顺丁烯二酸、苯酐、对苯二甲酸、己二酸、顺丁烯二酸酐等，二元醇主要有乙二醇、新戊二醇、1,2-丙二醇等。其反应的机理如下。

顺丁烯二酸酐与乙二醇反应：

$$HC = CH + HOCH_2CH_2OH \longrightarrow HO-\overset{O}{\overset{\|}{C}}-CH=CH-\overset{O}{\overset{\|}{C}}-O-CH_2CH_2OH$$

形成的羟基酸可进一步进行缩聚反应：

$$2HO-\overset{\overset{O}{\|}}{C}-CH=\overset{\overset{O}{\|}}{C}-O-CH_2CH_2OH \rightleftharpoons$$

$$HO-\overset{\overset{O}{\|}}{C}-CH=CH-\overset{\overset{O}{\|}}{C}-O-CH_2-O-\overset{\overset{O}{\|}}{C}-CH=CH-\overset{\overset{O}{\|}}{C}-O-CH_2CH_2-OH+H_2O$$

三、实验仪器与试剂

1. 仪器

四口圆底烧瓶、球形冷凝管、直形冷凝管、油水分离器、蒸馏头、温度计、试剂瓶、锥形瓶、充氮气装置、加热控温装置、搅拌装置、天平、量筒等。

2. 试剂

顺丁烯二酸酐、邻苯二甲酸酐、丙二醇、苯乙烯、醋酸锌等。

四、实验步骤

① 将干净并干燥好的玻璃仪器按照不饱和聚酯合成装置图安装好，并检查。

② 将顺丁烯二酸酐 9.8g、邻苯二甲酸酐 14.8g、丙二醇 9.3g、醋酸锌 0.3g 依次加入到四口烧瓶中，加热升温，充氮气进行保护。蒸馏头出口处接冷凝管，通水冷却。并用已干燥称量的烧杯接收蒸馏出的水分。

③ 40min 内加热到 100℃，充分搅拌，1.5h 后加热升温至 160℃，保持此温度 30min，测酸值，然后升温至 190～200℃，保持此温度不变，控制蒸馏温度在 102℃，每隔 1h 测一次酸值。当酸值小于 80mgKOH/g 后，每半小时测一次酸值，直到酸值为 40mgKOH/g 时，停止加热。

④ 冷却物料，当温度达到 180℃时，加入对苯二酚、石蜡充分搅拌，直到溶解，待物料温度降到 100℃时，将苯乙烯迅速加入到烧瓶内，并控制反应温度不超过 70℃，充分搅拌，并使树脂冷却至 40℃以下，取试样测酸值，取出反应物称量。

⑤ 计算反应程度。

五、思考题

1. 实验中通入惰性气体氮气的作用是什么？
2. 实验中加入苯乙烯的作用是什么？

实验三十　切片含水率的测定

一、实验目的

1. 了解聚酯切片含水率测定的原理。
2. 学会压差法测定干切片的微量水分。

二、实验原理

1. 实验原理

聚酯干切片的含水率是切片干燥质量的重要指标之一。控制聚酯干切片含水率的高低将直接影响到纺丝成形及纺出纤维的物理性能。即使干切片含水率极小（一般干切片的含水率在纺丝前应小于 0.03%），在高温熔融的过程中酯键亦会水解，致使分子链断裂，材料产生降解，分子量降低，特性黏度下降。因此，原料在纺丝前必须烘干，准确测量其含水率。

测量材料含水率的方法有很多，一般的方法有压差法、卡尔-费休法、电解法等。目前，随着测试技术的发展，仪器设备的制造也越来越精良。有采用微波加热技术的微波水分测定仪；采用陶瓷红外线 IR 加热管或卤素灯的卤素/红外水分测定仪；也有采用陶瓷红外热管作为加热源的红外水分测定仪；更加准确有效的水分测定仪是 WDS 400 水分测定仪，它结合了当今两种常用的水分测定法，即热敏分析法和电量分析法。热敏分析法可根据水的不同形式（如表面水、毛细管水、结晶水）自定义加热温度，然后由电化学传感器进行精确有效的水分测定。仪器的工作方法与 Karl. Fischer 的库仑滴定法很相似，所不同的是它不需要试剂，而这些试剂往往是有毒的，是有严格的处理规定的。仪器的测试方法简单、安全，首先将称好重量的样品放在仪器内置的不锈钢炉中加热。产生的水蒸气由 N_2 载气运送到涂有 P_2O_5 的电解池中，潮解的 P_2O_5 和水之间发生化学反应，水分子发生电离。测量该过程所需电荷，然后根据法拉第定律，将该电荷转换成最初试样中的含水量。仪器可根据不同的样品测得物质中从 15％到每克几微克的水分含量，最少可测得 $1\mu g$ 的水分含量。然而，压差法测定材料含水率，因其仪器简单，操作方便，分析速度快，测试数据准确等优点，现在仍被广泛地应用于化纤、塑料工业的工艺测试中。本实验采用压差法测定聚酯切片的含水率。

2. 仪器的结构与工作原理

压差式微量水分测定仪由三部分组成：①一套玻璃结构件与真空泵，真空规组合为测量部分；②由加热器、炉堂、升降台组成加热部分；③由电子集成元器件组成 PID 调解电路。

结构装置如图 3-39 所示。仪器包括装有液体石蜡的 U 形玻璃管 1；其上部设有玻璃止逆阀 2；阀芯顶部密封体为圆锥体，它与 U 形管内设的锥面相匹配；止逆阀下端为平面，它置于由三个径向内凸构成的支承台 3 上；在止逆阀上部设有缓冲瓶 4；上端分别与两个水平玻璃导管以及 U 型管相连通，水平玻璃导管有一端与 U 型管上的旋塞阀 G 5 相连，其中一个带球形瓶 6 的水平导管 7 的另一端与样品管 14 相接，另一个带球形瓶 8 的水平导管 9 的另一端与另一个旋塞阀 J 10 相连，该旋塞阀与真空泵相接。

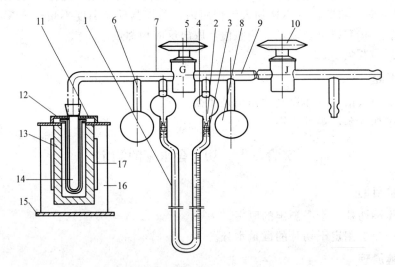

图 3-39 压差式微量水分测定仪

1—U 形玻璃管；2—止逆阀；3—管内支承台；4—缓冲瓶；5—旋塞阀 G；6,8—球形瓶；
7,9—水平导管；10—旋塞阀 J；11—压板；12—套管；13—炉膛；14—样品管；
15—升降台；16—保温材料；17—加热圈

仪器是由一个玻璃管道、两个玻璃泡球形瓶和两个玻璃泡缓冲瓶组成的气密系统。在 U 形管道中盛有一定量的液体石蜡，当气阀打开时，系统达到高度真空，气阀关闭，在液体石蜡左右两侧的液面上的气压是一致的，且两液面在同一水平上，如右侧气压升高，则右液面的压力升高，右液面下降，左液面升高。如果在试管中放入某种含水物质，其水分只能在加热的条件才能释放出来；那么，在没有加热的条件下，左右两液面压力相等，加热达到水分释放条件，右侧管道内由于水汽的作用，使压力升高，右液面压力升高，液面下降，左侧面液面形成的压力差与右侧面的水汽压力相平衡。水汽越多，其产生的压力越大，液面升降量也越大。当水分含量达到一定数值，使水汽压力达到饱和蒸汽临界点时，水汽中的一部分重新凝结成水（形式如雾或水珠），压力不再升高。对应于该饱和蒸汽临界点的水分含量，即是测定的该物质的最高含水量。

压差法水分含量的测定，使用的是对比法，分别用不同的已知水分含量的物质去实验，找出不同的水分含量对应的不同左右液面的升降。当用未知水分含量的物质去实验时，根据左右液面的不同升降，也就知道了其中水分的含量了。

三、实验仪器和试剂

① 压差式微量水分测定仪。

② 试剂：硅油，钼酸钠（$Na_2MoO_4 \cdot 2H_2O$）；或钨酸钠（$Na_2WO_4 \cdot 2H_2O$）、硫酸铜（$CuSO_4 \cdot 5H_2O$）；7501 真空硅脂。

③ 试样：聚酯干切片。

四、实验方法

1. 标定

标定的目的是为了找到本装置的水分和液位差（即 U 形管左右液位差）之间的对应关系，以便在实际测试时对照使用。标定和玻璃装置有关，与测试环境温度有关。

① 精确称取 4mg、8mg、12mg、16mg、20mg（左右）五种质量的钼酸钠（$Na_2MoO_4 \cdot 2H_2O$），放入试管内置于干燥器中备用。

② 开启水分测定装置的电源开关，设置温度（与待测定试样温度同），待温度稳定，打开阀 G。

③ 将待测试样的试管套入接口并密封（涂 7501 真空硅脂，下同）。

④ 关闭阀 J，启动真空泵，缓缓打开阀 J，抽真空至小于 60Pa，尽量小。依次关闭阀 J、阀 G。静置 10min。

⑤ 检查有无漏气（观察液位差有否超过 2mm），如有泄漏，查漏。

⑥ 逆时针摇动右侧手柄，提升已恒温的加热筒，使试管 M 插入筒内。试样保温 10min 或置液位标尺指示的液位差，保持恒定。读取 U 形管的液位变化值。

⑦ 缓慢，平稳地打开 G 阀，再打开 J 阀（次序千万不能搞错）。降下加热筒，调换预先准备的试样进行实验。将所得数据作于平面图上，如图 3-40 所示。

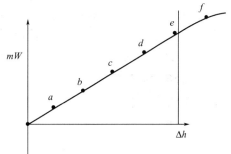

图 3-40　水分含量与液位差关系图

由图 3-40 我们可知，e 点左侧含水量 mW 与液位变化值 Δh 呈线性关系，可由系数 K（即直线的斜率）表示。而右侧线发生弯曲，说明当总的水分含量增加时，液位变化量减少，意味着已进入蒸汽的过饱和状态。e 点所对应的水分含量即为该装置可能测定的最高含水量。

直线段系数 K 值：

$$K = \frac{mW}{\Delta h} \tag{3-21}$$

式中，mW 为含水量；Δh 为加热前后，U 形管内的液位变化值；W 为试样的质量（g）；m 为每克试样（钼酸钠）中的水分含量（g/g）。

试样含水量 m 由式（3-22）求出：

$$m(试样) = \frac{结晶水分子量}{分子量} \qquad (3-22)$$

例如，钼酸钠的分子量为 241.92，结晶水分子量为 36；

则：$W(Na_2MoO_4 \cdot 2H_2O) = 36/241.92 = 0.14881$

钨酸钠：$W(Na_2WO_4 \cdot 2H_2O) = 36/329.78 = 0.10916$

硫酸铜：$W(CuSO_4 \cdot 5H_2O) = 72/249.6 = 0.36058$

注：硫酸铜在实验温度下只能释放 4 个 H_2O。

由式（3-23）计算聚合物含水量：

$$含水量(\%) = \frac{K\Delta h}{W} \times 100\% \qquad (3-23)$$

式中，K 为液位差-含水量系数，g/mm，由标定求出；Δh 为水分释放前后，U 形管内液位差，mm；W 为试样质量，g。

2. 测定

① 测定方法与标定方法类似：开启水分测定装置的电源开关，设置温度，待温度稳定；打开阀 G，关闭阀 J。

② 往干燥的试样试管中装入精确称取的试样 2g 左右（一般已预先装好，并放置在干燥皿中），将试管套入接口并密封。

③ 关闭阀 J；启动真空泵；缓慢打开阀 J，抽真空至小于 20Pa，尽量小；依次关闭阀 J，阀 G。

④ 提升已恒温的加热筒，使试管 M 插入筒内；试样保温 10min，置液位标尺指示的液位差保持恒定；读取 U 形管内的液位变化值；放下加热筒，如不再实验可以关掉加热电源。

⑤ 缓慢、平稳地打开 G 阀，再打开 J 阀，取下试管（次序千万不能搞错）。

3. 实验注意事项

① 当实验粉料时，抽真空宜慢，同时试样上面应有一薄层玻璃棉覆盖，玻璃棉预先在烘箱中干燥，冷却后存放在干燥皿中。

② 对于水分含量可能较高的试样，在实验的前阶段要注意观察液位标尺，如液位变化值大，应及时打开阀 G，断开热源，减少试样后，再实验。

③ 如果液位变化值太小，不易读取，可适当增加试样量。

④ 每个试样做两次测定，如结果差异较大，应检查漏气情况后再做。

五．实验数据处理

计算聚酯切片含水率。

六、思考题

1. 影响材料测试结果的因素有哪些？

2. 试述以硫酸铜为标定物的取值范围是如何确定的？

实验三十一　丝朊-聚丙烯腈系接枝共聚物的制备

一、实验目的

1. 学习 PAN 纤维改性的方法。

2. 了解丝朊-聚丙烯腈系接枝共聚的反应原理和工艺条件。

3. 了解转化率及接枝效率计算方法。

4. 掌握鉴定接枝共聚物的一般方法。

二、实验原理

腈纶（PAN）纤维吸湿性能差，因而改善其的亲水性能，从而拓宽应用范围的研究具有十分重要的意义。蚕（茧）丝去除表面的丝胶层后可制得丝朊（SP）纤维。SP 纤维是一种多孔蛋白质纤维，内部有很多空隙，最高可达 10%，具有轻盈漂逸、吸湿性优良、透气性好、穿着舒适的特点，且其具有很好的抗氧化功能。PAN 纤维与 SP 纤维接枝共聚不仅能显著改善 PAN 纤维的亲水性能，同时将赋予其穿着舒适性和保健性。

接枝共聚是指大分子链（骨架高聚物）上通过化学键结合适当的支链或功能性侧基（单体）的反应，所形成的产物称作接枝共聚物。通过接枝共聚，可将两种性质不同的聚合物接枝在一起，形成性能特殊的接枝物。本实验采用以 SP 为骨架聚合物，丙烯腈（AN）为单体的链转移引发的自由基型均相接枝共聚反应，制得丝朊-聚丙烯腈系接枝共聚物。

接枝共聚反应首先要形成活性接枝点，各种聚合的引发剂或催化剂都能为接枝共聚提供活性点，而后产生接枝点。活性点处于骨架聚合物大分子链的末端，聚合后将形成嵌段共聚物；活性点处于链段中间，聚合后才形成接枝共聚物。根据活性点的性质，接枝共聚反应可分为自由基型、阳离子型和阴离子型。本实验以过硫酸铵（APS）-亚硫酸氢钠（SBS）为引发剂，氯化锌溶液为溶剂，使 AN 向 SP 进行接枝共聚。下列反应式概要地描述了接枝共聚反应过程。

引发体系分解产生初级自由基反应：

$$S_2O_8^{2-} + HSO_3^- \xrightarrow{\triangle} SO_4^- \cdot SO_4^{2-} + HSO_3 \cdot \qquad (3\text{-}24)$$
$$\xrightarrow[\quad]{+H_2O} HSO_4^- + \cdot OH$$

以下将 $SO_4^- \cdot$、$\cdot OH$、$HSO_3 \cdot$ 均简写为 $R \cdot$（初级自由基）

初级自由基向 SP 的链转移反应：

$$R \cdot + SP \longrightarrow RH + SP \cdot \qquad (3\text{-}25)$$

SP 大分子链上产生支链的链引发反应：

$$SP \cdot + AN \longrightarrow SP\text{—}AN \cdot \qquad (3\text{-}26)$$

SP 大分子链进行接枝的链增长反应：

$$SP\text{-}AN \cdot + nAN \longrightarrow SP\text{-}PAN \cdot \qquad (3\text{-}27)$$

AN 单体均聚合的链引发、链增长反应：

$$R \cdot + AN \longrightarrow RAN \cdot \qquad (3\text{-}28)$$
$$RAN \cdot + nAN \longrightarrow PAN \cdot \qquad (3\text{-}29)$$

PAN· 向 SP 大分子链转移生成均聚物和 SP·：

$$PAN \cdot + SP \longrightarrow SP \cdot + PAN \qquad (3\text{-}30)$$

SP-PAN· 向 SP、PAN 链转移生成接枝产物和 SP·、PAN·：

$$SP\text{-}PAN \cdot + SP \longrightarrow SP \cdot + SP\text{-}PAN \qquad (3\text{-}31)$$
$$SP\text{-}PAN \cdot + PAN \longrightarrow PAN \cdot + SP\text{-}PAN \qquad (3\text{-}32)$$

SP-PAN· 可参加下列偶合终止反应生成接枝产物：

$$SP\text{-}PAN \cdot + PAN \cdot \longrightarrow SP\text{-}PAN \qquad (3\text{-}33)$$
$$SP\text{-}PAN \cdot + RAN \cdot \longrightarrow SP\text{-}PAN \qquad (3\text{-}34)$$

$$\text{SP-PAN} \cdot + \text{R} \cdot \longrightarrow \text{SP-PAN} \tag{3-35}$$

SP-PAN·可参加形成交链产物的偶合终止反应：

$$2\text{SP-PAN} \cdot \longrightarrow \text{SP-PAN-SP} \tag{3-36}$$

$$\text{SP-PAN} \cdot + \text{SP} \cdot \longrightarrow \text{SP-PAN-SP} \tag{3-37}$$

PAN·可参加下列偶合终止反应生成均聚物：

$$\text{PAN} \cdot + \text{PAN} \cdot \longrightarrow \text{PAN} \tag{3-38}$$

$$\text{PAN} \cdot + \text{R} \cdot \text{或 RAN} \cdot \longrightarrow \text{PAN} \tag{3-39}$$

可见，反应式(3-25)~式(3-27)、式(3-31)、式(3-33)~式(3-35)有利于支链的形成，反应式(3-28)、式(3-29)、式(3-38)、式(3-39)则有利于均聚物的形成，反应式(3-36)、式(3-37)形成交链产物，反应式(3-30)、式(3-32)对均聚和接枝共聚均有作用。总之，在采用链转移引发的接枝共聚反应中都伴有均聚物的生成，故除用转化率指标外，还需用单体的接枝效率来评价接枝共聚反应。

本反应体系的接枝效率可高达 97% 左右。由于 SP 不溶于二甲基甲酰胺，PAN 不溶于 10% 氯化钙甲酸溶液，因此 SP-PAN 系接枝共聚物不溶于上述两种溶剂，而两种溶剂恰好是 SP 和 PAN 的良溶剂，故可利用溶解性鉴别 SP-PAN 系接枝共聚物。

三、仪器和试剂

(1) 仪器　三口烧瓶（150mL）1 个、烧杯（100mL）1 个、量筒（10mL、100mL）各 1 只、移液管（1mL）2 个、试管（10mL）2 个、电子恒温水浴锅 1 个、搅拌器 1 套、电子天平 1 台、真空烘箱、超声波振荡器 1 台、温度计（100℃）1 只、表面皿（ϕ5cm）1 片、玻璃片（10cm×10cm）2 块、药勺、称量纸若干、镊子 1 把。

(2) 试剂和药品　丝朊（SP）（需精制）、丙烯腈（AN）（CP）、氯化锌（$ZnCl_2$）（CP）、碳酸钠（Na_2CO_3）（CP）、硫酸铵（APS）（CP）、亚硫酸氢钠（SBS）（CP）、二甲基甲酰胺（DMF）（CP）、醋酸（CP）、聚丙烯腈（PAN）粉末、氯化钙（$CaCl_2$）（CP）、甲酸（FA）（CP）。

四、实验步骤

1. 实验准备

SP：先将丝厂下脚茧去除杂质，再放入 0.5% Na_2CO_3 溶液中于 90~95℃ 下处理半小时，然后用去离子水洗涤数次，最后真空干燥。

2. 仪器组装

按图 3-41 所示，组装接枝聚合反应装置。

3. 实验步骤

① 称取 $ZnCl_2$ 78.3g 粉末倒入 150mL 的烧杯中，再在烧杯中加入蒸馏水 52.2g，用玻璃棒不停地搅拌直至完全溶解，配成 60% 的 $ZnCl_2$ 溶液。

② 称取 SP3.5g 放入已配置好的 $ZnCl_2$ 溶液中，于 50℃搅拌溶解后，将溶液一并倒入三口烧瓶中，打开搅拌器，并用冷水降温，冷却至 30℃。

③ 向 SP 溶液中依次加入 AN10mL，10% APS 溶液 0.8mL。搅拌 3min 后，再加入 10% SBS 溶液 1mL，接枝

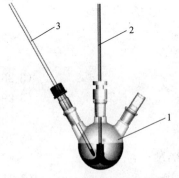

图 3-41　接枝聚合反应装置图
1—三口烧瓶；2—搅拌器；3—温度计

共聚反应进行，此时反应体系温度不断升高，所以反应过程不用水浴加热。接枝共聚反应大约需要 30min，整个过程需不断搅拌，且需每隔 3min 记录一次反应温度。

④ 接枝共聚反应完成后，将一定量的聚合浆液（1～2g）涂在玻璃板上，用另一块玻璃板压实后缓慢移开。将涂有浆液的玻璃板浸入 0.2％醋酸水溶液中凝固成膜，并用去离子水充分清洗干净。

⑤ 将清洗干净的聚合物薄膜放在表面皿上，在 95℃烘箱中干燥 45min，称重聚合物浓度计算转化率。

⑥ 取两个 10mL 的试管，记为 A、B 试管。A 试管中加入 5～6mL 的 DMF，B 试管中加入等体积的 10％氯化钙-甲酸溶液，再向 A、B 试管中加入少许等量的 SP（此步骤也可加入 PAN 或 SP-PAN）系接枝共聚物，搅拌 2～3min，观察溶解溶解并作记录。

五、实验结果与数据分析

1. 接枝共聚时间和温度的关系（见表 3-8）

表 3-8　接枝共聚的时间和温度关系

聚合时间/min							
温度/℃							

2. SP-PAN 系接枝共聚物的鉴定（见表 3-9）

表 3-9　接枝共聚物在不同溶剂的溶解情况

聚合物	SP	PAN	SP-PAN 系接枝共聚物
在 DMF 中的溶解情况			
在 10％氯化钙-甲酸溶液中的溶解情况			

3. 转化率

$$转化率 = (A - B)/C \times 100\% \tag{3-40}$$

式中，A 为聚合物浓度；B 为加入 SP 的浓度；C 为加入 AN 的浓度。

4. 接枝效率（E）

将聚合物溶液在水中沉淀，充分水洗，干燥粉碎后，于 50℃下用 DMF 振荡萃取 8h 溶去均聚物，抽滤，重复上述操作 3 次。得出不溶物的质量分数（Y），然后按下式计算接枝效率（E）。

$$E = \frac{(Y - r)}{\beta} \times 100\% \tag{3-41}$$

式中，β 为反应生成的 PAN 质量分数；y 为加入的 SP 质量分数。

六、思考题

1. 分析影响接枝共聚的因素。
2. 如何理解均相接枝共聚和非均相接枝共聚反应。

实验三十二　密度梯度法测定纤维的密度及结晶度

一、实验目的

1. 掌握密度梯度法测定纤维密度和结晶度的基本原理。
2. 学会以连续注入法制备密度梯度管及用精密比重小球法标定密度梯度管的技术。
3. 能够利用密度梯度法测定纤维的密度并计算纤维的结晶度。

二、实验原理

密度是化学纤维物理性能的重要参数之一。利用纤维密度可以研究纤维的超分子结构，计算纤维的结晶度，探讨纺丝过程和后处理对纤维结构的影响，寻求纤维密度与纤维光学和力学性质的关系，观察高聚物聚合的结晶速率，鉴别纤维品种等。另外，通过测定密度可以正确掌握混纺纱线和织物中各种纤维的含量，并定性分析各种纤维，分析二元混纺纱线和织物中某一纤维含量及混合均匀度；计算中空纤维的中空度和复合纤维的复合比等，都是极其有效的。在树脂整理中用密度来测定纤维中的树脂含量，比用显微镜法有明显的优越性。因此，测定纤维的密度具有较大的理论意义和实际意义。

密度梯度法是利用悬浮原理来测定固体密度的一种方法。此法是将密度不同而能互相混溶的溶液适当混合；使两种液体界面重液分子和轻液分子互相扩散，重液分子一方面受到向上扩散力的作用，一方面受到地心引力的作用，最后达到不同沉降平衡状态，形成重液在混合液中的密度梯度分布。同理，轻液分子受向下扩散力和地心引力作用，同时也受重液的托浮力作用，最后形成轻液在混合液中的密度梯度分布。此时，容器中某混合平面的密度等于该平面所包含的轻重两溶液密度按体积之加的和，这样，由于扩散作用使混合后液体从上到下部的密度逐渐变大，且连续分布，形成密度梯度。密度梯度一经形成，如保存使用适当，在短期内一般不易破坏，可用几个星期，甚至数月。但如果轻重两液体的密度相差较大，形成的梯度就不够稳定，也就不能保持持久。梯度只在两液交界面附近有限的一段距离内形成。因此，制备梯度较稳定且幅度较大的密度梯度，需将液体由轻到重通过一个直达管底的长颈漏斗一层层倒入容器内，再有规则地轻轻加以搅拌，使之形成适宜的梯度。然后根据悬浮原理，将纤维（或高聚物）试样投入密度管内；达到平衡位置的液体的密度，即是该试样的密度。此密度除以 4℃时（1 个大气压）的水密度即为该材料的相对密度。

三、实验仪器设备及混合液体的配制

1. 准备仪器

恒温水浴槽（水浴温度控制 25℃±0.1℃；水浴槽高度与梯度管高度一致）。如果水浴槽没有恒温装置，可以配置；继电器 2 个、导电表 2 支、温度计 0～50℃ 1 支、电动搅拌器 2 台。

磁力搅拌器 1 台；测高仪 $h=0.5m$；真空烘箱；电动离心机 2000r/min；韦氏天平称或精密比重计 1 套（密度差 $0.001g/cm^3$）；梯度管（磨口密盖）$h=30cm$，$d=4.5cm$；索氏萃取器 1 套。

2. 选择轻重液的要求

① 液体与纤维不起化学反应，不被纤维吸收，不促进纤维结构的变化。
② 液体的黏度和挥发性必须相当低。
③ 两种液体相互混合后，其体积有加和性。
④ 液体内不含水分。

3. 不同密度混合液的配制

按所需轻重液体积，用滴定管逐个配成不同密度的混合液，配完以后，放入恒温水浴槽中，用精密比重计检查液体的密度，如密度有偏差，可以添加轻重液体，使之达到所需的密度（制备测定丙纶密度的混合液时，须加 0.5% 的醋酸钠水溶液，以减少由于溶解而产生的气泡）。若干种不同密度的混合液配制完以后，由轻到重；依次将各组分的液体通过分液漏斗和毛细管，使液体徐徐流入密度梯度管，为防止空气进入，当第一组分的液体流至分液漏斗的活塞下面时，即加入第二组分的液体，等最后一组分的液体加完后，用长玻璃棒横向搅拌四圈，上下 2～4 次，放在恒温水浴槽中静止 24h 后，达到稳定即可使用，见图 3-42。

4. 密度梯度管的配制

① 将选定的轻重液分别配成 250mL 体积，加液时先将梯度管放在恒温水浴槽中，水温

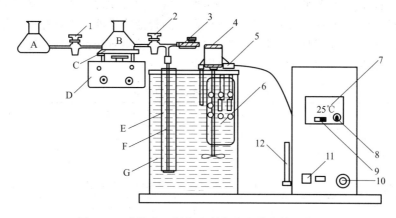

图 3-42　连续注入托起法制备密度梯度管示意图

1—活塞（1）；2—活塞（2）；3—空气阀；4—电动搅拌器；5—电加热棒；6—不锈钢加热固定套圈；7—温度
显示窗；8—温度调节旋钮；9—温度设定按钮；10—搅拌调速旋钮；11—通电开关；12—照明灯管
A—重液瓶；B—轻液瓶；C—磁力搅拌器底座；D—磁力搅拌器调速箱；E—密度梯度管；
F—毛细管；G—恒温水浴槽

在（25±0.1）℃，然后将轻液倒入 B 瓶中，重液置于 A 瓶中。B 瓶的下面放有一台磁力搅拌器，A 瓶与 B 瓶之间有二通活塞（1）相连，B 瓶中的轻液通过二通活塞（2）经过一根直达梯度管底部的直径为 1mm 的毛细管内流入梯度管中（注意：液体加入管中时，整个体系中不能含有气泡）。加液时，先开动磁力搅拌器，然后打开活塞（2），再开活塞（1），使液体经过毛细管徐徐流下，至液体不再流滴为止。依次关闭活塞（2）、（1），并用止水夹夹住胶管，取出毛细管（取毛细管时尽可能不搅动液体）。取出后，用玻璃塞塞紧梯度管，静止 24h，达到稳定，即可使用。另一种方法是：选用两种能达到所需的密度范围的液体，配制若干种密度差为 0.02g/mL 左右的液体，液体的种类取决于柱体所需的密度范围，可用下式求得：

$$制备密度梯度柱体的液体数目＝(1＋D_2－D_1)/80S \tag{3-42}$$

式中，D_2 为所需密度范围的最高极限；D_1 为所需密度范围的最低极限；S 为密度梯度灵敏度，g/（cm^3·mm）。

注意：在测定合成纤维的密度时，为了得到稳定的、精度较高的密度梯度管，配制时，轻重液均选用二者的混合液，根据所测纤维的大约密度，先选定轻重液的密度。为了达到梯度管每厘米柱高相当于 0.001g/cm^3 以内的密度梯度［即密度梯度灵敏度 0.001g/（cm^3/mm）］，以便校正精确测定不同拉伸倍数时对纤维密度的影响，轻重液的密度相差应在 0.08～0.1g/cm^3 范围内。

② 密度梯度管的校验：将数粒已知精密密度的玻璃小球（一般为 5 粒），按密度由大到小，依次扔入管中（也可在配完梯度管时加入），平衡后（2h），通过测高仪测得相对高度，再借助小球的已知密度，作出该梯度管的高度-密度曲线（见图 3-43）。但此曲线必须满足以下两个条件：

a. 线中段的直线部分不得小于柱高 5cm；

b. 直线中每厘米柱高的密度差在 0.001g/mL 之内。

校验后，精密密度小球留在梯度管内，作为永久

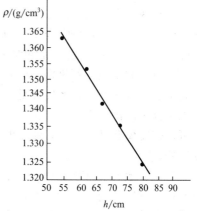

图 3-43　密度、高度曲线
（正庚烷-四氯化碳混合液体系）

参考点，以后测定时只需复验。当标准曲线作出以后，常常发现小球不在平滑的直线上，而是坐落在直线的两侧，这时需要加入接近该点密度的轻液或重液，进行补正，使小球移动至直线上，再经 2～4h 稳定后即可使用。若数个密度小球偏离直线都较远，连接起来是一条曲线，则梯度管应重新配制。几种轻重液的密度见表 3-10。

表 3-10　几种轻重液的密度

体　系	密度/(g/cm³)	体　系	密度/(g/cm³)
异丙醇-水	0.79～1.00	水-硝酸钙	1.00～1.60
乙醇-四氯化碳	0.79～1.59	四氯化碳-二溴乙烷	1.60～1.99
异丙醇-缩乙二醇	0.79～1.11	二溴丙烷-二溴乙烷	1.99～2.18
甲苯-四氯化碳	0.87～1.59	1,2-二溴乙烷-溴仿	2.18～2.89
水-溴化钠	1.00～1.41		

制备混合液时轻重液体积的计算方法如下：

$$dV = Aa + B(V-a) \tag{3-43}$$

式中，d 为混合液的密度；A 为重液的密度；B 为轻液的密度；V 为混合液的体积；a 为重液的体积；$V-a$ 为轻液的体积。

四、实验操作步骤

1. 试样的准备

先将纤维整理成束，若纤维表面上过油，就必须用索氏萃取器去油；用无水乙醚脱油 2h（也可以在乙醚或四氯化碳中浸泡 2h），取出淋干后打成直径约 2mm 的纤维小球（对于无油丝和卷绕丝打结时，不可用力过大，以免造成意外拉伸，为了保证结果的准确性，小球数不得少于 5 个，一般为 5～8 个），将纤维小球放在真空烘箱中；温度控制在 45℃ 左右，真空度 760mm 汞柱，干燥 2h，取出放在干燥器中，冷却半小时。为什么纤维要烘至绝对干呢？因为纤维是多孔性物体，水分子能浸入纤维孔隙，同时纤维中分子上的亲水团能吸收水分，影响比重的准确性、稳定性；同时还破坏了梯度管的稳定性。因此，纤维要经过干燥（纤维小球外表不宜有松散的短纤维）。

由于纤维孔隙中很容易储藏空气，当纤维浸入液体后生成许多气泡，影响它的真实体积，也就直接影响密度的测定结果，因此，需再经过排气脱泡过程。

一种快速简便的脱泡方法如下：将纤维浸在纤维密度相近的混合液中，放在离心机里以 2000r/min 的速度离心脱泡 2min 后，迅速移入适合于该纤维密度范围的梯度管内，一般化学纤维在混合液中浸渍 4h 后可初步达到平衡，浸渍 24h 才可能达到完全平衡。

浸渍时间长短对纤维密度的影响如下：纤维在梯度管内假如浸渍时间不足，纤维空隙没有完全被试剂所充入，密度偏低；浸渍时间过长，纤维发生溶胀，液体分子进入纤维非结晶区内大分子间的空隙中，使密度偏重。其次，如浸渍时间过长，吸附水分和纤维发生溶胀，则可使密度值降低。因此，测定时浸渍时间要严格规定，以便实验结果精确，测试稳定，重复性好。

对于一般合成纤维在梯度管中浸渍的时间为 2～8h 之间，如需绝对数据则应浸渍 24h。当试样在密度管内平衡后，利用测高仪分别记录它的平衡位置以及管内数粒玻璃小球位置的相对高度，见表 3-11。根据数粒已知的精密密度玻璃小球，用内插法或图表法，按相对高度的比值，求得纤维小球的密度值。计算到小数点后四位即可。

表 3-11　维纶密度梯度管梯度分布

标准小球密度值	位置/cm	标准小球密度值	位置/cm
1.2660	49.050	1.2935	24.935
1.2780	39.135	1.2974	20.704
1.2860	31.990	1.3016	16.245

假设一组维纶小球中，在密度梯度管中的最高和最低位置为 17.544cm、17.177cm，通过内查法：

密度差为 1.3016－1.2974＝0.0042，

测定的最大高度 17.544 与表中最小高度的差值为 17.544－16.245＝1.299

则其密度差 X 为 0.0042×1.299÷4.459＝0.0012

测定的最大高度 17.177 与表中最小高度的差值为 17.177－16.245＝0.932

则其密度差 Y 为 0.0042×0.932÷4.459＝0.0009

则密度：1.3016－X＝1.3016－0.0012＝1.3004

1.3016－Y＝1.3016－0.0009＝1.3007

1.2974＋X＝1.2974＋0.0012＝1.2986

1.2974＋Y＝1.2974＋0.0009＝1.2983

这组维纶纤维密度分布范围为 1.2983～1.3007。

图表法则直接从密度管梯度分布图上读取高度相对应的密度（见表 3-12）。但图表法较粗，一般采用内插法。

g/cm³

表 3-12　维纶密度梯度分布

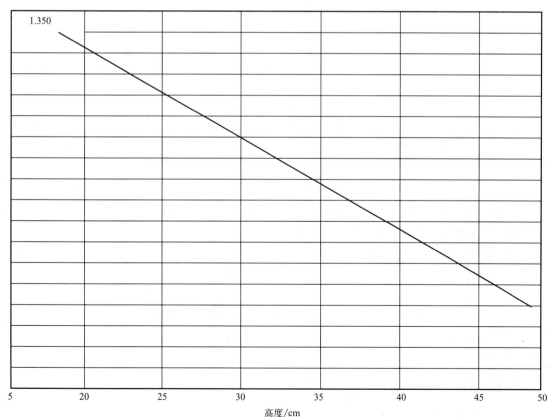

2. 计算

（1）密度　若在梯度管的某一区域内，密度的变化与高度的变化呈线性关系；则试样的密度可以用内插法计算：

$$\rho = \frac{\rho_2(h_1-h)+\rho_1(h-h_2)}{h_1-h_2} \tag{3-44}$$

式中，ρ 为被测试样密度；ρ_1 为位于试样小球上方的标准小球的密度；ρ_2 为位于试样小球下方的标准小球的密度；h_1 为 ρ_1 对应的标准小球的高度；h_2 为 ρ_2 对应的标准小球的高度；h 为被测试样的平均高度。

（2）结晶度　用密度求结晶度。由于结晶高聚物具有晶相和非晶相共存的结构状态，因而假定纤维的比容（密度的倒数）是晶相比容与非晶相比容的线性加和，则可由下式计算其结晶度：

$$f_e = \frac{\rho_e(\rho-\rho_0)}{\rho(\rho_e-\rho_0)} \times 100\% \tag{3-45}$$

式中，f_e 为试样的结晶度（以质量分数表示）；ρ_e 为试样全结晶时的密度；ρ_0 为试样全无定型时的密度；ρ 为实测试样的密度。

（3）复合比　是指组成某种复合纤维的各组分的百分含量。假定复合纤维的比容也具有加和性，则设 ρ 复为复合纤维的密度，根据下式可求得复合纤维中的某一组分的体积百分含量：

$$\rho_{复} = \rho_a C_{va} + \rho_b(1-C_{va}) \tag{3-46}$$

式中，ρ_a 为复合纤维中纯 a 组分的密度；ρ_b 为复合纤维中纯 b 组分的密度；C_{va} 为复合纤维中 a 组分的体积百分含量。

如要求得质量复合比，可按下式计算：

$$C_{wa} = C_{va}\rho_a/\rho \tag{3-47}$$

式中，C_{wa} 表示复合纤维中 a 组分的质量分数（质量复合比）。

（4）用密度求中空度　中空纤维的中空度是表示中空纤维中空程度的指标。一般以纤维横截面的中空部分面积（s_0）对横截面积（s）之比来表示。中空纤维的密度可由下式计算：

$$s_0/s = (\rho_{实}-\rho_{空})/\rho_{实} \times 100\% \tag{3-48}$$

式中，$\rho_{空}$ 为某段中空纤维的密度；$\rho_{实}$ 为与该段中空纤维的长度、横截面积和组成均相同的非中空纤维在相同条件下测得的密度。

五、实验结果与数据处理

1. 密度梯度的标定（见表 3-13）

表 3-13　标准小球密度梯度

序　号	1	2	3	4	5
标准小球密度 $\rho/(g/cm^3)$					
标准小球高度/cm					

绘制密度梯度管的 ρ-h 的标定曲线。

2. 试样的测定结果（见表 3-14）

表 3-14　试样密度梯度

序　号	1	2	3	4	5
试样高度读数/cm					
试样平均高度/cm					

① 在 ρ-h 曲线上查得试样的密度（g/cm³）_____。
② 用内插法计算试样的密度（g/cm³）_____。
③ 试样的结晶度、复合比、中空度等的计算（此项根据实验内容而定）。

六、思考题

1. 为了准确地测定纤维密度，实验中应注意哪些问题？
2. 密度梯度管的稳定性和持久性与哪些因素有关？
3. 列举测定纤维密度的其他方法，并比较其优缺点。

实验三十三　色那蒙补偿法测定纤维双折射

一、实验目的

1. 了解用色那蒙（Senarmont）补偿法测定纤维双折射率的原理。
2. 掌握偏光显微镜的仪器结构、操作方法和实验数据处理。

二、实验原理

1. 分子取向度测量的意义

分子取向度是影响天然纤维和合成纤维物理机械性能的主要因素之一，包括强度、延伸度、初始模量和应力-应变曲线，以及纤维的染色性能和织物的服用性能等方面。分子取向度是表征纤维材料分子取向结构及其变化的重要依据，测定方法很多，可按结构单元的形式选择测定方法。如采用 X 射线衍射法测定结果反映纤维晶区大分子链的取向度；染色二色性测定结果反映无定形区大分子的取向度；声速测定结果反映晶区与无定形区大分子链的取向度；浸没法测定结果反映纤维表皮的取向度，通常的光学双折射法测定的结果反映晶区与无定形区链段的取向度。

拉伸后的纤维分子链取向排布导致其力学、光学等性质的各向异性，光学的各向异性又表现为双折射现象，因而双折射法是测定纤维分子取向度的重要方法。纤维双折射率测定的方法很多，应用最普遍的是浸没法和光程差法。色那蒙补偿法实验原理属于后者，因实验方法简单，工厂多选用。需要注意的是，待测纤维需为整个界面取向均匀大的圆形纤维，且要保证斜切纤维，需经过训练才能准确地完成实验。

2. 光程差与双折射率的关系

双折射，即纤维对光学的各向异性。当一束平面偏振光进入纤维时，会分解产生两束振动方向相互垂直的分光。一束分光的振动方向垂直于纤维轴——o 光，称为快光，折射率 $n_\perp$（n_o）；另一束分光的振动方向平行于纤维轴——e 光，称为慢光，折射率 $n_\parallel$（n_e）。

e 光和 o 光的折射率之差称为纤维的双折射率：

$$\Delta n = n_e - n_o \tag{3-49}$$

令 f 为纤维的取向度函数：

$$f = \frac{n_e - n_o}{n_e^0 - n_o^0} \times \frac{\rho^0}{\rho} \tag{3-50}$$

式中，ρ^0、$n_e^0 - n_o^0$ 为纤维理想取向时的对应参数，当纤维的密度差不大时，即 $\rho^0 \approx \rho$，则 $f = \dfrac{n_e - n_o}{n_e^0 - n_o^0}$，且 $n_e^0 - n_o^0$ 可理解为是该纤维的最大双折射率。由此可知，双折射率与纤维取向度成正比。因此，纤维的双折射率是其分子取向度的标志。

3. 色那蒙补偿法测量原理

绝大多数纤维可看作是单轴正晶体，纤维轴向是晶体的 e 光方向，o 光方向垂直于纤维轴，即纤维的快光轴垂直于纤维轴，慢光轴平行于纤维轴。若用光程补偿测量纤维的双折射率，则必须使补偿器晶体的快轴方向平行于纤维轴向。为此，我们采用晶体片之间的光程差可以相加（晶体片互相平行），也可以相减（晶体片互相垂直）的一组晶体片，根据测量的需要使用各种不同的组合作为补偿器。补偿器光程差的最小值为 $\lambda/4$，最大值 10λ。

色那蒙法测定双折射光学元件配置简单，一个 $\lambda/4$ 检偏器的转动（补偿角为 θ）就能准确地测出单色光通过纤维的相位差 δ，继而求得纤维的双折射 Δn。

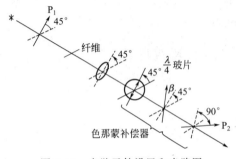

图 3-44 光学元件设置和光路图

色那蒙法测定双折射光学元件的设置和光路见图 3-44。

纤维试样置于彼此正交的起偏器 P_1 和检偏器 P_2 之间，纤维轴与起偏器偏振化方向成 $45°$，$\lambda/4$ 波片主振动方向与起偏器的偏振化方向一致。当已知波长的单色光垂直纤维光轴入射时，透过纤维的椭圆偏振光经 $\lambda/4$ 玻片补偿成为平面偏振光，其光振动方向较入射平面偏振光的振动方向转过了 θ 角，检偏器 P_2 亦须转过 θ 角才能达到补偿，θ 角即为补偿角。θ 角为相位差 δ 的二分之一。即：

$$\delta = \phi_o - \phi_e = 2\theta \tag{3-51}$$

对拉伸丝，总光程差：

$$R = n\lambda + \frac{\sigma\lambda}{2\pi} = n\lambda + \frac{2\theta\lambda}{2\pi} = n\lambda + \frac{\theta}{\pi}\lambda \tag{3-52}$$

$$\Delta n = \frac{R}{d} = \frac{n\lambda + \dfrac{\theta}{\pi}\lambda}{d} = \left(n + \frac{\theta}{\pi}\right)\frac{\lambda}{d} \tag{3-53}$$

对卷绕丝，总光程差：

$$R = \frac{\sigma\lambda}{2\pi} = \frac{2\theta\lambda}{2\pi} = \frac{\theta\lambda}{\pi} \tag{3-54}$$

$$\Delta n = \frac{R}{d} = \frac{\theta\lambda}{\pi d} \tag{3-55}$$

式中，θ 为补偿角，$(°)$；D 为纤维直径，mm；λ 为入射光波长，10^{-6} mm。

三、仪器和试剂

（1）仪器 偏光显微镜（配以 CCD 摄像头、图像显示器和计算机）、钠光灯、$\lambda/4$ 玻片、载玻片、盖玻片、刀架、缝衣针、单面刀片、镊子、剪刀。

（2）试剂及样品 甘油或香柏油（$n = 1.516 \sim 1.522$）。所用液体的折射率应在被测纤维的两折射率之间，使纤维在视野中较为清晰。待测样品用卷绕丝和成品丝。

四、实验步骤

1. 实验准备

① 光学系统调试，校正物镜中心，使其与载物台中心相重合。

② 按图 3-45 位置校正起偏器、检偏器和 λ/4 玻片位置，使起起偏器、λ/4 玻片光轴方向重合，与检偏器光轴方向正交。此时，显微镜视野全黑，并使十字线之一（aa′）与起偏器光轴方向成 45°。

2. 卷绕丝的测定

（1）试样准备　用剪刀将卷绕丝剪成 1~2mm 的小段置于载玻片上，滴少许甘油或香柏油，盖上盖玻片轻轻压研使纤维小段自然散开。

（2）补偿角 θ 的测定　以钠光灯为光源，将载玻片（样品）放在显微镜的物镜（40×）下观察，在检偏器拉出状态下找到待测纤维，旋转载物台使纤维轴与起偏器光轴方向成 45°（纤维轴与 aa′ 平行）；推入检偏器，此时视野全暗，纤维明亮。逆时针转动检偏器，直至纤维变为全暗，检偏器转动的角度即为补偿角 θ。若顺时针转动检偏器至纤维变为全暗，所转角度为 β，则补偿角 $\theta=180°-\beta$。

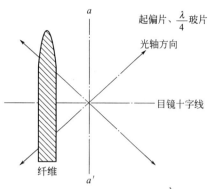

图 3-45　起偏器、检偏器、$\frac{\lambda}{4}$ 玻片、纤维试样相互位置示意图

（3）纤维直径 d 的测定　拉出检偏器，调节显微镜，找到纤维清晰的像，利用图像处理工具和比例缩尺得出纤维直径 d。

显微镜观察纤维时，由于纤维非常细，容易产生衍射条纹，加之放大倍数较高，衍射条纹会更明显，这就要求仔细辨别纤维的边界线和衍射线，否则会产生较大的误差。

3. 拉伸丝的测定

（1）试样准备　将一小束纤维用针穿入软木块中，然后用锋利的小刀在与纤维束斜交方向将软木块切成薄片，厚度为 1~2mm，得到椭圆形截面的纤维小段。用镊子将纤维小段放在载玻片上，滴少许甘油和香柏油，盖上盖玻片，轻轻压研使纤维小段自然散开，放在显微镜的物镜（40×）下观察。

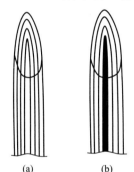

（a）　　　　（b）

图 3-46　纤维干涉条纹图

（2）干涉条纹数 n 的测定　条件、操作与卷绕丝相同。推入检偏器后，可见视野全暗，在纤维上出现明暗相间的干涉条纹，如图 3-46 所示。记下斜面上黑色条纹数即为 n。

（3）补偿角 θ 的测定

① 最内一个干涉环的两条黑线未并扰，如图 3-46(a) 所示，须将最内一环计入 n 中，然后逆时针转动检偏器直至中央亮线变为黑暗为止。检偏器旋转角度即为补偿角 θ。若检偏器转动角度大于 90°，可顺时针旋转至中央亮线变为最暗，转过角度为 β，则补偿角 $\theta=180°-\beta$。

② 最内一个干涉环的两条黑线已并扰，如图 3-46(b) 所示，逆时针转动检偏镜至并扰的两条纹最暗，则最内一环应记入 n 中，检偏器所转过的角度即为补偿角 θ。若检偏器须顺时针转动 β 角，中心黑条纹才能变得黑暗，最内一环不计入 n 中，则 $\theta=180°-\beta$；最内一环计入 n 中，则 $\theta=-\beta$。

五、实验结果与数据分析

各种纤维材料双折射率测定的数据，都是将 20 次测定值求其平均值和方差后，将置信度设为 98%，求出其置信区间 $\chi = \pm \dfrac{t_{98\%} - \sigma}{\sqrt{20}}$，将超出置信区间的测定数据舍弃，而将落在置信区间内的测定数据求出平均值。

(1) 卷绕丝的双折射率 Δn 用下式计算

$$\Delta n = \frac{\theta \lambda}{\pi d} \tag{3-56}$$

(2) 牵伸丝的双折射率 Δn 的计算公式如下

$$\Delta n = \left(n + \frac{\theta}{180°} \right) \times \frac{\lambda}{d} \tag{3-57}$$

式中，θ 为补偿角，(°)；d 为纤维直径，mm；λ 为入射光波长，589×10^{-6} mm；n 为干涉环数。

实验数据记录在表 3-15 中。

表 3-15　实验记录数据

纤维名称	干涉环数 n	补偿角 $\theta/(°)$	纤维直径 d/mm	双折射率 Δn
卷绕丝				
拉伸丝				

六、思考题

1. 为什么实验中一定要使纤维轴方向与其偏镜光轴方向夹角为 45°？
2. 卷绕丝与拉伸丝双折射率值不同是什么原因造成的？测量及计算方法是否相同？

实验三十四　声速法测定纤维取向度及模量

纤维的取向度和模量是表征纤维超分子结构和力学性能的两项重要指标。取向度的测定，是生产控制和纤维结构研究的一个重要问题。测定取向度的方法有 X 射线衍射法、双折射发、双折射法、二色性法和声速法等，这些方法分别有不同的物理含义。

一、实验目的

1. 掌握用声速法测定纤维取向度和模量的基本原理。
2. 了解整套声速仪器装置的基本结构原理。
3. 学会使用声速仪（又称脉冲传播仪）进行测定的操作方法。

二、实验原理

1. 声速取向度

声速法是通过对声速波在材料中传播速度的测定，来计算材料的取向度和模量。其原理是纤维材料中因大分子链的取向而导致声速传播的各向异性。即在理想的取向情况下，声波沿纤维轴方向传播时，其传播方向与纤维大分子链方向平行，此时声波是通过大分子内主价键的振动传播的，其声速最大。当声速传播方向与纤维分子链垂直时，则是依靠大分子间次价键的振动传播的，此时声速最小。实际上，大分子链总不是沿纤维轴呈理想取向的状态，所以各种纤维的实际声速值总是小于理想的声速值，且随取向度的增高而增高。

图 3-47 为声波在纤维中传播的示意图。从图中可以看出，当声波以纵波形式在试样材料中传播时，由于纤维中大分子链与纤维轴有一个交角（取向角）θ，如果声波作用在纤维轴上的作用力为 F，则 F 将分解为两个互相垂直的分力，一个平行于大分子链轴向，为

$F\cos\theta$，这个力使大分子内的主加键产生形变；另一个垂直于大分子链轴向，为 $F\sin\theta$，使分子间的次价键产生形变。

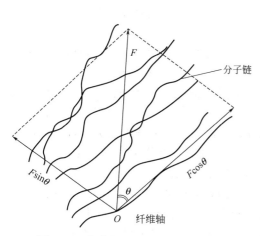

图 3-47　声波在纤维中传播的示意图

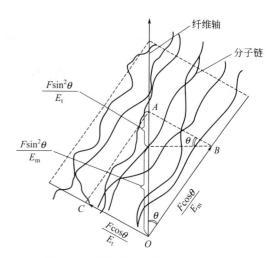

图 3-48　纤维形变的串联加和模型图

如果以 d 表示形变，K 表示力常数，则 $K=F/d$。如以模量代替力常数 K，则基本意义不变。因此，由平行于分子链轴向的分力 $F\cos\theta$ 所产生的形变为 $F\cos\theta/E_m$；由垂直于分子链轴向的分力 $F\cos\theta$ 所产生的形变为 $F\cos\theta/E_i$。其中，E_m 为平行于分子轴向的声速模量，E_i 为垂直于分子轴向的声速模量。

在图 3-48 中，假设声波作用后分子内的形变为 $OB=F\cos\theta/E_m$；分子间的形变为 $OC=F\sin\theta/E_t$。所谓这两种形变的串联加和，即是反映在纤维轴向的总形变。它应该是两个形变在纤维轴向的总投影 OA。因此，总形变 d_a 可用下式表示为：

$$d_a=(F\cos\theta/E_m)\cos\theta+(F\sin\theta/E_t)\sin\theta=F\cos^2\theta/E_m+F\sin^2\theta/E_t \tag{3-58}$$

考虑到所有分子取其平均值，则有：

$$d_a=F/E=F\cos^2\theta/E_m+F(1-\cos^2\theta)/E_t \tag{3-59}$$

根据声学理论，当一个纵波在介质中传播时，其传播速度 C 与材料介质密度 ρ、模量 E 的关系如下：

$$C=(E/\rho)^{1/2} \tag{3-60}$$

上式可改写为 $E=\rho C^2$。将式(3-59) 中各项的 E 值以 ρC^2 代入，并消去 F 和 ρ，则得：

$$1/C^2=\cos^2\theta/C_m^2+(1-\cos^2\theta)/C_t^2 \tag{3-61}$$

式中，C 为声波沿纤维轴向传播时的速度；C_m 为声波传播方向平行于纤维分子链轴向时的声速；C_t 为声波传播方向垂直于纤维分子链轴向时的声速。

在式(3-61) 中，由于 $C_t\gg C_m$，因此右端第一项可看作为零，则式(3-61) 变位：

$$1/C^2=(1-\cos^2\theta)/C_t^2$$

即

$$C_t^2/C^2=1-\cos^2\theta \tag{3-62}$$

根据赫尔曼取向函数式：$f=1/2(3\cos2\theta-1)$。当试样在无规取向的情况下，即当 $C=C_u$ 时，取向因子 $f=0$，则此时 $\cos2\theta=1/3$，代入式(3-62)，得：

$$C_t^2/C_u^2=1-1/3=2/3$$

即

$$C_t^2=2/3C_u^2 \tag{3-63}$$

式(3-63)给出了无规取向时的声速C_u与垂直于分子链轴传播时的声速C_i之间的关系。如将C_i与C的关系转换成C_u与C的关系，即以式(3-63)代入式(3-62)得：

$$\cos^2\theta = 1 - 2/3(C_u^2/C^2) \tag{3-64}$$

以式(3-46)代入取向函数式：$f = 1/2(3\cos 2\theta - 1)$，则得声速取向因子为：

$$f_s = 1 - C_u^2/C^2 \tag{3-65}$$

式中，f_s为纤维试样的声速取向因子；C_u为纤维试样在无规取向时的声速值；C为纤维试样的实测声速值。式(3-65)即为计算声速取向度的基本公式，称为莫斯莱公式。

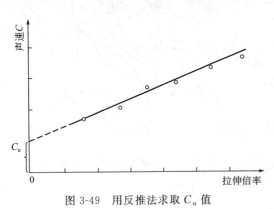

图 3-49　用反推法求取C_u值

根据莫斯莱声速取向公式，求纤维的f_s，只需要两个实验量，除了测定试样的声速外，还需知道该种纤维在无规取向时的声速值C_u。对某种纤维来说，它的C_u值是不变的。测定纤维的声速值C_u一般有两种方法：一是将高聚物制成基本无取向的薄膜，然后测定其声速值；另一是反推法，即先通过拉伸实验，绘出某种纤维在不同倍率下的声速曲线，然后将曲线反推到拉伸倍率为零处，该点的声速值即为纤维在的无规取向声速值C_u（如图3-49）。

表3-16列出了几个主要纤维品种的C_u值以供参考。

表 3-16　未取向聚合物在频率为 10kHz 下的 C_u 值

聚合物	C_u/(km/s)	
	薄膜	纤维
涤纶	1.40	1.35
尼龙 66	1.30	1.30
黏胶纤维	—	2.00
腈纶	—	2.10
丙纶	—	1.45

2. 声速模量

根据声学理论，当一个振动方向与介质轴向平行的纵向声波，在一个均匀而细长的棒状介质中传播时，其波动方程为：

$$C = (E/\rho)^{1/2} \tag{3-66}$$

式中，E为介质的杨氏模量；ρ为介质密度；C为声波传播速度。

因此，如测出了纤维的声速和密度，则根据$E = \rho C^2$就可求出模量。用声速法测出的模量是一种动态杨氏模量。如ρ以kg/m^3为单位，C以m/s为单位，则E的单位是N/m^2。

为了测定和计算方便，可将$E = \rho C^2$的基本公式换算成模量以$CN/dtex$为单位的计算公式，得：

$$E = 9.97 C^2 \tag{3-67}$$

用式(3-67)计算声速模量，声速的单位是km/s，得到的模量单位为$CN/dtex$。

如模量单位按N/tex表示，则式(3-67)可改为：

$$E = 0.997 C^2 \approx C^2 \tag{3-68}$$

三、实验

图 3-50 为 SCY-Ⅲ型声速取向测量仪原理图，实验采取智能型声速取向测量仪，由试样台、主机和示波器三部分组成。试样台轨道两端分别装有发射晶体和接收晶体，试样纤维夹在轨道两头，轨道可在标尺长度上任意移动，并读出长度。主机包括低频脉冲信号源、单稳控制电路、时标电路、计时电路、时间显示、单片机计数运算及打印机组成。

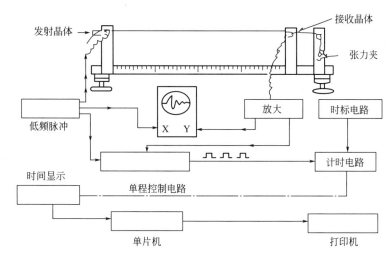

图 3-50　SCY-Ⅲ型声速取向测量仪原理图

由脉冲信号源产生的低频脉冲信号被分成三路：一路，送至发射晶体使其产生一定频率的受激振动，并经纤维传至接收晶体，经过放大后，分别被送入示波器与单稳控制电路，并使单稳控制电路由暂态变位稳态。二路，直接进入示波器与经纤维传至放大器放大后的电信号在示波器上产生一个震荡衰减脉冲信号。三路，通过单稳控制电路，当试样架上没有纤维试样时，让机器保持暂态。

当放大后一路被送至单稳控制电路，使其由暂态变为稳态，这样，从单稳电路得到一个脉冲信号，其脉冲信号宽度与传播时间相对应，将此信号送入计时电路，测量该脉冲宽度与对应的时间并在计时器上进行显示，即为声波在长度为 L 的纤维内的传播时间 T_L。本仪器显示时间单位为 μm，在数显器上显示的同时，可通过单片机进行计数、运算，并进行打印。

四、实验步骤

① 准备试样纤维，要求将纤维进行恒温、恒湿处理。

② 开启主机电源与显波器电源。

③ 剪取一定长度的纤维试样放至样品架上。

④ 根据纤维的总旦数施加张力。

⑤ 将标尺移至 20cm，观察示波器上的振动波形。待其稳定，将准备按钮换成测量挡，并按下 20 键，仪器将自动记录下时间并送入单片机储存，记录结束将标尺移至 40cm，重复以上程度，连续五次。打印机会把储存数据连同运算结果一并输出。

五、实验结果与数据处理

1. 附打印机所打出的数据与运算结果

2. 例表（见表 3-17）

表 3-17　实验数据与运算结果

试样号		试样名称				纤度				张力		
试样数	长度	1	2	3	4	5	6	7	8	9	10	平均
1 ...	40 20											
... 5	40 20											
$\Delta l/\mu s$		$C/(km/s)$				f_s				$E/(gf/旦)$		

六、思考题

1. 影响实验数据准确性的关键问题是什么？实验中有何体会？
2. 声速法与双折射法比较有什么特点？

实验三十五　化学纤维拉伸性能测定

材料在使用中会受到拉伸、弯曲、压缩、摩擦和扭转作用，产生不同的变形。化学纤维在使用过程中主要受到的外力是张力，纤维的弯曲性能也与其拉伸性能有关，因此拉伸性能是纤维最重要的力学性能。它包括强力和伸长两个方面，因此又称强伸性能。表示材料拉伸过程受力与变形的关系曲线，称为拉伸曲线。它可以用负荷-伸长曲线表示，也可用应力-应变曲线表示。本实验通过测定纤维的应力-应变曲线了解纤维的拉伸性能。

一、实验目的

1. 掌握纤维强度及与强度有关的各项物理指标的测试原理和测试方法。
2. 了解纤维在拉伸应力作用下的形变行为。
3. 学会电子强力仪的使用方法；了解仪器的工作原理。

二、实验原理

应力-应变曲线是纤维的负荷-延伸曲线。它反映了纤维在受到逐渐增加的轴向作用力而产生的延伸；直至断裂的全过程中，负荷与伸长的依赖关系。由于成纤高聚物大分子的结构特点，其聚合物的长链分子中具有多重运动单元，因而在外力的作用下，纤维要根据外力作用情况产生相应的形变，典型的应力-应变曲线如图 3-51 所示。

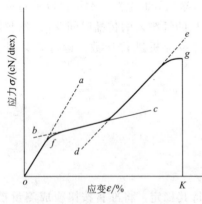

图 3-51　典型的应力-应变曲线

由图 3-51 我们可得到纤维材料的以下几项主要性能参数。

（1）断裂强度　被拉伸的纤维在断裂时所需要的作用力。本实验用相对强度来表示，即纤维的绝对强度与线密度的比值，单位为 N/tex 或 cN/dtex。在应力-应变曲线中，以断裂点的高度 gK 来表示。

（2）断裂伸长　纤维在断裂时所达到的伸长率。用纤维试样原长的百分增长率来表示（%）。在应力-应变曲线图上，oK 的长度即为断裂伸长率。

（3）初始模量　伸长1%时，单位线密度的纤维所需要负荷的 cN 数，此参数表征纤维对小延伸的抵抗能力。常用单位 Pa 或 cN/dtex。其值在图 3-51 中用 oa 线段的斜率来表示。

（4）屈服点　材料受外力到一定程度时，即使不增加负荷，仍继续发生明显的塑性形变，这种现象称为屈服。拉伸曲线中，起始一段直线向延伸区过渡的转折点称为屈服点，如图 3-52 中的 P 点。

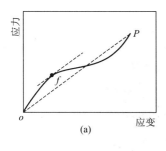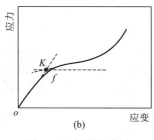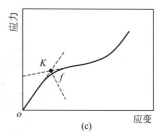

图 3-52　屈服点求法

屈服点对应的应力和伸长分别称为屈服应力（屈服强度）和屈服应变（屈服伸长）。

纤维在屈服点以前所产生的变形，主要是可恢复的弹性形变。过了屈服点以后，较小的应力增加，就会引起较大的延伸，接着还会发生准永久性形变和永久形变（塑性形变）。在其他力学性质一定的条件下，屈服点高的纤维较屈服点低的纤维难产生塑性形变，织物尺寸稳定性较好。

屈服点的求法有三种；如图 3-52 所示。

① 原点与断裂点的连线 oP，平行于 oP 作应力-应变曲线的切线，切点 f 即为屈服点。

② 作应力-应变曲线转折点前后两个区域的切线，两切线相交于 K 点，过 K 点作一直线与横轴平行，交曲线于 f 点，即为屈服点。

③ 作应力-应变曲线转折点前后两个区域的切线，相交于 K 点，从 K 点作交角的平分线，此平分线交曲线于 f 点，即为屈服点。

（5）断裂功　指材料拉伸至断裂时外力所做的功。其数值可以用负荷伸长曲线下的面积求出。

$$W = \int_0^{L_{\max}} F(l)\,\mathrm{d}l \tag{3-69}$$

断裂功的单位为 N・cm。

断裂功随纤维的线密度和原始长度而变化。为了能相互比较，常采用断裂比功，其定义为单位线密度和单位长度的试样拉伸至断裂时外力所做的功，亦即应力-应变曲线下的面积。

$$断裂比功 = \frac{断裂功(\mathrm{N \cdot cm})}{纤维线密度(\mathrm{tex}) \times 试样长度(\mathrm{cm})} \tag{3-70}$$

由式(3-70) 可知，断裂比功的单位为 N/tex，与相对强度的单位相同。

三、实验设备及试样

1. 短纤维拉伸性能实验仪器

LLY-06E 型电子单丝强力仪是利用微机控制测试纤维拉伸性能的精密仪器（见图 3-53），适用于各种天然纤维、化学纤维、特种纤维及金属纤维等材料的拉伸性能测试。采用微机控制，自动处理数据，能利用气动夹具对单根纤维做等速拉伸测试，并能显示、打印输出断裂强度、断裂伸长、断裂功、初始模量等多项指标。

2. 长纤维拉伸性能实验仪器

本实验采用 YG024 型单纱强力仪（见图 3-54）测定一定长度的纤维在特定拉伸速度下的应力与应变的关系。

图 3-53　LLY-06E 型电子单丝强力仪

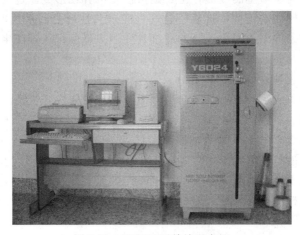

图 3-54　YG024 型单纱强力机

YG024 型单纱强力仪工作原理如下：

　　当传感器受到压力时，电桥发生变化，输出模拟信号，经运算放大器放大送入 A/D 转换器转换成与压力成正比的数值，再由计算机作数据处理。做定速拉伸时设置好的拉伸速度，计算机将指令步进电机按设定速度进行拉伸。

　　四、实验步骤

　　1. 短纤维一次拉伸实验实验步骤

　　① 打开空机压缩机使其达到工作压力后打开起源开关，然后打开仪器电源开关。

　　② 开机时，汽缸自动将上、下夹具打开；仪器应显示复位状态，如果显示屏显示实验状态，请先按"总清"键，进入复位状态。

　　③ 如需要打印数据，将打印机电源开关置于 ON 位置。

　　④ 设定实验参数：在复位状态下，按"设定"键，打开光标，用"左移"或"右移"键，将光标移至"MUM"处（实验次数），用"清除"键清除原有数据，用数字键输入

"5"，按"确认"键确认。将其他参数按同样的方法输入后，再按"设定"键，光标在第三行闪烁，按"功能"键选择 FUN：1，光标 L1、L2、L3 出闪耀，按上述方法修改参数后，再按"设定"键关闭光标，推出参数设置。注意：在复位状态下，必须在上夹具夹紧的状况下，才可按"实验"键进入实验状态。

⑤ 按"实验"键，进入实验状态，打印机打印报表表头，按标准要求将纤维的一端夹上张力夹，另一端用镊子夹着轻轻地靠在上夹持器的定位轴上，按"上夹持器夹紧"按钮，夹紧后将镊子松开，待纤维稳定后再按"下夹持器夹紧"按钮，下夹持器夹紧纤维后再按"拉伸开关按钮"或"拉伸"键，仪器开始拉伸并显示"LA"，开始做定速拉伸实验。实验拉断后，下夹持器自动返回，按下"夹持器释放"按钮，此时上下夹持器张开，将张力夹取下，可进行下一次拉伸实验。

⑥ 重复以上操作至达到实验次数。

⑦ 删除无效数据。

⑧ 打印报表。

⑨ 实验结束，机器复位，整理实验室。

2. 长纤维一次拉伸实验实验步骤

① 量取一定长度的纤维秤重，按 $10000G/L$（G 为质量，g；L 为纤维长度，m）计算纤维的线密度。

② 打开主机，打印机电源，预热 15min。

③ 打开微机电源，进入 DOS 系统，运行 YG024 文件，当屏幕出现 YG024 单纱强力仪画面时，按任意键出现测控系统画面，用上↑下↓键选择定速拉伸，按回车键"Enter"，出现控制面板。

④ 如不修改设定参数按"Y"键，屏幕出现图 3-55。如要修改，按"M"键，按上↑下↓键，并使之停在相应位置按"回车"键，输入设定参数后再按"回车"键，全部修改完毕后，按"Y"键。

⑤ 按任意键，下夹持器自动定位，两秒钟后，听到"吱"的声音，说明系统自动恢复正常，将待测纤维挂到上、下夹持器上，旋紧手柄，控制预张力在 50CN 以内，按"START"键，开始拉伸，丝条断裂后，下夹持器自动复位，继续挂丝，重复拉伸操作，完成预定拉伸次数，机器自动鸣叫，按 F2 键，显示器显示实验结果，打印机按要求打印实验结果。

⑥ 按 F2 键返回，可重新设定，重新测定。按 F4 返回，在此画面的数据处理项，有打印项、文件处理项，可进行选择。如选择打印，在方式选择上，用→、←键选择打印窗口，按回车键，用↓键，将光标移到"打印"，然后按回车键。在打印过程中，可以用→键打开窗口，进行数据查看和数据列表。若打印机未准备好，则会出现警告画面，若放弃打印，则按"N"键，若打印，应将打印机连接好然后按"C"键，则开始打印。

⑦ 按任意键，返回，选择"退出"项，返回到 DOS 状态下，关闭微机电源。关闭主机，结束实验。

五、数据处理

① 测试纤维的断裂强度，绘制纤维应力-应变曲线。

② 求出纤维断裂功、断裂比功。

六、思考题

1. 什么是纤维绝对强力，强度极限及相对强度（也称断裂强度）？

2. 影响纤维强度的因素有哪些？

3. 拉伸速度影响纤维强度吗？为什么？

实验三十六　静电纺丝制备 PVA 纳米纤维

一、实验目的

1. 掌握静电纺丝的基本原理。

2. 了解静电纺丝的工艺过程。

3. 初步掌握静电纺丝的基本操作技能。

二、实验原理

静电纺丝（电纺丝）技术早在 20 世纪 30 年代就已出现，相比于熔纺、湿纺等纺丝手段，制备的纤维直径小，表面积大，但由于其生产性较低，长期以来一直不受重视。近十年间，由于纳米材料的快速发展，采用静电纺丝制备纳米纤维越来越受到社会的认可，并已成为生产纳米纤维最普遍的方法。

静电纺与传统纺丝最大区别在于纺丝过程中的受力情况。静电纺丝中聚合物溶液受到电场力的作用，这种拉伸力产生于所加电场和聚合物大分子的相互作用。传统纺丝中，拉伸力（流变力、拉力、重力等）则是由纺锤和卷筒产生的。静电纺丝制备的纤维比传统方法制备的纺丝细得多，直径一般在数十到上千纳米，并且由电纺加工方法制备的互联孔纳米纤维材料具有极大的比表面积，同时纤维表面还会形成很多微小的二次结构，因此有很强的吸附力以及良好的过滤性、阻隔性、黏合性和保温性等。这些特殊的性质结构使得静电纺丝制备的无纺布的结构与细胞外基质胶原蛋白的结构类似，且更接近于生物体的结构尺度，因此静电纺丝加工方法制备纳米纤维膜材料特别适用于生物医用领域，例如生物膜、伤口包敷材料、止血材料、人造血管、药物及基因输送、组织工程的支架材料等。

静电纺丝装置（参见图 3-55）大致可分为三个部分：纺丝管，收集装置以及高压发生器。

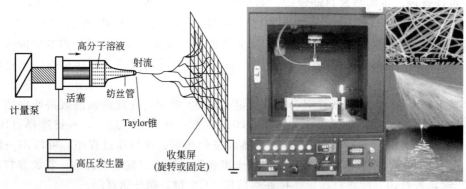

图 3-55　静电纺丝机结构原理简图与实物图

静电纺丝的基本原理是：聚合物溶液或熔体在高压静电的作用下，会在喷丝口处形成 Taylor 锥，当电场强度达到一个临界值时，电场力就能克服液体的表面张力，在喷丝口处形成一股带电的喷射流。喷射过程中，由于喷射流的表面积急速增大，溶剂挥发，最终在接收装置上固化形成纤维状无纺布。当外加的电压较小时，挤出口原为球形的液滴会因受到电场力的作用而拉伸变长，在相同条件下，若继续加大电压，则至某一临界状态时，纺丝液中带电部分能克服其表面张力的束缚，从溶液中喷射出来，这时针口的液滴变为锥形，即 Taylor 锥。

能够静电纺丝的聚合物已不下百种，表 3-18 是可静电纺丝的部分聚合物。

表 3-18 可静电纺丝的部分聚合物

聚合物	溶剂	质量浓度/%
尼龙-6	DMAc	10
PU	DMAc	10
PMMA	水	10
PVP	丙酮，THF，氯仿	10
PEO	水	1～10
PVA	水	8～16
PS	THF	8～30

1. 聚合物静电纺丝工艺过程中的喷射电压因素

适宜的喷射电压是连续、稳定纺丝的必要条件。如果电压过小，易产生静电喷射，产生独立的珠状物。增大电压，珠状物逐渐转变成串珠结构，电压进一步增大，聚合物大分子持续被拉伸，直至形成稳定均匀的纤维状结构。由图 3-56 可知：电压增大，纤维直径减小。

 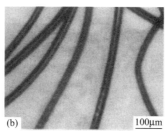 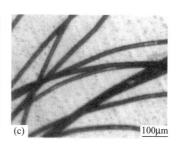

图 3-56 不同电压下 PMMA/DOTP 纤维膜扫描电镜
（a）15kV；（b）18kV；（c）20kV 接收距离为 3cm

2. 聚合物静电纺丝工艺过程中的流速因素

单位时间内，聚合物挤出量随流速的增大而增加，其在喷射过程中拉伸不完全，从而导致纤维直径增加，纤维表面的孔径增大。同时会形成更明显的串珠结构。

3. 聚合物静电纺丝工艺过程中的接收距离因素

随着纺丝距离减小，溶剂不能在短时间内完全挥发，从而导致纤维上的串珠量增多。

4. 聚合物静电纺丝工艺过程中的纺丝液浓度因素

静电纺丝需要适宜的纺丝液浓度。溶液过稀，黏度过小，溶液会从针口直接进行喷射，呈液滴状，从而不能形成连续稳定的纤维。浓度过大，溶液黏度过高，会导致电导率下降，纺丝液成团从针口拉出，纺丝行为不稳定，纤维直径不均匀。

5. 聚合物静电纺丝工艺过程中的溶剂的性质

静电纺丝溶液从针口喷出到达收集装置的过程中，溶剂挥发。若溶剂挥发快，则溶质易堵塞针口，无法进行纺丝。若溶剂挥发过慢，喷射过程中溶剂不能完全挥发，则残留溶剂会使纤维粘连，且可能会溶蚀收集装置上的纤维，影响纤维形貌。

三、仪器和试剂

（1）仪器　电子天平、真空干燥箱、恒温振荡器、静电纺丝机（配件包）、电动搅拌器、50mL 锥形瓶。

（2）试剂药品　聚乙烯醇（PVA，$M_n=75000\sim80000$）。

四、实验步骤

1. PVA 纺丝液的制备

称取 3gPVA 粉末，加入具塞的 50mL 锥形瓶中，再向锥形瓶中加入 27g 去离子水，置于 80℃的恒温振荡器中溶解 3h，制得 PVA 纺丝液。

2. PVA 纳米纤维的制备

① 将适量 PVA 溶液吸入到干燥注射器中，排除气泡。

② 注射器固定在微量注射泵卡槽中，插上磨钝针头作为喷针，喷针接正高压，收集装置接负高压。

③ 取 20cm×30cm 铝箔固定在接地纸板上作为收集装置，固定注射器针头和铝箔之间的距离为 15～20 cm。

④ 调节注射泵速率为 8μl/min，使注射器中溶液能以控制的速度匀速流出。

⑤ 打开高压电源，喷射电压设定为 5～15kV。

⑥ 观察纺丝情况，根据纺丝情况调节喷射电压值、纺丝流速、接收距离等实验参数。

⑦ 待纺丝过程结束后，将试样从铝箔表面小心取下，置于真空干燥箱内，室温下真空干燥 8h，制得 PVA 纳米纤维。

五、实验结果与数据分析

1. 记录实验参数变化对纺丝工艺的影响情况。

2. 选取不同实验参数情况下制备的纤维进行扫描电子显微镜（SEM）形貌观察，分析实验参数对可纺性的影响原因。

六、思考题

1. 列举静电纺丝工艺过程中的影响因素。

2. 静电纺丝制备的纤维材料适用于生物医用领域的原因。

实验三十七　纤维与稀树脂溶液的接触角测定

一、实验目的

1. 了解测量纤维表面张力的意义。

2. 了解测量纤维和稀树脂溶液接触角的基本原理及方法。

3. 学会固体/液体接触角的测量方法，加深对纤维表面浸润现象的理解。

二、实验原理

1. 纤维浸润性与接触角关系

当对纤维经行染整、涂层、黏结、浸渍时，液体树脂会沿着纤维表面向纤维束内渗透铺展，出现两者之间接触面不断扩展并彼此附着，即浸润现象。树脂与纤维要形成紧密的界面结合，需经过接触和浸润等过程才能完成，这就要求树脂对纤维表面具有良好的浸润性。纤维的浸润性能与其表面张力关系密切，常用的表征方法是测量纤维与树脂间的接触角。

表面张力实际上是物质分子间的一种力的作用，液体表面具有流动性可以直接测量，但固体表面不能自由流动无法直接测量。接触角是指在气、液、固三相交点处所作的气-液界面的切线穿过液体与固-液交界线之间的夹角 θ，是润湿程度的量度，如图 3-57 所示。

当液滴在固体平面上处于平衡状态时，各个界面张力在水平方向上的分力之和应等于零。根据此平衡关系就可得出著名的 Young 方程，即：

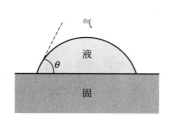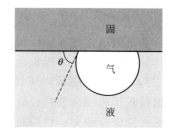

图 3-57　接触角示意图

$$\gamma_{SG} = \gamma_{SL} + \gamma_{LG}\cos\theta \qquad (3\text{-}71)$$

式中，γ_{SG}、γ_{LG}、γ_{SL} 分别为固-气、液-气和固-液界面张力；θ 取值在 $0°\sim180°$ 之间。

在恒温恒压下，黏附润湿、铺展润湿过程发生的热力学条件分别是：

黏附润湿：
$$W_a = \gamma_{SG} - \gamma_{SL} + \gamma_{LG} \geqslant 0 \qquad (3\text{-}72)$$

铺展润湿：
$$S = \gamma_{SG} - \gamma_{SL} - \gamma_{LG} \leqslant 0 \qquad (3\text{-}73)$$

式中，W_a 为黏附功；S 为铺展系数。

若将式(3-71)代入公式(3-72)、式(3-73)，得到下面结果：

$$W_a = \gamma_{SG} - \gamma_{SL} + \gamma_{LG} = \gamma_{LG}(1 + \cos\theta) \qquad (3\text{-}74)$$

$$S = \gamma_{SG} - \gamma_{SL} - \gamma_{LG} = \gamma_{LG}(\cos\theta - 1) \qquad (3\text{-}75)$$

虽然用 W_a 表征纤维的浸润性比较合理，但是技术上还无法直接对其进行测量，仍然需要先测量接触角，再结合上述方程计算出 W_a 和 S。当 $\theta > 90°$，称为不浸湿；当 $\theta = 180°$ 时，称为完全不浸湿；当 $\theta < 90°$ 时，称为润湿；当 $\theta = 0°$ 时，称为完全润湿。

2. 接触角测量原理与方法

纤维与树脂间的接触角的测定方法有很多，包括液滴外形法、润湿天平法和座滴法等。但因纤维直径较小、强度较低以及技术上的缺陷等综合原因，想准确测量出纤维和树脂的接触角还很困难。

接触角测定仪种类繁多，一般来说均由显微镜、照明系统、试样工作台、照相系统和调节系统等部分组成。接触角测定仪的核心部分是带角度视野的显微镜和液体样品池与纤维支架。可以将纤维与液体接触的状态在显微镜下观察甚至于照相。接触角测量的常用方法有：座滴法、单一纤维接触法、粉末接触角法、动态威廉法、旋转滴法、悬滴法、威廉盘法、挂盘法、最大气泡法、液滴体积法等。

本实验采用座滴法，即将雾滴喷到单根纤维上，然后测量液滴在纤维上所形成的接触角。可用低倍显微镜中装有量角器直接测量接触角，也可将液滴图像投影到屏幕上或拍摄下来，再用角度测量法或测高法测量。本文利用 JC2000A 接触角测量仪获取液滴在纤维上的图像，再用量角法测量纤维接触角。

三、仪器和试剂

(1) 仪器　JC2000A 接触角测量仪、300mL 喷雾器、纤维固定架（自制）。

(2) 试剂药品　纤维（玻璃纤维）、树脂稀溶液（E-44 环氧树脂）、1,4-丁二醇缩水甘油醚。

四、实验步骤

1. 调试仪器

① 调节主机底座螺旋使主机处于水平工作状态。

② 开机，双击 JC2000A 应用程序进入主界面。

③ 调节照明系统，使显微镜的视野明亮，并使角度盘清晰。

2. 测定一种纤维与一种液体的接触角

① 本实验选择测量玻璃纤维和环氧树脂稀溶液的接触角。

② 选择粗细均匀的玻璃纤维切成长为 25mm 的纤维小段。

③ 用 1,4-丁二醇缩水甘油醚稀释环氧树脂，并倒入喷雾器中待用。

④ 将一根纤维拉直，两端分别粘在纤维固定架两侧板的上端面。

⑤ 用喷雾器对纤维进行喷射，然后将纤维固定架放到接触角测试仪器的观测台上，并立即用塑料盖子盖住纤维固定架。

⑥ 前后左右移动镜头，观察附在纤维上的所有液滴，对每个大小适宜的液滴冻结图像并储存。

⑦ 量角法：点击量角法按钮，进入量角法主界面，打开之前保存的图像；图像上出现一个由两直线交叉 45° 组成的测量尺，利用左、右、上、下键（键盘上的 Z、X、Q、A 键）调节测量尺的位置；首先使测量尺与液滴边缘相切，然后下移测量尺使交叉点到液滴顶端，再利用即左旋和右旋键（键盘上〈和〉键）旋转测量尺，使其与液滴左端相交，即得到接触角的数值。另外，也可以使测量尺与液滴右端相交，此时应用 180° 减去所见的数值方为正确的接触角数据，最后求两者的平均值。

3. 按上述方法测量不同浓度环氧树脂稀树脂与玻璃纤维的接触角，记录实验数据。

4. 测试时应注意的问题

① 选择适宜的喷雾距离和喷雾次数。

喷雾时，距离不宜太近，否则当雾滴到达纤维处时，难以落在纤维上。通过实测发现，较理想的喷雾距离为 30cm。

如果只喷雾 1 次，则落在纤维上的液滴过小，这势必影响测量结果的精确度，故喷雾次数定为 2 次。

② 喷雾后要马上盖住纤维固定架。

因落在纤维上液滴很小，液体蒸发将影响测量结果，故需要用塑料盖子盖住纤维固定架，以尽量减少水分的蒸发。

③ 选择的液滴大小尽量相近。

为减小落在纤维上液滴大小差异对纤维接触角测量结果的影响，所选择液滴的大小应尽量相近。

五、实验结果与数据分析

列表表示所得实验结果，初步解释所得结果的原因（见表 3-19）。

表 3-19　纤维接触角测量结果

稀释浓度	接触角				
	前进接触角(固-液界面扩展后测量)		均值	后退接触角(固-液界面缩小后测量)		均值
1						
2						
3						

六、思考题

1. 液体在纤维表面的接触角与哪些因素有关？

2. 实验中滴到纤维表面上的液滴的平衡时间对接触角读数是否有影响？

实验三十八　纤维切片和显微摄影

一、实验目的

1. 学习并掌握应用哈氏切片器制作纤维切片的技能。
2. 初步学会显微摄影方法。
3. 熟悉各主要品种纤维的横截面形状。

二、实验原理

纤维切片和显微摄影在化学纤维生产中是一项被广泛采用的实验技术。纤维切片就是从横向把纤维切成厚度等于或小于其直径的平整薄片。通过对纤维的切片，借助于普通显微镜，就可直接观察纤维的横截面形状（见图 3-58）、皮芯结构和直径匀整情况等横向形态结构。若再采用显微镜摄影技术，就能得到各种纤维的横截面照片，由此可对纤维的异形度、中空度、复合度、皮层厚度、直径不匀率等进行计算。本实验可分析、鉴别纤维的种类，并可为调整工艺参数、提高纤维质量提供可靠依据。

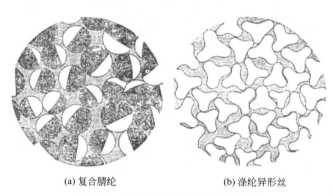

(a) 复合腈纶　　　　(b) 涤纶异形丝

图 3-58　两种常见纤维的横截面照片

三、实验仪器与试剂

Y172 型哈氏切片器 1 具；生物显微镜照明装置 1 套；XS-18 连续变倍显微镜 1 台；电脑 1 台；打印机 1 台；不锈钢梳子（粗、细齿）各 1 把；不锈钢尖头镊子和剪刀各 1 把；单面（或双面）刀片若干；载玻片、盖玻片若干；5％胶棉液 30mL；甘油（或 1∶1 蛋白甘油）30mL。

四、实验方法

1. 纤维切片

纤维切片的方法有机切和手切两种。前者操作复杂，速度慢，但制得的切片薄面均匀，并可连续切片、连续观察。后者操作简便、速度快，但制得的切片较厚。本实验采用的哈氏切片器则是手切法中效果较好、使用较广泛的一种切片器。

（1）Y172 型哈氏切片器结构简介　Y172 型哈氏切片器结构如图 3-59 所示。它主要由两块不锈钢板组成，

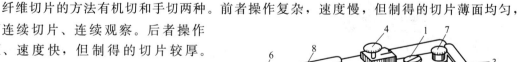

图 3-59　Y172 型哈氏切片器结构
1,2—不锈钢板；3—螺座；4—精密螺钉；5—推杆；
6—固定螺钉；7—定位螺钉；8—导槽

板1的一边有凸舌，板2的对应边上有凹口，两块不锈钢板借其两边的导槽8啮合在一起。由于凸舌长度短于凹口的深度，当两板啮合时，凸舌和凹口之间留有一长方形空隙（凹槽），纤维样品就置于此空隙中。在空隙的正上方有推杆5，它由精密螺钉4控制。在安放纤维时，整个推杆装置可以转向一边。

（2）哈氏切片器操作步骤

① 把哈氏切片器的精密螺钉4旋松，使推杆从凹槽中退出，再旋松固定螺钉6，把螺座3转到与凹槽成垂直位置（或取下），轴出板1。

② 取适量纤维束，用不锈钢板梳子梳理平直后嵌入板2的凹槽中，再把板1收入并压紧纤维。纤维数量以轻拉纤维束时不易移动为宜。对某些较软的纤维，可先在5%的胶棉液中浸润半分钟，取出拉直待纤维上的胶棉液干涸后再嵌入板2的凹槽中，插装好板1。

③ 用锋利刀片切去露在不锈钢板正、反两面的纤维。

④ 把螺座3转回工作位置，将推杆对准凹槽中的纤维束，拧紧固定螺钉6，调节定位螺钉7，使之松紧合适。

⑤ 旋转精密螺钉4，使推杆向下移动而纤维束稍稍顶出板面，在露出板面的纤维上涂一薄层胶棉液，待其凝固后用刀片沿板面切下第一片纤维切片，弃去该切片。

⑥ 重复上述操作一次，就可获得一片纤维切片。每切一片，精密螺钉4约需转过1.5～3格，这样可得到厚度均匀的切片。

⑦ 把切得的纤维切片放在滴有甘油的载玻片上，盖上盖玻片，用镊子轻压盖玻片，除去起泡后放在显微镜上观察检查。若切片中纤维面清晰而且不变形，就符合要求，若切片不合要求则应重切。

在制作各种纤维切片时，羊毛的切取较为方便，而细软的化学纤维切取则较难，这时可将难切的化纤用羊毛包覆后进行切片，这种方法称为包切法。

利用哈氏切片器可切得10～30μm厚的纤维切片。

2．显微摄影

（1）显微摄影装置　本实验采用如图3-60所示显微摄影装置，采用内光源照明。

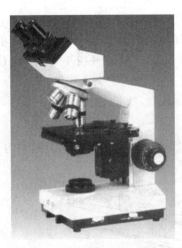

因为显微摄影要求提供照度强而均匀的照明，所以在采用无内光源的生物显微镜进行摄影时，应选用显微镜灯进行照明。

为使拍摄的照片反差适当，应配用合适的滤色镜。

（2）操作步骤

① 摄影仪接装到显微镜上，装置要稳妥可靠。

② 根据切片试样的厚薄和颜色选用适当的照明光强和滤色镜。

③ 把放有试样的载玻片夹持在显微镜镜台上，打开光源，调节反光器角度或者聚光器高度，使在视野调节圈内能观察到明亮适中且均匀的视场。

④ 打开电脑，用鼠标左键双击显微成像控制软件，进入控制软件。在控制软件的顶端工具任务栏中，依次点击摄像-采集一幅。按显微镜操作规程，调节焦距使视场中试样图像清晰，反差适中，此时可进行图像的采集。

图3-60　XS-18显微摄影仪示意图

⑤ 图像采集后，再用图像分析软件，测量纤维横截面尺寸。

⑥ 将采集的图像从电脑中导出，同时打印图片。

⑦ 依次关闭电脑、打印机、显微镜生物光源、实验室电源总开关。

⑧ 将实验过程产生的废弃物清扫干净，清理实验台。

五、实验结果

除按一般实验报告的要求外，还要求附有：

① 不同品种纤维横截面形状的描绘；

② 纤维横截面照片。

六、思考题

1. 影响纤维切片质量的主要因素是什么？

2. 显微摄影对切片质量有何要求，为什么？

实验三十九　纺织纤维的鉴别

一、实验目的

1. 学会以燃烧法、溶剂溶解法以及显微镜观察法鉴别各种纤维。

2. 熟练掌握哈氏切片法、手切法制作纤维切片的技术。

二、实验原理

各种纺织纤维，由于其物理、化学性能不同，因而在纺织加工及其应用上有所区别。在工作中或是在日常生活中，有时需要鉴别一些纤维，纺织品或衣物的性能类别。在分析混纺织物的组成和配比、对未知纤维进行剖析、研究、仿制时，也都需要对纤维进行鉴别。纤维鉴别就是利用各种纤维的外观形态和内在性质的差异，采用物理、化学等方法将其区别开来。纤维鉴别分为定性和定量两部分，前者是确定纤维的组成；后者是确定其组成的百分比。纤维鉴别通常采用的方法有显微镜法、燃烧法、溶解法、熔点法等。对一般纤维，用这些方法的组合即可比较准确、方便地进行鉴别。但对组成结构比较复杂的纤维，如接枝共聚、共混纤维或复合纤维等，则需要用适当的仪器进行鉴别，如红外光谱仪、气相色谱仪、差热分析仪、X 射线衍射仪和电子显微镜等仪器。

用物理鉴别法、化学鉴别法及仪器分析鉴别法来鉴别各种纤维，就是利用各种纤维的组成、结构的差别以及某些物理的或化学的不同性能，来区分纤维的种类。但不论用哪种方法来鉴别纤维，通常都是将欲鉴别的未知纤维与已掌握的各种已知纤维的性质、结构加以比较，进而检测识别出未知纤维的类别。

三、实验设备与试剂

1. 实验设备

酒精灯、镊子、梳子、试管；烧杯、玻璃棒、酒精灯木试管夹、电子生物显微镜；哈氏切片器；刀片；梳子；剪刀；载玻片；盖玻片；3mm 塑料管；细铜丝等。

2. 试剂

5％NaOH；35％HCl；70％H_2SO_4；40％甲酸；冰醋酸；铜氨溶液；65％硫氰酸钾；丙酮；二甲基甲酰胺；四氢呋喃；苯酚四氯乙烷混合液（1∶1 质量比）；棉；毛；黏胶纤维；醋酯纤维；涤纶；腈纶；维纶；氯纶等。

四、实验方法

1. 燃烧鉴别法

（1）原理　纤维在燃烧时会出现不同的燃烧现象，根据这些现象进行鉴别是最简单的鉴别方法。燃烧时根据燃烧状态，火焰的颜色，燃烧时散发出来的气味，燃烧后灰烬的颜色，形状和硬度等来鉴别纤维的类别。此外，还可以用纤维热分解时的气体产物区分纤维。即将纤维试样放入试管中，用酒精灯加热试管，用 pH 试纸在试管口检验。试样受热后释放出的气体呈酸性、中性或碱性。通过鉴别气体的酸碱性可以鉴别纤维（混纺纤维和经阻燃处理的纤维不能用此法区别）。

酸性：棉，麻，黏胶纤维，铜铵纤维，醋酯纤维，维纶，氯纶。

中性：丙纶，腈纶。

碱性：羊毛，蚕丝，锦纶等。

（2）实验方法　将被测纤维理成一束，用镊子夹住一端，慢慢向煤气灯的火焰靠近。当纤维接近火焰时，仔细观察纤维在火焰中以及离开火焰时的燃烧状态，鉴别燃烧时散发的气味，观察冷却后的残渣形状。常见纤维的燃烧特征见表 3-20。

表 3-20　常见纤维的燃烧特征

纤维种类	燃烧情况	气　味	灰烬颜色及形状
棉	易燃，产生黄色火焰，烧焦，部分为黑褐色	有烧纸的气味	灰烬少，灰末细软，呈浅灰色
麻	燃烧较快，火焰高，能自动蔓延，在火焰中燃烧时有爆裂声	有烧纸的气味	不结焦，灰烬少量，柔软，呈白色或灰色灰
羊毛	燃烧不快，火焰小，离火即熄灭，徐徐冒烟起泡，同时放出火焰而燃烧	有烧毛发（蛋白质）臭味	灰烬少，呈卷曲状，有带光泽的黑褐色结晶，膨松易碎
蚕丝	能燃烧但不延烧，遇火后缩成一团，燃烧时有声	有燃烧蛋白质臭味	灰为黑褐色小球，用手指一压即碎
黏胶纤维	近火即燃，燃烧快，产生黄色火焰	有烧纸的气味	灰少，呈浅灰或白色。易分散飞扬
铜铵纤维	同棉，烧焦部分比棉黑	同棉	同棉，灰量比棉少
醋酯纤维	缓缓燃烧	有醋酸刺激味	灰为黑色光亮硬块或小球
涤纶	一面熔化，一面缓慢燃烧，烧时无烟或略有黄色火烟	有芳香族化合物气味	灰为黑褐色硬块，用手可捻碎
腈纶	一面熔化，一面缓慢燃烧，火焰呈白色，明亮有力，有时略有黑烟	有鱼腥臭味	灰为黑色圆球状硬块，脆而易碎
维纶	燃烧时纤维熔融迅速收缩，燃烧缓慢，火焰小，呈红色	有花甜味	灰为褐色硬块，可用手捻碎
丙纶	一面卷缩，一面熔化燃烧，火焰明亮，呈蓝色	有略似燃沥青气味	灰为黄褐色硬块
氯纶	难燃，接近火焰时收缩，一离火即熄灭	有氯臭味	灰为不规则黑色硬块不易捻碎
锦纶	燃烧前先熔融，离火后自灭，冒黑烟，火焰很小	略有芹菜味	坚硬黄色圆球状灰烬，不易捻碎

2. 溶解法

（1）原理　溶解法是利用各种纤维在不同的化学溶剂中的溶解特性来鉴别纤维的。这种方法准确性较高，不受混纺、染色的影响。鉴别混纺纤维可用一种试剂溶去一种组分，进行定量测定。各种纤维的溶解情况见表 3-21。由于一种溶剂能溶解多种纤维，因此，需要进行几种溶剂的溶解实验，才能鉴别出是哪种纤维。

表 3-21　各种纤维的溶解情况

试剂	5%氢氧化钠	20%盐酸	35%盐酸	60%硫酸	70%硫酸	40%甲酸	冰醋酸	铜氨溶液	65%硫氰酸钾	次氯酸钠	80%丙酮	100%丙酮	二甲基甲酰胺	四氢呋喃	2:1苯:环己烷	6:4苯酚:四氯乙烷
温度/℃	沸	室温	室温	23~35	23~35	沸	沸	18~22	70~75	23~25	23~25	23~25	40~45	23~25	45~50	40~45
时间/min　样品	15	15	15	20	10	15	20	30	10	20	30	30	20	10	30	20
棉	—	—	—	—	√	—	—	√	—	—	—	—	—	—	—	—
麻	—	—	—	—	√	—	—	√	—	—	—	—	—	—	—	—
蚕丝	√	—	√	√	—	—	—	√	—	—	—	—	—	—	—	—
羊毛	√	—	—	○	—	—	—	—	—	—	—	—	—	—	—	—
黏胶纤维	—	—	√	√	√	—	—	—	—	—	—	—	—	—	—	—
醋酸纤维	—	—	√	√	√	√	√	○	—	—	√	√	√	√	—	√
锦纶	—	√	√	√	—	—	—	—	—	—	—	—	—	—	—	—
维纶	—	√	√	—	—	—	—	—	—	—	—	—	—	—	—	—
涤纶	—	—	—	—	—	—	—	—	—	—	—	—	—	—	—	√
腈纶	—	—	—	—	—	—	—	—	√	—	—	○	√	—	—	—
氯纶	—	—	—	—	—	—	—	○	—	—	—	○	√/○	√	√	○/—
偏氯纶	—	—	—	—	—	—	—	—	—	—	—	—	—	—	○	○
丙纶	—	—	—	—	—	—	—	—	—	—	—	—	—	—	○	○
氨纶	—	—	√	—	√	—	—	—	—	—	—	—	√	○/√	—	√

注：√—溶解；○—部分溶解；——不溶。

（2）实验方法　将少量纤维置于小试管中，注入某种溶剂或溶液（浴比为 100：1），摇动试管或用玻璃棒搅拌 5～15min，仔细观察溶解情况、溶解、不溶解。膨胀或部分溶解。有时还须将溶液加热至一定温度或煮沸。加热溶解时，须在通风橱内进行，用易燃的溶剂时不能用直接火焰加热。

3. 显微镜法

（1）原理　各种天然纤维由于其形态结构的特殊性而具有不同的横截面形状。化学纤维由于其纺丝方法、成型条件的不同，横截面形状也有所不同。因此，利用电子生物显微镜来观察纤维切片横截面的形状，并将所观察到的纤维横截面的形状与已知的各种纤维的横截面形状相对照，就可鉴别出所测纤维的类别。

（2）实验方法

① 试样制备　将散纤维或织物拆散纤维放在绒线板上梳齐，然后将几根纤维放在载玻片上，滴上少许黏度较大的油或胶，放上盖玻片即可作纤维的侧面镜检。

观察纤维截面形状必须将被测纤维切片。有两种切片技术，即哈氏切片法和和简易手切法。

哈氏切片法是利用哈氏切片器对纤维进行切片，得到厚度为 $10～30\mu m$ 的纤维切片。将制得的切片放在载玻片上，在试样上滴一滴 50% 的甘油，轻轻盖上盖玻片即可作纤维的截面镜检。

　　简易手切法是先截取长度为 8mm 左右的塑料管一段，将一束纤维用梳子梳理，使其平行排列，再用细铜丝钩住纤维束并将其穿进塑料管中。一束纤维的数量不宜太多或太少，以恰好充满塑料管为宜，然后用锋利的刀片切割纤维束。将选取的纤维薄片放在载玻片上，轻轻盖上盖玻片即可作纤维的截面镜检。

　　② 镜检与摄影　打开电子生物显微镜的电源。确定物镜倍数，将待测试样放到载物台上。打开微机电源，调用数字图像系统，调整载物台位置，调整焦距，电子生物显微镜将测定的纤维形状传输给电脑，电脑记录图像，并对图像进行数据处理。最后由打印机将影像及处理结果打印出来。各种纤维的横截面和侧面图可参见图 3-61 和表 3-22。

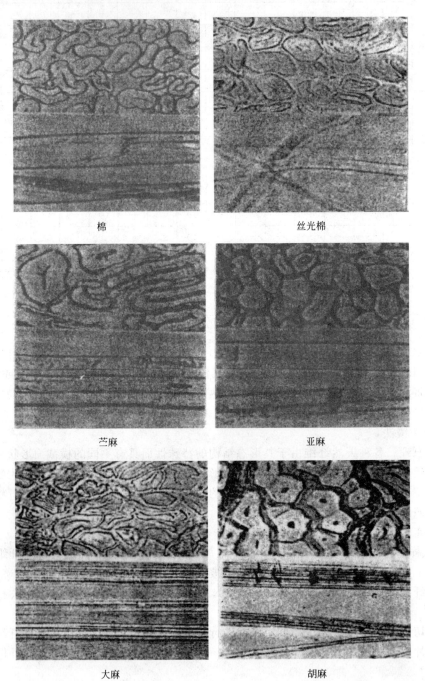

棉　　　　　　　　　　　　　　丝光棉

芒麻　　　　　　　　　　　　　亚麻

大麻　　　　　　　　　　　　　胡麻

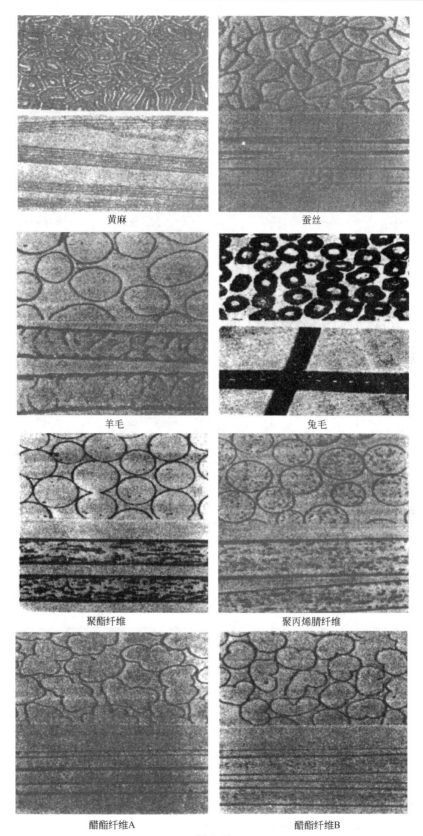

黄麻

蚕丝

羊毛

兔毛

聚酯纤维

聚丙烯腈纤维

醋酯纤维A

醋酯纤维B

图 3-61

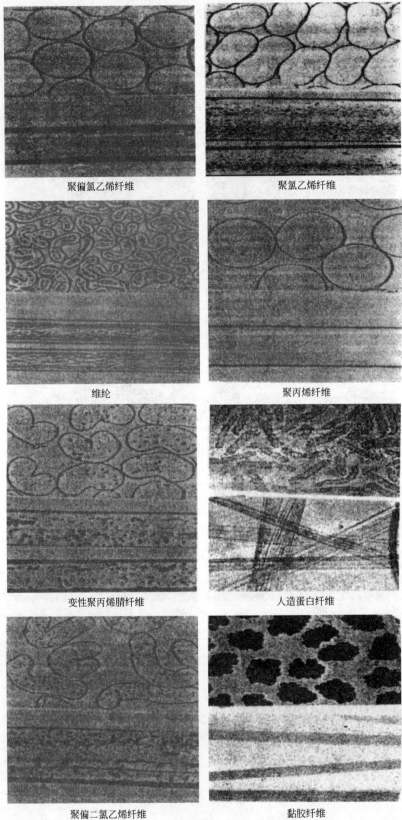

图 3-61 常见纤维的截面与表面形状

表 3-22 各种纤维的横截面、侧面的特征

名 称		横截面	侧面
棉		腰子形或马蹄形,有中空	扁平带状,条纹卷曲不规则
麻	亚麻	5~6角形,有中空	有条线,有结节
	大麻	多角至圆形	有条线,有结节
	黄麻	5~6角形	光滑,处处有紧点
	苎麻	扁平圆形,有中空	纤维纵向有条纹,并带有竹节状横节
羊毛		圆形或椭圆形	表面粗糙,有横纹似鳞片状
蚕丝		多数呈三角形,角是圆的,四周有规则	表面光滑,长形无纹
黏胶纤维		锯齿星形	纤维方向有清晰条纹
黏胶纤维(强力)		锯齿形	纤维方向有清晰条纹
铜铵纤维		圆形或近似圆形	表面光滑
醋酯纤维		三叶草的形状,少数有豆状	表面有1~2根条纹
三醋酯纤维		熔岩型	有凸凹表面
醋酸化醋酯纤维		心形	表面平滑
维纶		蚕茧状或腰子状,有透明边状	沿纤维轴方向有粗的条纹
锦纶		一般为圆形,但也有各种异形截面产品	表面光滑
涤纶		同上	同上
腈纶		圆形、哑铃状、有空穴结构	表面光滑,有条纹
丙纶		圆形	大多数表面光滑,部分产品呈瘢痕表面
聚氨酯纤维		粗骨形	表面有不明显条纹
大豆纤维		哑铃形	表面有不规则长方形凹槽
甲壳素纤维		近似圆形	表面有不规则微孔

五、实验结果与数据处理

将燃烧法、溶解法、显微镜法测试的实验现象及结果与实验中附表以及图片对比,并将结果以表格形式汇总。

六、思考题

1. 影响纤维溶解性的因素有哪些?有一未知配比的涤棉混纺纤维,如何确定其配比?
2. 如何从纤维的化学组成说明燃烧时产生的气味,燃烧后残渣的形态等燃烧特征。
3. 从天然和合成纤维形成的过程说明其形态结构的特殊性。

实验四十 纤维上染率的测定

一、实验目的

1. 通过对腈纶、涤纶的染色,了解化学纤维染色的基本原理。
2. 学会化学纤维染色的方法,掌握上染率的测定方法。

二、实验原理

化学纤维染色性是纤维的加工性能之一。其涉及着色剂及其吸收规律性、染色方法及机理、纤维结构及色泽性质等。所谓染色性好,是指可用不同染料染色,且在采用不同类染料

时，色泽鲜艳、色谱齐全、色调均匀、着色牢度好、染色条件温和。化学纤维的染色性与其化学结构和超分子结构密切相关。结晶度高、取向度大，则染色性差，反之则染色性好。染色性可直接反映纤维结构的规整性和均匀性。对合成纤维来说，纤维结构的规整性和均匀性与纤维生产工艺条件（特别是纺丝、拉伸和热定型条件）密切相关，因此，可通过考察纤维的染色性推断纤维生产工艺的合理性。

纤维的染色性一般用"上染百分率（简称上染率）"定量评价。所谓"上染百分率"是指染色后，染着到纤维上染料数量占最初投入染色体系中染料总量的百分比。

上染百分率的测定方法有：

① 染浴残液比色法；

② 萃取法，即将着色纤维上的染料通过有机试剂萃取，然后进行比色；

③ 溶解法，即将已经着色的纤维溶于某种溶剂中，进行退色测定法；

④ 染色纺织品的反射率测定法。

化学纤维品种繁多，每种纤维可选用的染料不止一种，即使选用了某种染料，其染色方法也有所不同，因此，上染率的测定方法也就有所不同。本实验采用测定染色始、末染浴的光密度变化的方法间接计算上染率。

三、腈纶染色

1. 染色原理

均聚的聚丙烯腈纤维染色十分困难，只有在120℃时，才能用分散染料染色，但染色的饱和值很低。因此，目前生产的腈纶一般为丙烯腈与第二单体和第三单体的共聚物，其中丙烯腈占88%～95%，第二单体用量为4%～10%，第三单体为0.3%～2.0%。

纤维中第二种成分的主要作用是改善纤维的微结构和纤维的物理性能以及纤维的力学性能。这样对纤维的染色性能也有一定的改善。第三种成分的作用是能引入一定数量与染料结合的基团（或称染座），从根本上改善腈纶的染色性能。常用的第二单体为非离子型单体，如丙烯酸甲酯、甲基丙烯酸甲酯、醋酸乙烯和丙烯酸胶等。常用的第三单元为离子型单体，有两类：一类是与阳离子染料有亲和力，含有缩基或磺酸基团的单体，如丙烯磺酸钠、甲基丙烯硝酸钠、亚甲基丁二酸（衣康酸）、对乙烯基苯磺酸钠、甲基丙烯苯磺酸钠等；另一类是与酸性染料有亲和力，含有氨基、酰氨基、吡啶基等的单体，如乙烯吡啶、2-甲基-5-乙烯吡啶等。目前使用的主要以第一类为主。

在染液中，阳离子染料的色素离子带正电荷，能上染于腈纶中第三单体的基团上，构成类似于盐的键的结合。阳离子染料具有着色率高、色泽鲜艳、色谱齐全等优点。根据阳离子染料在腈纶染色中的染色饱和值和纤维所含酸性基团的数量之间的定量关系，可以把上染过程看作一个离子交换过程（其中F代表纤维）。

$$F\text{—}SO_3^- H^+ + D^+ \longleftrightarrow F\text{—}SO_3^- D^+ + H^+$$

染色是在加入醋酸调节 pH=4.5 时的染液中进行的。应注意：当染液温度在腈纶的玻璃化温度 T_g 以下时，染料很难向纤维的内部扩散。但其温度超过 T_g 以后，上染速率急剧增加，而且一般的阳离子染料在腈纶上的移染性很差，因此要想获得均匀的染色效果，除了在染液中加入匀染剂，还需严格控制染色过程中的升温速率。腈纶纤维的这一染色特点在化学纤维中是很突出的。见图 3-62。

2. 实验仪器和试剂

（1）实验仪器　恒温电炉；烧杯；温度计 100℃；移液管 10mL；吸耳球；容量瓶 100mL；722 分光光度计；电子天平。

（2）试剂　阳离子孔雀绿；冰醋酸；醋酸钠；硫酸钠；阳离子匀染剂 1227 等。

3. 实验方法

① 称取 1g 腈纶。按下列处方称取染液配料：

阳离子孔雀绿	0.5%（owf）
醋酸	3%（owf）
醋酸钠	1%（owf）
硫酸钠	5%（owf）

注意：owf 为对纤维重的省略语。

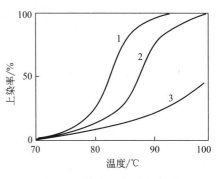

图 3-62　染色温度对阳离子
染料上染率的影响
1—阳离子红；2—阳离子黄；3—阳离子蓝

② 将染料放入烧杯中，加入醋酸使之润湿均匀，然后按浴比 1∶200 加入水、醋酸钠、硫酸钠和匀染剂 1227，搅拌均匀，倒入 100mL 容量瓶，用去离子水稀释至刻度，摇匀。以上染液配置两份，一份用于染色，一份用于比色。

③ 将染液倒入烧杯，放在温控电炉上加热，染液温度达到 70℃时，投入纤维，搅拌均匀，开始染色。按 1℃/min 升温至 85℃，保温 5min 后，再继续以 0.5℃/min 升温至沸腾，染色 60min。染色过程中应随时用玻璃棒搅拌纤维。为保证染液的浴比不变，应随时添加适量的水。

④ 染色完成后，取下烧杯，冷却至室温。取出纤维，并挤出吸附在纤维上的残液，并入残液中。用少量蒸馏水冲洗纤维，冲洗液并入染色残液中，并将残液倒入 100mL 的容量瓶中，用蒸馏水稀释至 100mL 刻度，摇匀，用于比色。

⑤ 用移液管从原配待用的染液中吸取若干毫升染液；移入容量瓶中，用去离子水稀释至 100mL，摇匀。用分光光度计先测定原配染液的最大吸收波长，并在该波长下测定其光密度。

⑥ 按同样方法将残液稀释相同的倍数，测定残液的光密度值。

注意：为使测定的光密度及染液浓度之间有良好的线性关系，应尽可能地使光密度在 0.1～0.8 范围内。这可以通过实验，找出染液的合适的冲稀倍数。

4. 实验结果及数据处理

将染色纤维洗净后晾干，观察其色泽及上色的均匀程度。将测得的原始染液及染色后的残液的光密度值，按其比色前的稀释倍数；分别换算成各自的最初光密度值，再按（3-76）式计算上染百分率：

$$上染百分率（\%）=\frac{原始染液光密度值-染后残液光密度值}{原始染液光密度值}\times 100\% \qquad (3\text{-}76)$$

5. 注意事项

① 想要得到精确的实验数据，应在正式测试前先测好染料浓度对光密度的标准曲线，用以进行必要的矫正。

② 本实验中测得的上染百分率只适用于这一特定的染色实验条件和染色实验方法，并非平衡上染百分率。由于达到染色平衡耗时过长，因此只有在进行理论研究时才采用。

③ 本实验中所使用的阳离子孔雀绿染料原为上染腈纶的基准染料，由于其稳定性不够理想，现在已改用亚甲基蓝作为腈纶的基准染料。

④ 上染百分率只能说明纤维对染料的吸收能力，不能反映染料在纤维内部的分布情况。在有实验条件的情况下，应同时用电子显微镜或电光投影仪做纤维的横切片观察，以确定上染的染料是否已均匀地渗入纤维的内部。由于阳离子染料对腈纶上染较快，因而不易染匀，

所以做纤维的横切片观察是很重要的。

四、涤纶染色

1. 染色原理

由对苯二甲酸乙二酯熔融纺丝而成的涤纶，由于其分子结构中缺少亲水性基团，而只有极性小的酯基，很难与水溶性染料产生良好的结合力，加上大分子间排列紧密、结晶高等原因，致使染料难以渗入到纤维的内部。目前对涤纶染色主要采用疏水性的分散染料高温染色，见图 3-63。

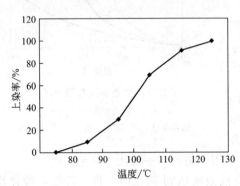

图 3-63　染色温度对分散染料上染涤纶纤维的影响

如图 3-63 所示，用分散染料对涤纶染色，即使是在 80～90℃之间染色，其上染率也很低。只有在 120℃时才有实用价值。所以涤纶染色一般采用高温高压染色法，温度在 120～130℃之间。另一种方法是热熔染色法，温度在 180～210℃，就是利用高温下染料和纤维分子的热运动来加剧上染的办法实现染色。载体染色法则是利用载体对涤纶的增塑作用，使分散染料能在 100℃以下上染涤纶。例如，T_g 为 85℃ 的涤纶，用 10% 的联苯乳液处理后，T_g 下降到 66℃。这一染色方法对某些不能经受高温的混纺制品，如涤/毛、涤/丝等有实用意义，但由于载体有一定的毒性，以及对染色品的染色牢度差等原因，只在特别的情况下才使用。

由于分散染料在水中的溶解度很低，室温下往往小于 1mg/L。其分子中不含水溶性基团，它们是借助分散剂的作用以极小的微粒（1μm）均匀地分散在水中，利用分散剂的增溶作用，大大提高了染料在溶液中的表观浓度。在染液中，悬浮着的染料微粒、成溶解状态的染料分子以及存在于分散剂所形成的胶束中的染料，构成了平衡体系如下式：

$$染料晶体 \longleftrightarrow 溶解状态染料 \longleftrightarrow 胶束中染料$$

增溶胶束在染色过程中起着储藏染料的作用。随着染料分子从溶液中被吸附到纤维上去，储藏在胶束中的染料便较快地释放出来加以补充，使上染过程得以顺利进行。已有实验证实：

$$T_{1/2} = \frac{13 \times 10^{-10}}{DC_B} \tag{3-77}$$

式中，D 为染料在涤纶中的扩散系数；C_B 为染料在水中的溶解度；$T_{1/2}$ 为半染时间，即上染达到平衡吸附量一半时所需的时间。

据此，可借助提高染料在水中溶解度的办法来提高产品上染速率。分散染料主要是依靠氢键和范德华力上染涤纶的。染色过程一般是在弱酸性的染液中进行。尽管在 100℃以下染色时，其上染率很低，但在目前的科研和生产中常用此法来检测涤纶的染色性能。本实验采用常压染色法，并用萃取法直接测定上染于纤维上的染料含量。

2. 实验仪器和试剂

（1）仪器　控温电炉；烧杯；温度计 150℃；量筒 100mL；容量瓶 100mL、50mL 各备 2 个；试管 50mL；油浴；锡纸；移液管 10mL；电子天平；分光光度计等。

（2）试剂　分散坚牢大红 B；扩散剂 NNO；磷酸二氢铵；磷酸；二甲基甲酰胺（DMF）等。

3. 实验方法

① 称取 2g 纤维，按下列比例称取染液的配料：

分散坚牢大红	1%（owf）
扩散剂 NNO	1g/L
磷酸二氢铵	2g/L

② 将染料放入烧杯中，加入扩散剂和少量蒸馏水，调匀后再放入磷酸二氢铵和蒸馏水，使总体积为 100mL，搅匀。

配置第二份；移入 100mL 容量瓶中待测试用。

③ 将染液放在控温电炉上加温到 60℃，投入纤维，开始染色。20min 内升温至沸腾，持续染 60min，在染色过程中要不断地用玻璃棒搅拌纤维。另外，为了保证浴比不变，应随时补加适量的水。染色结束后，取出纤维，先水洗，再进行皂煮（每升水含肥皂片 2g，Na_2CO_3、1g，浴比 1:30，95℃）10min，再进行水洗，最后将染色纤维放入烘箱烘干。待测定用。

④ 准确称取 0.5g 染色纤维两份；将两份纤维分别放入两个试管中，配上软木塞。将软木塞打孔，配上长约 30cm 的玻璃管，用锡纸包住软木塞。然后量取下述混合液 10～15mL，DMF 78%，H_3PO_4 2%，H_2O 20%；倒入试管中，塞好木塞。在通风橱中将油浴放在控温电炉上加温至 120℃，将准备好的试管小心放入油浴中加热，萃取 5min，取出试管。待萃取液冷却后移入 50mL 容量瓶中，如此反复三次，直至纤维变为无色为止。最后将收集到的萃取液稀释至 50mL 刻度。

⑤ 用分光光度计测出萃取液的最大吸收波长。然后，在此波长下测定两个萃取液的光密度值。并计算出它们的平均值。

4. 实验结果及数据处理

观察染色纤维的色泽深浅以及染色的均匀程度。在实验前已绘制好的染料浓度对光密度值的标准曲线上；根据实验中测得的光密度值查得相应的染料浓度，最后换算成每克纤维上分散染料的重量。

5. 注意事项

① 在油浴中萃取要小心，操作时只要将试管下部有染料的部分浸入油浴中即可。最好用小容量的脂肪萃取器做，则实验的效果会更好。

② 大部分的分散染料能溶于丙酮中，因此可将收集的染色残液装入 100mL 的容量瓶中，稀释至 100mL 刻度；然后从中取出一定体积，与一定体积的丙酮混合（丙酮/染 = 80/20），待染料充分溶解后，再测定光密度，并间接计算出上染百分率。

③ 用电子显微镜观察染色纤维的横切片，以进一步确定染料是否已均匀的渗入染色纤维的内部。

④ 如果有实验设备，可做高温高压染色后的热熔染色，以使实验结果更接近实际生产。

⑤ 近年来，从对涤纶微结构与其染色性能的线性关系的研究中发现，有几种分散染料对涤纶产品的上染率能十分敏感地反映出纤维之间的微结构差异，并能很好地反映出纤维之间的不同热历史。人们称这种染料为"标记性染料"，如 C.I. 分散蓝 139、C.I. 分散蓝 79。本实验选用的分散坚牢大红 B（C.I. 分散红 1）也有相似的效果。在洗涤染色性能的测定中，应尽量选用这些染料。

⑥ 如需要进行载体染色测定时，可先配置 100mL 乳化液载体（水杨酸甲酯 10g/L，匀染剂 1g/L，高速搅匀成稳定的乳液），然后按前述的实验方法用载体乳化液代替蒸馏水配置分散染料的染液，一切步骤同前述。

五、思考题

1. 纤维的结晶度、取向度以及结晶分布等，对其染色性能有怎样影响？

2. 腈纶是否可用分散染料染色？反之，阳离子能否对涤纶染色？

3. 光密度值与染料浓度成线性关系是从哪个定律中得出的？

实验四十一　纤维比电阻的测定

一、实验目的

1. 了解测定纤维比电阻的基本原理和测定方法。

2. 掌握纤维比电阻仪的结构、操作方法和实验数据处理。

二、实验原理

1. 化学纤维导电性能

化学纤维作为纺织原料是一大进步，但其结晶结构具有疏水性，高聚物极性的强弱直接影响电阻值大小，范围大致在 $10^7 \sim 10^{15}\,\Omega$ 之间，说明具有较高的绝缘性。因此，在纤维的生产、加工和使用过程中，由于纤维与机件表面的摩擦产生的静电不能及时散失导致严重的静电现象。

静电现象会带来严重的弊病与危害，诸如纤维容易被沾污，纤维的缠绕现象，无法控制其排列位置等。由此可见，化学纤维的导电性能对其生产、加工和应用等环节都有巨大的影响意义。

2. 化学纤维导电性能测量方法

目前，比电阻仪法与静电仪法是纤维材料静电性能测量的主要方法，比电阻测量按执行标准可分为四种，参见表 3-23。

表 3-23　化学纤维比电阻测量方法

测试标准	德国工业标准	前苏联国家标准	美国纺织化学家和染色家协会标准	中国 YG321 型纤维比电阻仪
测试结果	电阻值	纤维和长丝束电阻值	纱线电阻率	纤维体积比电阻

纤维导电性通常用比电阻来表征，比电阻值越大，纤维的导电性越差。因为单根纤维比电阻的测量十分困难，同时不具有实际意义，所以一团纤维所体现的比电阻测量更多被采用。比电阻可分为表面比电阻、体积比电阻和质量比电阻三种。

（1）体积比电阻　材料的导电性能可用电阻率 ρ 表示。如试样两端电压为 V，流过的电流强度为 I 时，根据欧姆定律可知试样的电阻 R 为：

$$R = \frac{V}{I} \tag{3-78}$$

材料的电阻与几何形状有关，即与试样的长度 L 成正比，与截面积 S 成反比，因此，材料的电阻率表示如下：

$$R = \rho_v \frac{L}{S} \tag{3-79}$$

式中，比列常数 ρ_v 称为电阻率、电阻系数或体积比电阻，$\Omega \cdot cm$。通常，无特别说明时，比电阻就是指 ρ_v。由此可知，试样的几何形状不再影响其电阻率，而仅由材料的性质决定。

（2）质量比电阻　由于纤维材料的截面积或体积不易测量，故质量比电阻（ρ_m）也经常被使用来表征其电阻。如 d 为纤维的密度，则 ρ_m 与 ρ_v 两者间的关系为：

$$\rho_m = \rho_v d \tag{3-80}$$

（3）表面积电阻　在某些情况下，纤维材料的导电仅在表面进行，与体积内部无关，因此其固有电阻特性应理解为表面比电阻或表面电阻率（ρ_s）。

$$\rho_s = \frac{RW}{L} \tag{3-81}$$

式中，R 为放在材料表面上测得的两电极间的材料表面电阻，Ω；W 为试样宽度，cm；L 为两电极间的距离或试样的长度，cm。

3. YG321 型纤维比电阻仪的结构与原理

YG321 型纤维比电阻仪（如图 3-64 所示）由高值电阻测试仪和纤维测试盒两部分组成。

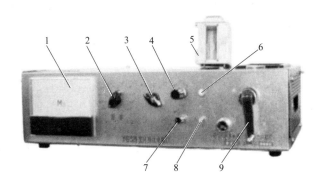

图 3-64　YG321 型纤维比电阻仪

1—指示仪表；2—倍率选择开关；3—测试开关；4—"∞"调节旋钮；5—纤维测试盒；
6—电源指示灯；7—满度调节旋钮；8—电源开关；9—加压装置摇手柄

由于一团散乱的纤维，彼此接触不均匀导致密度和形状不确定，所以测量其比电阻值十分困难。纤维测试盒内壁两侧是两块电极板，放入被测纤维后，摇动加压装置手柄可以改变电极板板面面积，从而使散乱纤维具有一定的体积密度（标准填充度）。理想情况下，可理解为纤维间不含空气，那么测试盒内的纤维即为均匀物质，其电阻率 ρ_v 应为：

$$\rho_v = R \cdot \frac{S}{L} \tag{3-82}$$

当然纤维盒内一定具有空气，所以纤维所占的实际电极面积不是 S，而是 Sf。f 为材料的标准填充度。所以公式（3-82）应改写为：

$$\rho_v = R \cdot \frac{Sf}{L} = 12Rf \tag{3-83}$$

纤维标准填充度 f 的计算公式如下：

$$f = \frac{m/d}{SL} = \frac{m}{SLd} = \frac{m}{bhLd} \tag{3-84}$$

式中，m 为被测纤维的质量，g；d 为纤维密度，g/cm³；b 为电极板有效长度，4cm；h 为电极板高度，6cm；L 为两电极板之间的距离，2cm。各种常规纤维的标准填充度 f 值见表 3-24。

表 3-24　各种常规纤维的标准填充度 f 值

品种	涤纶	丙纶	腈纶	维纶	锦纶
密度 d/(g/cm³)	1.38	0.895~0.91	1.14~1.17	1.26~1.30	1.14
填充度 f	0.23	0.35	0.27	0.24	0.27

三、仪器和试剂

（1）仪器　YG321 型纤维比电阻仪、精密电子天平、镊子、剪刀、黑绒板、密梳片。

（2）试剂及样品　四氯化碳、待测纤维若干。

四、实验步骤

1. 试样准备

将待测纤维试样 50g 用密梳片扯松后，置于环境条件为：标准大气压、温度为（20±2)℃、相对湿度为（65±3)％条件下，进行调湿，使纤维达到吸湿平衡（每隔 30min 连续称量的质量递变量不超过 0.1％）。

从已达到吸湿平衡的试样中，再称取 15g 纤维，共 3 份，以备测试使用。

2. 仪器准备

① 使用前，检查电源开关是否断开，倍率开关是否置于"∞"处，"放电-测试"开关是否选择"放电"。

② 保证仪器接地端通过导线与大地连通，电源电压为（220±20)V。

③ 接通电源，闭合电源开关，指示灯亮，"放电-测试"开关选择"测试"位置；预热 30min 后，缓慢调节"∞"电位器旋钮，使兆欧表指针指在"∞"处，直至静止。

④ 将"倍率"开关拨至"满度"位置，调节"满度"电位器旋钮，使指针在满度位置。

⑤ 反复将"倍率"开关拨至"∞"和"满度"位置，检查仪表指针是否在"∞"和"满度"位置，调试时，纤维不允许放入测量盒。

⑥ 纤维测试盒用四氯化碳清洗干净，并用纤维比电阻仪测量，保证其电阻值不低于 $10^{14}\Omega$ 后才可进行实验。

3. 测量步骤

① 先将纤维测试盒从机箱内取出，并从纤维测试盒内取出压块，再将 15g 纤维用大镊子均匀地塞入盒内，推入压块，最后把纤维测试盒放回机箱内，转动摇手柄直至摇不动为止（注意不要用力过大）。

② 将"放电-测试"选择"放电"位置，待极板上因填装纤维产生的静电散逸后，即可拨到"测试"位置进行测量。

③ 测试电压选择 100V 挡，调节"倍率"开关，使电表读数稳定，此时表头读数乘以倍率即为被测纤维的电阻值。读数时，指针应半偏以减小读数误差。如果指针偏转较小，可将测试电压调至 50V 读数，此时结果应由表盘读数除以 2 再乘以倍率得出。

④ 测试过程中如发生指针不断上升现象，结果应以通电 1min 时的读数计算出纤维的比电阻值。

五、实验结果与数据分析

1. 纤维比电阻 ρ_v 的计算公式如下：

$$\rho_v = R \cdot \frac{Sf}{L} = 12Rf$$

2. 纤维标准填充度 f 的计算公式如下：

$$f = \frac{m/d}{SL} = \frac{m}{SLd} = \frac{m}{bhLd}$$

比电阻计算到小数点后 2 位，按 GB8170 修约到小数点后 1 位。测试结果取三次结果的算术平均值，比电阻用 $a \times 10^n$ 表示，且 $1.0 \leqslant a < 10$。

六、思考题

1. 测试纤维导电性能有哪些方法？
2. 仪器使用前为什么要先将开关拨到"放电"位置？
3. 影响纤维体积比电阻测试结果的因素有哪些？

实验四十二　纤维含油率的测定

一、实验目的

1. 了解纤维的上油的目的与作用，掌握控制纤维含油率的方法。
2. 了解含油率对纤维的可纺性和纺织加工性能的影响。
3. 学会含油率的测定方法。

二、实验原理

在化纤生产过程中，纤维的上油是非常重要的工序，纤维的含油率及含油的均匀性是化纤生产中非常重要的指标。纤维油剂一般作为润滑剂或抗静电剂，能保证纤维的集束性、平滑性和抗静电性能。由于纤维的含油率及含油的均匀性指标不仅严重影响到纤维本身的质量，更影响到后道织造工序。因此，合理控制化学纤维的含油率，对保证纺丝过程的顺利进行，改善化学纤维纺织加工性能及织物质量有重要意义。

测定化学纤维的含油率，一般采用有机溶剂提取法，其原理是：以有机溶剂处理纤维，将纤维中的油剂用索氏提取器（或称脂肪提取器）全部提取于有机溶剂中，然后蒸出全部溶剂，称量容器内残留物的重量，即为该测纤维的含油量。本实验采用三种方法提取纤维油剂：①索氏提取法，见图 3-65；②振荡法，见图 3-66；③折射率法。

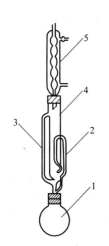

图 3-65　索式萃取器

1—烧瓶；2—虹吸管；3—侧管；
4—提取器；5—冷凝器

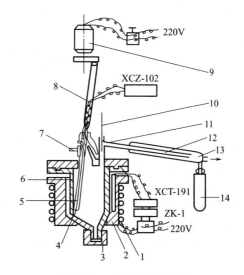

图 3-66　小型机械振荡器

1—热电偶；2—铝加热套；3—出料口螺母及针形阀；4—搅拌棒；
5—铂电阻；6—反应釜；7—冷却水夹套；8—搅拌棒套管；
9—电机；10—温度计；11—分流柱支管；12—直形
冷凝管；13—接引管；14—接收瓶

三、实验仪器与试样

（1）实验仪器　凝器、烧瓶、小型机械振荡器；250mL 磨口三角瓶；铝盒（110mm×

35mm×20mm)、NMR 纤维含油率检测仪 MQA7020 等。

(2) 实验药品　乙醚、四氯化碳、涤纶纤维等。

四、实验方法

1. 索氏提取法

① 精确称取已在 100～105℃烘干 1h 的试样 4g，用滤纸包成圆筒形（圆筒直径比提取器的直径小 0.5cm），小心放入提取器中，在烧瓶中加入乙醚（2/3 左右），冷凝器中通入冷凝水，按图 3-65 组装好，放入水浴锅内加热，温度控制在 50℃左右，以保证溶剂沸腾。在提取时，溶剂顺侧管上升至冷凝器被冷凝，回流到装有试样的纸筒上，提取油剂，并逐渐充满提取器。当液面升到虹吸管的最高点时，发生虹吸作用，油剂很快由提取器流至烧瓶。此提取过程反复进行，逐渐把油剂提取出来。在正常情况下，每小时溶剂充满提取器 5～6 次，每个试样提取 2 个小时大约 12 次，即可认为完全提取。

② 纤维油剂提取完毕后，取下提取器，将烧瓶与一直形冷凝器相连，蒸出全部溶剂，然后将烧瓶和提取物在 105℃干燥箱中烘干至恒重。

③ 计算

$$含油率(\%)=\frac{G_2-G_1}{G}\times100\%\qquad(3-85)$$

式中，G_2 为烧瓶与提取物重量，g；G_1 为烧瓶重量，g；G 为试样重量，g。

2. 振荡法

① 将试样放入 105℃干燥箱中烘干 1h，取出放入干燥器中，冷至室温，精确称量 2g 试样，置于 250mL 三角瓶中，加入四氯化碳 70mL，放在振荡器上振荡 20min，如图 3-66 所示。然后将四氯化碳通过漏斗倒入另一三角瓶中，再将漏斗装到盛试样的三角瓶上，用 30mL 四氯化碳多次洗涤试样。洗涤完毕后，用洁净玻璃棒小心将试样中四氯化碳挤干，然后将试样放入事先恒重的铝盒中。

② 将放有试样的铝盒放入真空干燥箱里，在 105℃、真空度 700～750mm 汞柱（1mmHg＝133.322Pa）下，烘 1.5h，取出放入干燥器中，冷至室温，称重。

③ 计算：

$$含油率(\%)=\frac{G-G_1}{G}\times100\%\qquad(3-86)$$

式中，G_1 为提取后试样重量，g；G 为提取前试样重量，g。

注意：此实验应在通风柜中进行，以免四氯化碳溢出，有害身体。

3. 折射率法

用前两种方法将纤维油剂提取于有机溶剂后，蒸发回收有机溶剂，残留提取物在红外线干燥箱中烘干。将提取物溶于适量的纯水中，配成溶液，在 25℃下，用阿贝折射仪测定折射率。用测得的折射率，在折射率对油剂浓度及含量的标准曲线上，求出相应的油剂浓度及含量。

标准曲线的做法：将所用的油剂，配成若干个不同的浓度的水溶液（如 1%，2%，3%，4%，5%），在 25℃下，用阿贝折光仪分别测定其折射率；绘制出折射率对油剂浓度的关系曲线；再根据油剂的浓度计算出相应的油剂含量，绘制出折射率对油剂含量的关系曲线。

1994 年，牛津仪器研制出世界首台 NMR 专用纤维含油率检测仪 QP20，2000 年，牛津仪器又推出新一代 NMR 纤维含油率检测仪 MQA7020，如图 3-67。与传统纤维油剂分析技术相比，纤维含油率检测仪 MQA7020 利用核磁共振技术，其原理是向样品发射磁脉冲磁场。当磁场取消时，测试样品的氢核信号，纤维发出的信号比纤维油发出的信号衰减快，从两者的差异即可换算出成分的比例。因此，该技术是一种非破坏性、准确、快速的测定方法。其分析过程非常简单：将纤维样品放入直径×长度＝18mm×40mm 的玻璃或试管中（样品量为 8.5mL），再插入 MQA7020 即开始测定，几秒钟就给出准确的分析结果。目前该技术已经被欧洲、美国、日本、韩国、我国台湾等几乎所有知名的纤维制造企业使用。

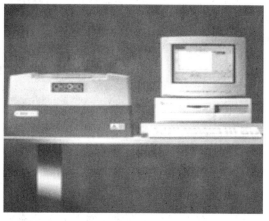

图 3-67　NMR 纤维含油率检测仪 MQA7020

4. 注意事项

① 有机试剂毒性大，挥发性强。因此，在实验中应注意对实验温度的控制，避免有机试剂蒸发过快。

② 乙醚易燃，易爆，在实验中注意防火，杜绝使用明火，加强通风。

五、实验结果与数据分析

纤维含油率的计算。

1. 索氏提取法

$$含油率(\%)=\frac{G_2-G_1}{G}\times100\%$$

式中，G_2 为烧瓶与提取物重量，g；G_1 为烧瓶重量，g；G 为试样重量，g。

2. 振荡法

$$含油率(\%)=\frac{G-G_1}{G}\times100\%$$

式中，G_1 为提取后试样重量，g；G 为提取前试样重量，g。

3. 折射率法

实验完毕直接由设备打印实验数据。

六、思考题

1. 为什么要在纺丝过程中给纤维上油剂？

2. 涤纶短纤维、POY、DTY 的上油量应以多少为宜，为什么？

3. 如何调整 POY 的含油率。

第三节　橡胶成型与性能表征实验

橡胶是唯一一种具有高弹性的材料，是人类使用的重要材料之一，已在交通运输、建筑、电子、航天、石油化工、地质勘探、农业、机械、军事、水利、气象、日常生活等领域得到了广泛的应用。几乎所有的橡胶制品都需要进行配方设计，都要通过混炼和硫化等加工工序。一个合格的橡胶制品，除了要求合格的原材料、好的配方外，还要求精确的加工和精密的测量，这几个环节中有一个做不好，就很有可能得不到合格的产品。橡胶制品配方设计的好坏，需要通过性能测试才能得到评价；加工过程是否精确，也需要通过性能测试加以证实和控制。掌握橡胶物性测试技术，提高测试技术水平，才能更好地进行配方设计和产品制造。橡胶成型与性能表征实验这部分内容中介绍了多种橡胶性能的测试方法、测试设备、测试标准，为学生学习橡胶基本知识和理论与实践结合提供了技术平台，为广大橡胶工作者提供了必要的参考。

实验四十三　橡胶塑炼工艺实验

一、实验目的

1. 了解橡胶塑炼的目的。
2. 了解开炼机塑炼原理。
3. 掌握开炼机塑炼操作技术。

二、实验原理

生胶是橡胶弹性体，属线型高分子化合物。高弹性是它最宝贵的性能，但是过分的强韧高弹性反而会给成型加工带来很大的困难，且成型的制品也没有使用价值。因此，生胶一般都须经过塑炼、混炼和硫化等加工程序，才能制成有真正使用价值的材料。生胶的加工在配方设计的基础上一般进行下列加工过程，见框图 3-68。

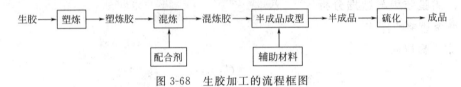

图 3-68　生胶加工的流程框图

其中，塑炼和混炼是橡胶加工的两个重要工艺过程，统称炼胶。其目的是要制备具有柔软可塑，可用于成型的并具有一定使用性能的胶料。

生胶的分子量通常都是很高的，从几十万到百万以上。过分高的分子量带来的强韧高弹性给成型加工带来很大的困难，必须使之成为柔软可塑性状态才能与其他配合剂均匀混合，这就需要对生胶进行塑炼。

塑炼可以通过机械的、物理的或化学的方法来完成。其中，机械法主要是依靠机械剪切力的作用，同时借助空气的氧化作用使生胶大分子降解到某种程度，从而使生胶弹性下降而可塑性得到提高；物理法则是在生胶中充入与生胶相容性好的增塑剂或软化剂，以削弱生胶大分子间的作用力而使其可塑性得到提高，目前充油丁苯橡胶用得比较多；而化学塑炼则是在生胶中加入某些塑解剂，以促进大分子的降解，通常这是与机械塑炼同时进行的。

本实验对天然橡胶采用开放式炼胶机进行机械法塑炼。天然橡胶生胶置于开炼机的两个相向转动的辊筒间隙中，在低温（＜50℃）下反复经受机械剪切作用，因而受力降解；与此同时，降解形成的大分子自由基，在空气中氧的氧化作用下还会发生一系列复杂的化学反应，最终使天然生胶达到一定的可塑度。

开炼机塑炼的程度和效率主要与生胶种类、开炼机的辊筒间隙以及塑炼温度有关。胶种不同，塑炼的难易程度差异较大；而开炼机辊筒间隙愈小、塑炼温度愈低，则机械作用力愈大，塑炼效率愈高。此外，塑炼时间、是否加入塑解剂以及塑炼的工艺操作方法等也会影响塑炼的效果。

随着合成橡胶工业的发展，为了适应橡胶加工的需要，目前国内外合成橡胶工业都有低门尼黏度的橡胶品种生产，由于在合成时分子量得到了适当的控制，生胶就具有了适当的可塑性，因而在加工中可省去塑炼工序，此时炼胶实际上就只需生胶与配合剂的混炼了。但是，由于橡胶制品种类繁多，胶料的配方和成型工艺过程千差万别，所以在大多数情况下塑炼仍然是必须的。本实验中，天然生胶的塑炼就是必不可少的。

生胶塑炼的程度是以塑炼胶的可塑度来衡量的，塑炼过程中可取样测定，不同的制品和成型工艺要求胶料具有不同的可塑度，见表 3-25。一般可塑度均应该严格控制，塑炼不充分和过度塑炼均是有害的。

表 3-25　常用塑炼胶的可塑度

塑炼胶种类	可塑度（威廉氏）	塑炼胶种类	可塑度（威廉氏）
胶布胶浆用塑炼胶		海绵胶料用塑炼胶	0.50～0.60
含胶率 45% 以上	0.52～0.56	压出胶料用塑炼胶	
含胶率 45% 以下	0.56～0.60	胶管外层胶	0.30～0.35
三角带线绳浸胶用塑炼胶	0.50 左右	胶管内层胶	0.25～0.30
薄膜压延胶用塑炼胶		胎面胶用塑炼胶	0.21～0.24
胶膜厚度 0.1mm 以上	0.35～0.45	传动带布层擦胶用塑炼胶	0.49～0.55
胶膜厚度 0.1mm 以下	0.47～0.56		

注：胎面胶要求物理机械性能较高。

橡胶的塑性通常以威廉氏（Williams）法测定，即在一定温度和一定负荷下，经过一定时间后根据试样高度的变化来评定可塑度。测定时，将直径为 16mm、高 10mm 的圆柱形试样在 (70 ± 1)℃ 或 (100 ± 1)℃ 下（注意：相同温度下的测试结果才能相比），放置于两压板之间，加上一定的试样负荷，压缩 3min 后除去负荷，取出试样在室温下恢复 3min，测量试样高度的压缩变形量及除掉负荷后的变形量，按下式计算可塑度 P：

$$P = \frac{h_0 - h_2}{h_0 + h_1} \tag{3-87}$$

式中，h_0 为试样原高度，mm；h_1 为试样压缩 3min 后的高度，mm；h_2 为试样除去负荷恢复 3min 后的高度，mm。

如果试样为绝对流体，即 $h_2 = h_1 = 0$，则 $P = 1$；如果试样为绝对弹性体，即 $h_2 = h_0$，则 $P = 0$；生胶和塑炼胶为黏弹体，它们的可塑度 P 在 0～1 之间，P 的数值愈大表示胶料的可塑性愈大。

三、主要设备及原料

1. 设备

① XK-160A 型双辊筒开炼机，辊筒工作直径，160mm；辊筒工作长度，320mm；辊筒转速，24r/min（前辊），17.8r/min（后辊）。

② 最小压片厚度，0.2mm；加料量，100～1000g。

③ GT-7060-S 型橡胶威廉氏可塑性试验机，高铁检测仪器（东莞）有限公司。

④ QP-16 型切片机，高铁检测仪器（东莞）有限公司。

⑤ 工具：割胶刀、天平、剪刀、镊子、测厚仪。

2. 原料

天然橡胶生胶 500g。

四、实验步骤

（1）实验准备

① 打开开炼机辊筒冷却水，准备好天然生胶。

② 可塑性试验机预热至 (100 ± 1)℃。

③ 准备好各种工具。

（2）烘胶：将天然橡胶在 40~50℃烘箱中烘烤 3~4h 备用。

（3）按开炼机操作规程启动开放式炼胶机，注意观察开炼机是否运转正常。

（4）破胶：调节辊距至最小，在靠近大牙轮的一端操作，以防损坏设备。将块状生胶连续压入两辊之间，投料不宜中断，以防胶块弹出伤人。

（5）破胶后即取少量生胶用威廉氏可塑性试验机测定其可塑度。

（6）薄通：胶块破碎后，将辊距调至 0.5mm，辊温控制在 50℃以下（用自来水冷却辊筒）。将破胶后的胶块从大牙轮一端加入，使之通过辊筒的间隙，使胶片直接落到接料盘内，直至所有胶片全部通过辊筒辊压一遍，计为一次薄通。然后将胶片扭转 90°，重新一次投入到辊筒的间隙中进行下一次薄通，继续薄通至所需的薄通次数为止。

（7）捣胶：生胶经 15 次薄通后即可开始捣胶。将辊距放大至 1.0mm，使胶片包辊后，手握割刀从左向右割至近右侧边缘（不要割断），再向下割，使胶料落在接料盘上，直到辊筒上的堆积胶将消失时才停止割刀。割落的胶随着辊筒上的余胶带入辊筒的右方，然后从右向左同样进行割胶操作。这样的操作反复 5~10 次。

（8）辊筒的冷却：由于辊筒受到强烈的摩擦，在塑炼过程中辊温会升高，应经常以手触摸辊筒，若感到烫手，则应适当调大辊筒冷却水，使辊温下降，并保持不超过 50℃。

（9）取样测定生胶经薄通 5 次、10 次、20 次、30 次、40 次、50 次、60 次时的可塑度。

五、实验数据处理

① 测定胶料在各塑炼阶段的可塑度，画出可塑度与薄通次数的关系曲线；

② 重点分析影响开炼机塑炼质量的主要因素。

六、注意事项

1. 在开炼机上操作必须严格按操作规程进行，要求高度集中注意力。

2. 割刀时必须在辊筒的水平中心线以下部位操作。

3. 禁止戴手套操作。

4. 辊筒转动时，手不能接近辊缝处，双手应尽量保持在辊筒水平中心线以下，送料时应作握拳状。

5. 有专人看管安全紧急刹车，遇到危险时立即触动安全刹车停车。

6. 留长辫子的同学要求戴安全帽后操作。

七、思考题

1. 开炼机塑炼操作中应注意哪些主要问题？

2. 影响天然胶开炼机塑炼的主要因素有哪些？

实验四十四　橡胶混炼工艺实验

一、实验目的

1. 了解混炼的目的意义。

2. 了解影响开炼机混炼的主要因素。

3. 熟悉开炼机混炼的工艺操作方法。

二、实验原理

混炼是在塑炼胶的基础上进行的又一个炼胶工序，本实验也是在开炼机上进行的。为了取得具有一定可塑度的、性能均匀的混炼胶，除了控制辊距的大小及适宜的辊温（小于

90℃）之外，还必须注意按一定的加料顺序进行混炼。量小难分散的配合剂应首先加到塑炼胶中，让它有较长时间进行分散；量大的配合剂一般迟一些加；硫黄用量虽小，但一般都是在最后加入，以防止胶料出现焦烧等质量事故。不同的制品及不同的成型工艺要求混炼胶的可塑度、硬度等都是不同的，混炼过程要随时抽样测定，并且要严格控制混炼的工艺条件。

　　本实验所列的配方表明是要通过实验制备一些软质橡胶试片。橡胶制品的硬度主要取决于橡胶的硫化程度，通常可按软硬程度将硫化胶分为硬质胶、半硬质胶和软质胶三种。本实验配方中硫黄的用量在 5 份以下，交联度较小，制品质地较柔软；所选用的两种促进剂对天然胶和丁苯橡胶的硫化都有促进作用，不同的促进剂同时使用是因为他们的活性强弱及活性温度有所不同，在硫化时将使促进交联作用更加协调、充分显示交联效果。助促进剂即活化剂，在炼胶和硫化时起活化作用。化学防老剂多为抗氧剂，用来防止橡胶大分子在加工及应用过程中的氧化降解，从而达到稳定的效果。石蜡与大多数橡胶的相容性不良，能集结于制品表面起到滤光阻氧等防老化效果，并且对于成型加工有润滑作用。碳酸钙和滑石粉等有增容和降低制品成本的作用，其用量多少对制品的物理机械性能也有较大的影响。

　　表 3-26 中所列的 5 个实验配方可以反映几个常见的配方变量关系，通过配方 1 和配方 2 可考察不同硫化体系对胶料硫化特性和物理性能的影响规律；通过配方 2 和配方 3 可考察不同补强填充体系对胶料物理性能的影响规律；通过配方 2、4 和 5 可考察橡胶共混体系对胶料硫化特性和物理性能的影响规律。通过本组实验可使同学对橡胶配方设计及其混炼、硫化操作的基本要点有所了解，也可改变实验配方及变量参数。

表 3-26　原料配方

配方编号	1	2	3	4	5
天然橡胶/g(可塑度＝0.30～0.40)	100	100	100	80	50
丁苯橡胶/g	0	0	0	20	50
硫黄/g	1	2	2	2	2
促进剂 TMTD/g	0.5	1	1	1	1
促进剂 DM/g	0.25	0.5	0.5	0.5	0.5
氧化锌/g	5	5	5	5	5
硬脂酸/g	1	1	1	1	1
古马隆树脂/g	1	1	1	1	1
凡士林/g	1	1	1	1	1
邻苯二甲酸二辛酯/g	1	1	2	1	1
半补强炭黑/g	35	35	50	35	35
轻质碳酸钙/g	15	15	30	15	15
滑石粉/g	15	15	30	15	15
防老剂 4010/g	1	1	1	1	1
Σ	176.75	178.5	224.5	178.5	178.5

注：为保证混炼过程操作比较方便，实验时表中数据均乘以 3。

三、主要设备及原料

1. 设备

① XK-160A 型双辊筒开炼机，上海第一橡胶机械厂。

辊筒工作直径 160mm，辊筒工作长度 320mm，辊筒转速 24r/min（前辊）、17.8r/min（后辊），最小压片厚度 0.2mm，加料量 100～1000g。

② GT-7060-S 型橡胶威廉氏可塑性试验机，高铁检测仪器（东莞）有限公司。

③ QP-16 型切片机，高铁检测仪器（东莞）有限公司。

④ 工具：割胶刀、天平、剪刀、镊子、测厚仪等。

2. 原料

塑炼胶 350g。

四、实验步骤

（1）塑炼天然胶，使天然胶的可塑度控制在 0.30～0.40 的范围内。

（2）调节辊筒的温度在 50～60℃之间，后辊较前辊略低些。

（3）制备共混橡胶：将天然橡胶与丁苯橡胶在开炼机上通过薄通充分混合均匀。

（4）包辊：塑炼胶置于辊缝间，调整辊距使塑炼胶既包辊又能在辊缝上部有适当的堆积胶。经 2～3min 的辊压、翻炼后，使之均匀连续的包裹在前辊筒上，形成光滑无隙的包辊胶层。取下胶层，放宽辊距至 1.5mm 左右，再把胶层投入辊缝使其包于后辊，然后准备加入配合剂。

（5）吃粉　不同配合剂一般可按下列顺序分别加入。

① 首先加入固体软化剂（如古马隆树脂），这是为了进一步增加胶料的塑性以便混炼操作，同时因为固体分散剂往往分散较困难，早些加入可使其有较长的时间混合分散。

② 加入促进剂、防老剂和硬脂酸。促进剂和防老剂用量少，分散均匀度要求高，也应早些加入多混些时间，以便分散。此外，有些促进剂（如 DM 类）对胶料有增塑效果，早些加入有利于混炼。防老剂早些加入则可以防止混炼时因升温而可能导致的胶料的老化现象。硬脂酸是表面活性剂，它可以改善亲水性的配合剂和高分子之间的润湿性，当硬脂酸加入后，就能在胶料中得到良好的分散。

③ 加入氧化锌。氧化锌是亲水性的，在硬脂酸之后加入有利于在橡胶中的分散。

④ 加入补强剂和填充剂。这两种助剂用量较大，要求分散好本应早些加入，但由于混炼时间过长反而会引起粉料的结聚，固应采用少量、分批投料法，而且需要较长的时间才能逐步混入到胶料中。

⑤ 液体软化剂（如邻苯二甲酸二辛酯）具有润滑性，又会使填充剂和补强剂等粉料结团，不宜过早加入，通常要在填充剂和补强剂混入之后才能加入。

⑥ 硫黄是最后加入的，这是为了防止混炼过程中出现焦烧现象。但对于丁腈胶混炼时，硫黄则宜早些加入，因为它在丁腈胶中的分散尤其困难。另外，在配方中硫黄用量高达30～50份的硬质胶中，如果最后加硫则在较短时间内是难以分散均匀的，而若混炼时间较长又易引起焦烧。在此情况下，可以先加硫黄，而促进剂在最后加，即促进剂和硫黄必须前后分开加入。

另外，吃粉过程每加入一种配合剂后都要捣胶两次。在加入填充剂和补强剂时，要让粉料自然的进入胶料中，使之与橡胶均匀接触混合，而不必急于捣胶。同时，混炼过程中要逐步调宽辊距，使辊筒上的堆积胶始终保持在适当的范围内。待粉料全部吃完后，由中央处割刀分往两端，进行捣胶操作使混炼更趋均匀。

（6）翻炼　全部配合剂加入后，将辊距调至 0.5～1.0mm，用打三角包、打卷、折叠或走刀法等对胶料进行翻炼，直至胶料的均匀性和可塑度均符合要求为止。翻炼过程也应取样测定可塑度。

① 打三角包法：将包辊胶割开，用右手捏住割下的胶片的左上角，将胶片翻下角；用左手将右上角胶片翻至左下角，将此动作反复直至胶料全部通过辊筒。

② 打卷法：将包辊胶割开，顺势向下翻卷成圆筒状，直至胶料全部卷起，然后将卷筒形胶垂直插入辊筒间隙，这样反复至规定的次数，使混炼均匀为止。

③ 走刀法：用割刀在包辊胶上交叉割刀，连续走刀，但不割断胶片，使胶料改变受剪切力的方向，更新堆积胶。翻炼操作通常进行 3～4min，待胶料的颜色均匀一致，表面光滑即可停止，然后将混炼胶压成 2mm 左右厚的胶片停放待用。

（7）混炼胶的称量　按配方的加入量，混炼胶的重量损耗应在配方重量的 1% 以下，若超过这一数值，严格讲来胶料应该报废，而必须重新配炼。

五、实验数据处理

① 测定混炼胶的可塑度并加以分析说明。

② 重点分析影响开炼机混炼质量的主要因素。

六、思考题

1. 影响天然胶开炼机混炼的主要因素有哪些？

2. 混炼过程中，硫黄是不是一定要在混炼的最后加入？为什么？

3. 为什么胶料配方中的促进剂通常都是几种配合在一起使用的？

实验四十五　密炼机混炼工艺

一、实验目的

1. 了解密炼机的结构及混炼效果的影响因素。

2. 熟练掌握密炼机混炼的操作方法。

二、实验原理

密炼机工作时，两转子相对回转，将来自加料口的物料夹住带入辊缝受到转子的挤压和剪切，穿过辊缝后碰到下顶栓尖棱被分成两部分，分别沿前后室壁与转子之间缝隙再回到辊隙上方。在绕转子流动的一周中，物料处处受到剪切和摩擦作用，使胶料的温度急剧上升，黏度降低，增加了橡胶在配合剂表面的湿润性，使橡胶与配合剂表面充分接触。配合剂团块随胶料一起通过转子与转子间隙，转子与上下顶栓、密炼室内壁的间隙，受到剪切而破碎，被拉伸变形的橡胶包围，稳定在破碎状态。同时，转子上的凸棱使胶料沿转子的轴向运动，起到搅拌混合作用，使配合剂在胶料中混合均匀。配合剂如此反复剪切破碎，胶料反复产生变形和恢复变形，转子凸棱的不断搅拌，使配合剂在胶料中分散均匀，并达到一定的分散度。由于密炼机混炼时胶料受到的剪切作用比开炼机大得多，炼胶温度高，使得密炼机炼胶的效率大大高于开炼机。

密炼机一般由密炼室、两个相对回转的转子、上顶栓、下顶栓、测温系统、加热和冷却系统、排气系统、安全装置、排料装置和记录装置组成。转子的表面有螺旋状突棱，突棱的数目有二棱、四棱、六棱等，转子的断面几何形状有三角形、圆筒形或椭圆形三种，有切向式和啮合式两类。测温系统由热电偶组成，主要用来测定混炼过程中密炼室内温度的变化；加热和冷却系统主要是为了控制转子和混炼室内腔壁表面的温度。密炼机密炼室结构示意图如图 3-69 所示。

三、主要设备及原料

主要设备：小型密炼机，见图 3-70。

原料：塑炼胶 350g。

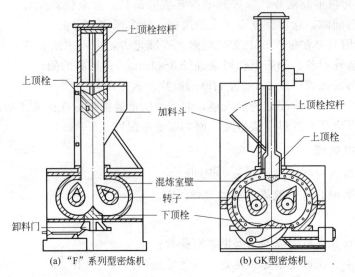

图 3-69　密炼机密炼室结构示意图

图 3-70　小型密炼机

四、实验步骤

① 按照密炼机密炼室的容量和合适的填充系数（0.6～0.7），计算一次炼胶量和实际配方。

② 根据实际配方，准确称量配方中各种原材料的用量，将生胶、小料（ZnO、SA、促进剂、防老剂、固体软化剂等）、补强剂或填充剂、液体软化剂、硫黄分别放置，在置物架上按顺序排好。

③ 打开密炼机电源开关及加热开关，给密炼机预热，同时检查风压、水压、电压是否符合工艺要求，检查测温系统、计时装置、功率系统指示和记录是否正常。

④ 密炼机预热好后，稳定一段时间，准备炼胶。

⑤ 提起上顶栓，将已切成小块的生胶从加料口投入密炼机，落下上顶栓，炼胶 1min。

⑥ 提起上顶栓，加入小料，落下上顶栓混炼 1.5min。

⑦ 提起上顶栓，加入炭黑或填料，落下上顶栓混炼 3min。

⑧ 提起上顶栓，加入液体软化剂，落下上顶栓混炼 1.5min。

⑨ 排胶，用热电偶温度计测胶料的温度，记录密炼室初始温度、混炼结束时密炼室温度及排胶温度，最大功率、转子的转速。

⑩ 将开炼机的辊距调到 3.8mm，打开电源开关，使开炼机运转，打开循环水阀门，再将从密炼机排出的胶料投到开炼机上包辊，待胶料温度降到 110℃以下，加入硫黄，左右割刀各二次，待硫黄全被吃进去，胶料表面比较光滑，割下胶料。

⑪ 将开炼机辊距调到 0.5mm，投入胶料薄通，打三角包，薄通 5 遍，将辊距调到 2.4mm 左右，投入胶料包辊，待表面光滑无气泡，下片，称量胶料的总质量，放在平整、洁净的金属表面上冷却至室温，贴上标签注明胶料配方编号和混炼日期，停放待用。

五、数据记录与处理

记录开始混炼时温度、混炼时间、转子转速、上顶栓压力、排胶温度、功率消耗、混炼胶质量与原材料总质量的差值及密炼机类型。

六、注意事项

开始混炼实验时，可先混炼一个与实验胶料配方相同的胶料调整密炼机的工作状态，再正式混炼；对同一批混炼胶料，密炼机的控制条件和混炼时间应保持相同。

七、影响密炼机混炼效果的因素

密炼机混炼的胶料质量好坏，除了与加料顺序有关外，主要取决于混炼温度、装料容量、转子转速、混炼时间、上顶拴压力和转子的类型等。

1. 装料容量

即混炼容量，容量不足会降低对胶料的剪切作用和捏炼作用，甚至出现胶料打滑和转子空转现象，导致混炼效果不良。反之，容量过大，胶料翻转困难，使上顶栓位置不当，使一部分胶料在加料口颈处发生滞留，从而使胶料混合不均匀，混炼时间长，并容易导致设备超负荷，能耗大。因此，混炼容量应适当，通常取密闭室总有效容积的 $60\% \sim 70\%$ 为宜。密炼机混炼时装料容量可用下列经验公式计算：

$$Q = KV\rho \tag{3-88}$$

式中，Q 为装料容量，kg；K 为填充系数，通常取 $0.6 \sim 0.7$；V 为密闭室的总有效容积，L；ρ 为胶料的密度，g/cm^3。

填充系数 K 的选取与确定应根据生胶种类和配方特点，设备特征与磨损程度、上顶栓压力来确定。NR 及含胶率高的配方，K 应适当加大；合成胶及含胶率低的配方，K 应适当减小；磨损程度大的旧设备，K 应加大，新设备要小些；啮合型转子密炼机的 K 应小于剪切型转子密炼机；上顶栓压力增大，K 也应相应增大。另外，逆混法的 K 必须尽可能大。

2. 加料顺序

密炼机混炼中，生胶、炭黑和液体软化剂的投加顺序与混炼时间特别重要，一般都是生胶先加，再加炭黑，混炼至炭黑在胶料中基本分散后再加入液体软化剂，这样有利于混炼，提高混炼效果，缩短混炼时间。液体软化剂过早加入或过晚加入，均对混炼不利，易造成分散不均匀，混炼时间延长，能耗增加。液体软化剂的加入时间可由分配系数 K 确定。硫黄和超速促进剂通常在混炼的后期加入，或排料到压片机上加，减少焦烧危险。小药（固体软化剂、活化剂、促进剂、防老剂、防焦剂等）通常在生胶后，炭黑前加入。

3. 上顶栓压力

密炼机混炼时，胶料都必须受到上顶栓的一定压力作用。一般认为，上顶栓压力在 $0.3 \sim 0.6MPa$ 为宜。当转子转速恒定时，进一步提高压力效果也不大。当混炼容量不足时，上顶栓压力也不能充分发挥作用。提高上顶栓压力可以减少密闭室内的非填充空间，使其填充程度提高约 10%。随着容量和转速的提高，上顶栓的压力必须增大。

上顶栓压力提高会加速混炼过程胶料生热，并增加混炼时的功率消耗。

4. 转子结构和类型

转子工作表面的几何形状和尺寸在很大程度上决定了密炼机的生产能力和混炼质量。密炼机转子的基本构型有两种：剪切型转子和啮合型转子。一般说来，剪切型转子密炼机的生产效率较高，可以快速加料、快速混合与快速排胶。啮合型转子密炼机具有分散效率高、生热率低等特性，适用于制造硬胶料和一段混炼。啮合型转子密炼机的分散和均化效果比剪切型转子密炼机要好，混炼时间可缩短 $30\% \sim 50\%$。

5. 转速

提高密炼机转子的速度是强化混炼过程的最有效的措施之一。转速增加一倍，混炼周期大约缩短 30%～50%。提高转速会加速生热，导致胶料黏度降低，机械剪切效果降低，不利于分散。

6. 混炼温度

混炼温度高，有利于生胶和胶料的塑性流动和变形，有利于橡胶对固体配合剂粒子表面的湿润和混合吃粉，但又使胶料的黏度下降，不利于配合剂粒子的破碎与分散混合。混炼温度过高还会加速橡胶的热氧老化，使硫化胶的物理机械性能下降，即出现过炼现象；还会使胶料发生焦烧现象，所以密炼机混炼过程中必须采取有效的冷却措施；但温度不能太低，否则会出现胶料压散现象。

7. 混炼时间

在同样条件下，采用密炼机混炼胶料所需的混炼时间比开炼机短得多。混炼质量要求一定时，所需混炼时间随密炼机转速和上顶栓压力提高而缩短。加料顺序不当，混炼操作不合理都会延长混炼时间。

延长混炼时间能提高配合剂在胶料中的分散度，但也会降低生产效率。混炼时间过长又容易造成胶料过炼而使硫化胶的物理机械性能受到损害，还会造成胶料的"热历史"增长而容易出现焦烧现象，因此应尽可能缩短胶料的混炼时间。

实验四十六　橡胶硫化工艺实验

一、实验目的

1. 了解橡胶硫化的原理和影响因素。
2. 掌握橡胶模压硫化的工艺方法。
3. 掌握橡胶硫化仪和平板硫化机的操作方法。

二、实验原理

本实验硫化方法采用模压法，通常又称为模型硫化。它是将一定量的混炼胶置于模具的型腔内，通过平板硫化机在一定的温度和压力下成型，同时经历一定的时间而发生适当的交联反应，最终取得制品的过程。天然橡胶是异戊二烯的聚合物，大分子的主链上有双键，硫化反应主要发生在大分子间的双键上。

硫化反应的机理简述如下：在适当的温度、特别是当达到促进剂的活性温度时，由于活性剂的活化以及促进剂的分解成自由基，促使硫黄成为活性硫，同时聚异戊二烯主链上的双键打开，形成橡胶大分子自由基，活性硫原子作为交联键桥使橡胶大分子间交联起来而成为立体网状结构。双键处的交联程度与交联剂硫黄的用量有关。硫化胶作为立体网状结构并非橡胶大分子所有的双键处都发生了交联，交联度与硫黄用量基本上是成正比关系的。所得的硫化胶制品实际上是松散的、不完全的交联结构。成型时，施加一定的压力有利于活性点的接近和碰撞，促进了交联反应的进行，也有利于胶料的流动，以便取得具有适宜密度和与模具型腔形状相符的制品。硫化过程要保持一定的时间，主要是由胶料的工艺性能来决定的，也是为了使交联反应达到配方设计所要求的程度。硫化完成后，制品不必冷却即可脱模，因为模具内的胶料已交联定型为橡胶制品。

在硫化历程中，橡胶的各种性能都随硫化条件（硫化温度、硫化压力和硫化时间）而变化，当硫化胶的综合性能达到最佳值时的硫化状态称为正硫化，达到正硫化状态所需要的时间称为正硫化时间。处在正硫化前期的状态称为欠硫，后期则称为过硫，两种硫化胶的物理机械性能均较差。

正硫化时间可由物理化学法、物理机械性能法及专用仪器法等多种方法测定，只有采用相同方法测得的数据间才有可比性。本实验中采用硫化仪法测定硫化曲线，如图 3-71 所示。随着硫化时间的增加，胶料的扭矩值先是下降，至最低点后又上升。一般正硫化时间直接由硫化仪测得：

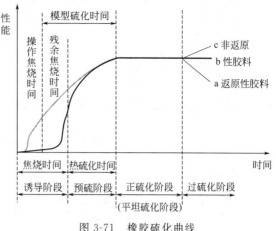

图 3-71　橡胶硫化曲线

$$正硫化时间＝T_{c90}　（min）$$

同时，可得到 T_{s1}、T_{s2}、M_L、M_H 及硫化曲线、硫化速率曲线、全扭矩曲线等图形，据此可获得胶料的焦烧时间、硫化速率、硫化平坦性、硫化胶的物理性能等有用信息，为橡胶配方研究提供参考依据。

三、主要设备及原料

1．设备

① QLB-D350×350×2 平板硫化机。

② 橡胶试片压制模具。

③ GT-M2000-FA 型发泡橡胶无转子硫化仪，高铁检测仪器有限公司。

2．原料

混炼胶 350g，石蜡。

四、实验步骤

（1）测定混炼胶试样在一定温度下（如 145℃）的硫化曲线，确定正硫化时间。

（2）硫化胶试样的模压成型

① 混炼胶首先经开炼机热炼成柔软的厚胶片，然后在规定温度下停放 12～24h，裁剪成一定的尺寸备用。胶片裁剪的平面尺寸应略小于模腔面积，而胶片的体积则要求略大于模腔体积。

② 模具预热：模具经清理干净后，可以在模具内表面涂上少量脱模剂（石蜡），然后置于硫化机的平板上，在硫化温度（如 145℃）下预热约 3min。

③ 加料模压硫化：将已准备好的胶料试样毛坯放入已预热好的模腔内，并立即合模置于压机平板的中心位置，然后开动压机加压，胶料硫化压力控制在 5～7MPa，硫化时间则按正硫化时间确定。

④ 若实际硫化温度与硫化曲线的测定温度不一致，则应先按有关公式计算等效硫化时间，并按等效硫化时间制备硫化胶片。

（3）硫化胶试片的停放和性能测试：刚脱模的试片性状较脆，一般试片要在平整的台面上冷却到室温并停放 12～24h，才能对硫化胶进行各项物理机械性能测试。

五、实验数据处理

1．分析影响混炼胶正硫化时间长短的主要因素。

2．如何由硫化曲线确定正硫化时间。

3．讨论影响硫化胶质量的主要因素。

六、注意事项

1．硫化仪和平板硫化机都必须在专业人员指导下正确操作。

2. 闭合模具时，须排空 2～3 次，再进行保压操作。

3. 平板硫化机和压片模具温度较高，操作中应戴好防护手套，防止烫伤。

七、思考题

1. 如何确定正硫化时间？

2. 影响胶料硫化质量的主要因素有哪些？

3. 生胶、塑炼胶、混炼胶及硫化胶的材料结构和物理性能有何不同？

实验四十七　橡胶硫化曲线的测定

一、实验目的

1. 理解橡胶的硫化特性及其意义。

2. 了解橡胶硫化仪的结构和工作原理。

3. 掌握硫化仪的操作和准确处理硫化曲线的方法。

二、实验原理

橡胶硫化是橡胶加工中最重要的工艺过程之一。硫化是橡胶的物理化学变化过程，其中主要是化学反应，经历着一系列复杂的化学交联过程。在这过程中，橡胶发生了一系列的化学反应，使线型状态的橡胶变为立体网状的橡胶。硫化结果，使未硫化胶变成硫化胶，导致橡胶由塑性物质变成弹性物质，具有良好的物理机械性能和化学性能，成为工业上有使用价值的材料。因此，硫化对橡胶及其制品有着十分重要的意义。

硫化是在一定温度、压力和时间条件下使橡胶大分子链发生化学交联反应的过程。因此，压力、温度和时间是构成硫化工艺条件的主要因素，对硫化质量有决定性影响，通常称为硫化三要素。因此，合理地正确选取和确定硫化工艺条件非常重要。

橡胶在硫化过程中，其各种性能随硫化时间增加而变化，一般规律如图 3-72 所示。拉伸强度、抗撕裂强度首先随硫化时间增加而上升，当增至一定值后逐渐下降；伸长率、生热、变形随硫化时间增加而减少；硬度、弹性、定伸随硫化时间增加而增至某一定值。由此可见，硫化时间是表征橡胶硫化程度的标志，硫化时间的选取，决定了硫化胶性能的好坏。

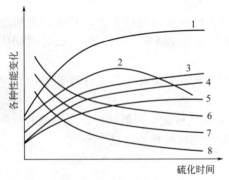

图 3-72　不同硫化时间各种性能的变化

1—拉伸强度；2—撕裂强度；3—弹性；

4—硬度；5—300％定伸强度；

6—伸长率；7—生热；8—变形

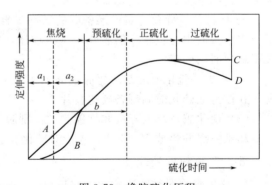

图 3-73　橡胶硫化历程

A—起硫快速的胶料；B—有延迟特性的胶料；C—过硫后定伸强度继续上升的胶料；D—具有返原性的胶料；a_1—操作焦烧时间；a_2—剩余焦烧时间；b—模型硫化时间

橡胶硫化的历程可分为焦烧、预硫化、正硫化和过硫化四个阶段，如图 3-73 所示。

焦烧阶段又称硫化诱导期，是指橡胶在硫化开始前的延迟作用时间，在此阶段胶料尚未开始交联，胶料在模型内有良好的流动性。预硫化阶段是焦烧期以后橡胶开始交联的阶段，随着交联反应的进行，橡胶的交联程度逐渐增加，并形成网状结构，橡胶的物理机械性能逐渐上升，但尚未达到预期的水平。正硫化阶段，橡胶的交联反应达到一定程度，此时的各项物理机械性能均达到或接近最佳值，其综合性能最佳。过硫化阶段是正硫化以后继续硫化，此时氧化及热断链反应占主导地位，胶料会出现物理机械性能下降现象。

由硫化历程可以看到，橡胶处于正硫化时，其各项物理机械性能或综合性能达到最佳值。（即综合了各项性能选定的）理论正硫化时间，则是达到正硫化状态所需的时间。预硫化或过硫化阶段，橡胶物理机械性能都相对较差。

从硫化反应动力学原理来看，正硫化应是胶料达到最大交联密度时的硫化状态，正硫化时间应由胶料达到最大交联密度所需的时间来确定比较合理。但在实际应用上，由于橡胶各项性能往往不会在同一时间都达到最佳值，而且对制品的要求往往侧重于某一、两个方面，因此常常侧重于某些性能来选择和确定最佳正硫化时间，显然与上述正硫化时间概念是不同的，称为工艺正硫化时间或技术正硫化时间。

测定正硫化程度的方法有三类，有化学法、物理法和仪器法。前两种方法是在一定的硫化温度下测定不同硫化时间的硫化胶样品的性能，然后绘出曲线，找出最佳值作为正硫化时间，虽然都能在一定程度上测定胶料的硫化程度，但存在过程复杂、不经济、精度低、重现性差等缺点，尤其不能连续测定硫化全过程。仪器法测定橡胶的硫化特性，即硫化焦烧时间、正硫化时间等，显示硫化仪的诸多优点，如测定快速、准确、方便、试样用料少，能连续测定硫化全过程，因此在国内外得到广泛的使用。

目前用转子旋转振荡式硫化仪来测定和选取正硫化点最为广泛。这类硫化仪能够连续的测定与加工性能和硫化性能有关的参数，包括初始黏度、最低黏度、焦烧时间、硫化速度、正硫化时间和活化能等。

硫化仪的测量原理：一般情况下，胶料样片放置在上下两个模体中间（或转子硫化仪的转盘中间），通过与胶料样片相连的模体（或转子）的摆动，使胶料受到扭矩的作用产生力信号，力信号通过传感器测量并记录转换成的扭矩信号，绘制得到硫化曲线。

硫化仪测定的是转矩值，转矩大小之所以能反映胶料的硫化程度，原因如下。

① 由于橡胶的硫化过程实际上是线型高分子材料进行交联的过程，因此用交联点密度的大小（单位体积内交联点的数目）可以检测出橡胶的交联程度。根据弹性统计理论可知：

$$G = \rho RT \tag{3-89}$$

式中，G 为剪切模量，MPa；ρ 为交联点密度，mol/mL；R 为气体常数，8.314J/(mol·K)；T 为热力学温度，K。

式中 R、T 是常数，故 G 与 ρ 成正比，只需要得出 G 就能反映交联程度。

② 胶料剪切模量 G 与转矩 M 也存在一定的线性关系，因为从胶料在模腔中受力分析中可知，转子作 $\pm 3°$ 的摆动，对胶料施加一定的力使之形变，与此同时，胶料将产生剪切力、拉伸力、扭力等。这些力的合力 F 对转子将产生转矩 M，阻碍转子的转动，而且随胶料逐渐硫化，其 G 也逐渐增加，转子摆动在固定应变的情况下，所需转矩也成正比例的增加。

综上所述，通过硫化仪测得胶料随时间的应力变化（硫化仪以转矩读数反映），即可表示剪切模量的变化，因此测定胶料转矩的大小就可反映胶料的交联密度，从而反应硫化交联

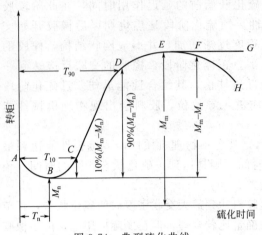

图 3-74　典型硫化曲线

过程的情况。

硫化仪测得胶料的典型硫化曲线，见图 3-74。

在硫化曲线中，M_n 为最小转矩值，反应胶料在一定温度下的可塑性；M_m 为最大转矩值，反应硫化胶的模量。焦烧时间和正硫化时间根据不同类型的硫化仪有不同的判别标准，一般取值是：T_{10} 为转矩达到 M_n + 10% $(M_m - M_n)$ 时所对应的硫化时间，即焦烧时间；T_{90} 为转矩达到 M_n + 90% $(M_m - M_n)$ 所对应的硫化时间，即正硫化时间。$T_{90} - T_{10}$ 为硫化反应速度，其值越小，硫化速度越快。

硫化曲线 AB 段表示胶料在模腔温度的影响下由硬变软，流动性增加，故转矩下降；BC 段表示胶料开始硫化，转矩开始上升，整个 AC 段叫做焦烧阶段，为硫化诱导期。CD 段为硫化区，其特征是转矩以近似直线形式增加，表示硫化反应的过程。从 D 到 G 出现平坦区，表明硫化已经完成。有些胶料在 F 点出现转矩下跌，是分子断裂效应引起的（称为过硫），也有的胶料没有平坦区，曲线继续升高，从硫化曲线可以得到硫化过程的全貌。

对硫化曲线的解析方法很多，最常用的是平行线法，该法简便而且重视性好。方法是通过硫化曲线最小转矩和最大转矩值，分别引平行于时间轴的直线，两条平行线与时间轴距离分别为 M_n 和 M_m，焦烧时间和硫化时间分别以达到一定转矩所对应的时间表示（仪器可采用微机处理数据）：

T_{10} 焦烧时间——转矩为 M_n + 10% $(M_m - M_n)$ 对应的时间，min；

T_{90} 正硫化时间——转矩为 M_n + 90% $(M_m - M_n)$ 对应的时间，min。

有些合成胶或配方的不同，做出的硫化曲线没有平坦区，即随硫化时间的无限增加，曲线始终不收敛，就不能采用平行线法求正硫化点，Gehman 提出：

$$F_\infty = \frac{F_3^2 - F_1 - F_2}{2F_3 - (F_1 + F_2)} \qquad (3-90)$$

式中，F_1 为 T_1 时所对应的转矩值；F_2 为 T_2 时所对应的转矩值；F_3 为 T_3 时所对应的转矩值；F_∞ 为最大转矩值；F_0 为最小转矩值；T_0 为最小转矩所对应时间。

F_1、F_2、F_3 在 T_1、T_2、T_3 确定后，可以从硫化曲线中得到，见图 3-75 所示。

但 T_1、T_2、T_3 不能任意选取，必须满足等差关系即：

$$T_2 = \frac{T_1 + T_3}{2} \qquad (3-91)$$

可先任意选定 T_1 和 T_3，当然 $T_3 > T_1$，而且相差应较大，T_2 即可由式(3-91)求得。再从图 3-75 中硫化曲线上找出与 T_1、T_2、T_3 相对应的转矩值 F_1、F_2 和 F_3，再代入式(3-90)，可求出最大转矩 F_∞。这样就可以按照前述已知最

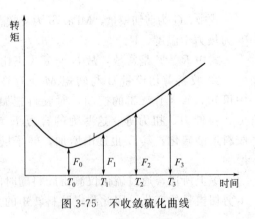

图 3-75　不收敛硫化曲线

大转矩和最小转矩值，用平行线法求取 T_{10} 和 T_{90}。

如不采用平行线法，可以用下式求硫化速度常数 K。

$$K=\left[\frac{4.6}{T_3-T_1}\right]\lg\left[\frac{F_2-F_1}{F_3-F_2}\right] \tag{3-92}$$

式中，K 为硫化速度常数。

再由经验公式可求：

$$T_{90}=T_0+(2.3/K) \tag{3-93}$$
$$T_{95}=T_0+(3.0/K) \tag{3-94}$$
$$T_{99}=T_0+(4.6/K) \tag{3-95}$$

三、主要仪器及试样

1. 仪器

GT-M2000-A/FA 硫化试验机依据 ASTM-D5289 标准制作，为微机控制转子旋转振动硫化仪。其基本结构如图 3-76 所示。主要包括主机传动部分，应力传感器及微机控制和数据处理系统组成。硫化仪工作原理是该仪器的工作室（模具）内有一转子不断地以一定的频率作微小角度（±3°）的摆动。而包围在转子外的胶料在一定温度和压力下，其硫化程度逐步增加，模量则逐步增大，造成转子摆动转矩也成比例地增加，将转矩值的变化传送给电脑记录并处理，转矩随时间变化的曲线即为硫化特性曲线。

2. 试样

① 橡胶混炼胶。一般胶料混炼后停放 2h 即可进行实验，但不得超过 10 天。

② 试样不应有杂质、气泡、灰尘等杂物。

③ 试样为两片直径约 38mm、厚度约 5mm 的圆片，其中一个圆片中心打上直径约 10mm 的孔。

四、实验步骤

① 接通总开关，打开机台电源后再打开电脑电源。

② 开动压缩机为模腔备压。

③ 设定仪器参数：温度、量程、测试时间等。待上、下模温度升至设定温度，稳定 10min。

④ 开启模具，将转子插入下模腔的圆孔内，通过转子的槽楔与主轴连接好。闭合模具后，转子在模腔内预热 1min，开模，将胶料试样置于模腔内，填充在转子的四周，然后闭模。装料闭模时间越短越好。

⑤ 模腔闭合后立即启动电机，仪器自动进行实验。

⑥ 实验到预设的测试时间，转子停止摆动，上下模自动上升，取出转子和胶样。

⑦ 清理模腔及转子。

五、实验结果与分析

1. 将实验数据填入表 3-27 中。

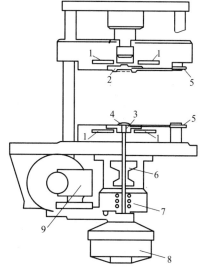

图 3-76　硫化仪结构

1—加热器；2—上模；3—下模；4—转子；
5—温度计上下加热模板；6—扭矩传感器；
7—轴承；8—气动夹持器；
9—电动机和齿轮箱

表 3-27 实验数据记录

项目 \ 实验序号	1	2	3	4
实验温度/℃				
最小转矩 M_n/N·m				
最小黏度时间 T/min				
最大转矩 M_m/N·m				
最大转矩时间 T/min				
$M_n + 10\%(M_m - M_n)$/N·m				
焦烧时间 T_{10}/min				
$M_n + 90\%(M_m - M_n)$				
正硫化时间 T_{90}/min				
硫化反应速度 $T_{90} - T_{10}$/min				

2. 每种实验品试样数量不应少于 2 个。

3. 实验精度用最大转矩和正硫化时间两个指标控制,同一胶料两个试样的最大转矩的互差不得大于 1.96×10^{-3}N·m;T_{90} 的互差不得大于 4min。

六、思考题

1. 什么叫正硫化时间、焦烧时间?

2. 未硫化橡胶硫化特性的测定有何意义?

实验四十八 橡胶门尼黏度的测定

一、实验目的

1. 深刻理解门尼黏度的物理意义。

2. 了解门尼黏度的仪器结构和工作原理。

3. 掌握使用门尼黏度仪测定橡胶门尼黏度的方法。

二、实验原理

门尼黏度实验是用转动的方法来测定生胶、未硫化胶流动性的一种方法。门尼黏度计模腔及转子的结构如图 3-77 所示。

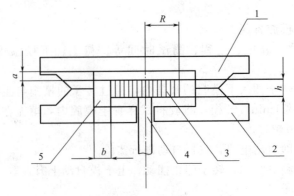

图 3-77 门尼黏度计模腔及转子示意图

1—上模座;2—下模座;3—转子;4—转子轴;5—装试样的模腔;R—转子半径;h—转子厚度;

a—转子上、下表面至上、下模壁的垂直距离;b—转子圆周至模腔圆周的距离当转子在充满胶料的模腔中转动时，转子对胶料产生力矩的作用，推动贴近转子的胶料层流动，模腔内其他胶料将会产生阻止其流动的摩擦力，其方向与胶料层流动方向相反。此摩擦力即是阻止胶料流动的剪切力，单位面积上的剪切力即剪应力，经研究可知，其大小与切变速率、黏度存在一定的关系。目前应用较广泛，适合非牛顿流动的定律是幂指数经验公式：

$$\tau = K\gamma^n \tag{3-96}$$

式中，τ 为剪切应力，MPa；γ 为切变速率，s^{-1}；K 为稠度系数，MPa·s；n 为流动指数（在一定的 γ、温度下是常数）。

为了讨论问题方便起见，把式(3-96)改写成下面的形式：

$$\tau = K\gamma^n = K\gamma^{n-1}\gamma \tag{3-97}$$

$$\tau/\gamma = K\gamma^{n-1} \tag{3-98}$$

设

$$\eta_{表} = \tau/\gamma = K\gamma^{n-1} \tag{3-99}$$

则

$$\tau = \eta_{表}\gamma \tag{3-100}$$

在模腔内阻碍转子传动的各点表观黏度 $\eta_{表}$ 以及切变速率 γ 随着转动半径不同而不同，所以需采用统计平均值的方法来描述 $\eta_{表}$、τ、γ。由于转子的转速是定值，转子和模腔尺寸也是定值，故 γ 的平均值对相同规格的门尼黏度计来说，就是一个常数，从公式(3-100)可知，平均的表观黏度 $\eta_{表}$ 与平均的剪应力 τ 成正比。

在平均的剪切应力 τ 作用下，将会产生阻碍转子转动的转矩，其关系式如下：

$$M = \tau SL \tag{3-101}$$

式中，M 为转矩；τ 为平均剪应力，MPa；S 为转子表面积，mm^2；L 为平均的力臂长，mm。

转矩 M 通过蜗轮、蜗杆推动弹簧板，使它变形并与弹簧板产生的弯矩和刚度相平衡。从材料力学可知，存在式(3-102)关系：

$$M = Fe = \omega\sigma = \omega E\varepsilon \tag{3-102}$$

式中，F 为弹簧板变形产生的反力，N；e 为弹簧板力臂长，mm；ω 为抗变形断面系数；σ 为弯曲应力，MPa；ε 为弯曲变形量；E 为杨氏模量，MPa。

由式(3-102)可知，ω 和 E 都是常数，所以 M 与 ε 成正比。

三、主要仪器及试样

(1) 仪器 GT-7080-S2 门尼黏度仪示意图见图 3-78。

(2) 试样 丁基橡胶，天然橡胶等。

四、实验步骤

① 打开压缩机气源开关，检查调节气压为 4.6kgf/cm²（1kgf/cm² = 98.0665kPa）。

② 打开机台装配柜上总电源开关。

③ 打开主机台上的 POWER 键，UPPER DIE 及 LOWER DIE 键。

④ 启动计算机，打开操作系统软件。

⑤ 将 40g 橡胶料在开炼机上开炼好，压成薄片，制备两块直径约 45mm，厚度约 8mm 的橡胶试样，其中一块中心打 8mm 的圆孔。试样应在实验温度下停放至少 30min 并在 24h 内进行实验。

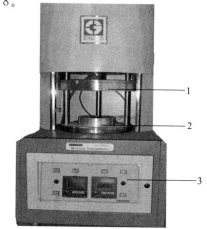

图 3-78 GT-7080-S2 门尼黏度仪示意图
1—上模座；2—下模座；3—控制面板

⑥ 根据试样选择转子，当所测试样的门尼黏度值大于 100 时，使用小转子，当所测试样的门尼黏度值小于 100 时，使用大转子。

⑦ 如测定丁基橡胶，设定实验温度为 125℃、预热 1min、测试 8min；温度稳定 10min 后，将试样上下用玻璃纸垫好，放入下模腔内。双手同时按下"CLOSE"键，放下保温罩。

⑧ 如测定天然橡胶，设定实验温度为 100℃、预热 1min、测试 4min；温度稳定 10min 后，将试样上下用玻璃纸垫好，放入下模腔内。双手同时按下"CLOSE"键，放下保温罩。

⑨ 如设定"自动监测实验开始"，则合模后，软件自动进入测试状态（若未设定自动监测开始，单击屏幕上的"测试开始"，进行测试）。

⑩ 测试完毕后，记录数据，打印测试图表见图 3-79。然后先关掉计算机，再关掉机台电源，最后关掉总电源。

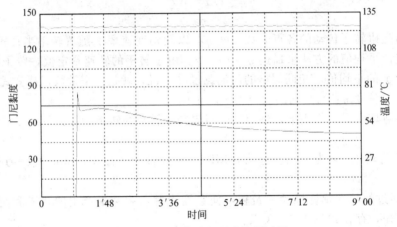

图 3-79　丁基橡胶门尼黏度测试图

五、注意事项

操作中应戴棉线手套，以防被热模烫伤。实验时，胶料上下侧应垫玻璃纸，防止胶料粘在上下模腔。

六、实验结果与讨论

① 丁基橡胶试样以转动 8min 的黏度值表示实验结果；天然橡胶试样以转动 4min 的黏度值表示实验结果。

② 代表每种实验品的试样不应少于 2 个，取其算术平均值。

③ 实验结果精确到小数点后一位。

④ 两个实验测定结果的差值不得大于 2 个黏度值。

七、思考题

1. 高聚物的门尼黏度与分子量有何关系，影响高聚物的门尼黏度有哪些因素？

2. 门尼黏度作为评价橡胶性能的指标，能反映橡胶的哪些特性？

实验四十九　橡胶的门尼焦烧

一、实验目的

1. 了解焦烧的概念及其对橡胶制品加工的影响。

2. 掌握用门尼黏度计测定门尼焦烧时间。

二、实验原理

焦烧是未硫化胶在工艺过程中产生早期硫化即由线型分子开始出现交联的现象。早期硫化速度的快慢，是用焦烧时间来度量的。由于橡胶具有热累积效应，故实际焦烧时间包括操作焦烧时间和剩余焦烧时间两部分。操作焦烧时间是指橡胶加工过程中由于热累积效应所消耗掉的焦烧时间，它取决于加工条件（如橡胶混炼、热炼及压延、压出等工艺条件）。剩余焦烧时间是指胶料在热模型中保持流动性的那部分时间。

门尼黏度计测定门尼焦烧时间，即是在一定温度下求其剩余的焦烧时间。根据国家标准 GB/T 1233—92 规定，门尼焦烧实验一般采用大转子，直径为 (38.10 ± 0.03)mm，当实验高黏度胶料时，允许使用小转子，其直径为 (30.48 ± 0.03)mm，焦烧实验温度一般采用 (120 ± 1)℃，若有特殊需要，可以使用其他实验温度。

其测试原理为：工作时，电机→小齿轮→大齿轮→蜗杆→蜗轮→转子，使转子在充满橡胶试样的密闭室内旋转，密闭式由上、下模组成，左上、下模内装有电热丝，其温度可以自动控制。由于转子的转动，对橡胶试样产生剪切力矩，与此同时，转子也受到橡胶的反抗剪切力矩，此力矩由转子传到蜗轮再传到蜗杆，在蜗杆上产生轴向推力，方向与蜗轮转动方向相反。轴向推力由蜗杆一端的弹簧板相平衡，橡胶对转子的反抗剪切力矩，由装在蜗杆一端的百分表以弹簧板位移的形式表示出来。仪器上有自动记录装置，弹簧板受蜗杆轴向推力产生位移时，差动变压器中的铁芯也产生位移，此位移使电桥失去平衡，有交流信号输出，信号经放大，由记录仪记录。

实验温度采用 120℃，其目的是模拟胶料在加工过程中所处的温度，测出胶料在该加工温度下的早期硫化特性，从而得出胶料的加工安全性高低，对胶料的加工工艺及配合给以指导。

三、主要仪器及试样

（1）仪器　GT-7080-S2 门尼黏度仪。

（2）试样　丁基橡胶，天然橡胶，顺丁橡胶等。

四、实验步骤

① 打开压缩机气源开关，检查调节气压为 4.6kgf/cm² （1kgf/cm²＝98.0665kPa）。

② 打开机台装配柜上总电源开关。

③ 打开主机台上的 POWER 键，UPPER DIE 及 LOWER DIE 键。

④ 启动计算机，打开操作系统软件。

⑤ 将 40g 橡胶料在开炼机上开炼好压成薄片。制备两块直径约 45mm、厚度约 8mm 的橡胶试样，其中一块中心打 8mm 的圆孔。试样应在实验温度下停放至少 30min 并在 24h 内进行实验。

⑥ 将模腔和转子预热到实验温度，并使其达到稳定状态。

⑦ 打开模腔，将转子杆插入带孔试样的中心孔内，并把转子放入下模，然后再把另一个试样准确地放在转子上面。迅速密闭模腔预热试样，从模腔闭合的瞬间开始计时。试样一般预热时间为 1min，但也可以根据需要采用其他预热时间。

⑧ 实验低黏度或发黏的胶料时，可以在试样与模腔之间衬以玻璃纸或涂以隔离剂，以免胶料污染模腔。

⑨ 试样达到预热时间之后，立即开动电机使转子转动，并立即记录下初始门尼值，然后每隔 0.5min 记录一次门尼值，直到门尼值下降至最小值后再上升 5 个门尼值为止。若测

定 t_{30}，实验应延长到上升 35 个门尼值为止。如果使用自动记录装置，从记录中可得到完整的黏度-时间关系曲线和实验数据。

⑩ 如设定"自动侦测实验开始"，则合模后，软件自动进入测试状态（若未设定自动侦测开始，单击屏幕上的"测试开始"，进行测试）。

⑪ 测试完毕后，记录数据，打印测试图。然后先关掉计算机，再关掉机台电源，最后关掉总电源。

五、注意事项

① 当使用小转子，实验应延长至黏度值由最小值分别上升 3 个门尼值或 18 个门尼值为止。

② 实验 60min 后，试样仍不出现焦烧或其门尼值由最小值上升不到 18 或 35 个门尼值时，可以停止实验。

六、实验结果与讨论

1. 黏度-时间关系曲线，如图 3-80 所示。

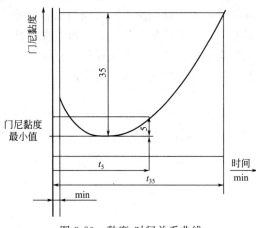

图 3-80 黏度-时间关系曲线

2. 用大转子实验

焦烧时间 T_5：从实验开始到胶料黏度下降至最小值后再上升 5 个门尼值所对应的时间，以分钟计。T_{35}：从实验开始到胶料黏度下降至最小值后再上升 35 个门尼值所对应的时间，以分钟计。

$$\Delta T_{30} = (T_{35} - T_5) \qquad (3\text{-}103)$$

3. 用小转子实验

焦烧时间 T_3：从实验开始到胶料黏度下降至最小值后再上升 3 个门尼值所对应的时间，以分钟计。T_{18}：从实验开始到胶料黏度下降至最小值后再上升 18 个门尼值所对应的时间，以分钟计。

$$\Delta T_{15} = (T_{18} - T_3) \qquad (3\text{-}104)$$

4. 试样数量不得少于 2 个，以算术平均值表示试验结果。

5. T_5 或 T_3 在 20min 以下时，两个试样测定结果之差不得大于 1min；T_5 或 T_3 在 20min 以上时，两个试样测定结果之差不得大于 2min，超过允许偏差时，应重复实验。

6. 测定值精确到 0.5min，计算结果取整数值。

七、思考题

1. 高聚物的门尼焦烧时间反映的是未硫化胶的哪方面特性？
2. 使用两个不同转子测定的门尼焦烧时间和硫化速度是否可以对比？

实验五十 橡胶威廉氏可塑度测定

一、实验目的

1. 掌握测定橡胶可塑度的方法。
2. 了解威廉氏可塑度实验仪器的结构和工作原理。
3. 正确使用威廉氏可塑度仪器测量橡胶的可塑度。

二、实验原理

橡胶行业常用可塑度的概念表示橡胶的流动性。橡胶加工中塑炼、混炼、成型等工艺都与胶料的可塑度有着密切的关系。可塑性过大，胶料易流动，但不易混炼，压延时黏辊，胶浆黏着力降低，成品的力学性能降低；可塑性过小时，胶料不易流动，收缩力大，压延时易掉皮，模压花纹棱角不明显及胶片表面粗糙等，因此测定胶料的可塑度对鉴定胶料的加工性能和成品的质量有着十分重要的意义。

威廉氏可塑度仪是利用压缩法测定生胶、未硫化胶料的可塑性。在恒定负荷作用下使胶料压缩变形，由于胶料的体积不变，胶料被压缩向周围流动，面积逐渐扩大，单位面积上的压缩力就逐渐减小，因此变形在最初的一瞬间是很快的，然后逐渐减慢。去掉负荷后胶料在内应力的作用下又有一定程度的恢复，既有塑性流动又有弹性恢复。威廉氏可塑度仪的测定，就是把在负荷作用下胶料被压缩的高度变化（反映胶料的柔软性即流动性）和负载除去后胶料恢复原状的程度（反映胶料的弹性复原性）记录下来，表征胶料的黏弹性，用可塑度大小来表示胶料可塑性大小。可塑度规定为柔软性和弹性复原性的乘积。

即
$$P = SR \tag{3-105}$$
$$S = (h_0 - h_1)/(h_0 + h_1) \tag{3-106}$$
$$R = (h_0 - h_2)/(h_0 - h_1) \tag{3-107}$$

式中，P 为可塑度；S 为柔软性；R 为弹性复原性；h_0 为常温下测量的试样高度，mm；h_1 为负荷作用下 3min 时试样高度，mm；h_2 为去掉负荷后，在定温放置 3min 后测定试样高度，mm。

柔软性 S 即为试样受负荷后，减小的高度与实验前后试样平均高度之比，即 $S = (h_0 - h_1)/[(h_0 + h_1)/2]$，但因所示的 S 仅是相对比较的数值，故为计算的方便规定把 2 舍去。即 $S = (h_0 - h_1)/(h_0 + h_1)$。

弹性复原性 R 是试样除去负荷回弹后的永久变形与压缩变形之比，即 $(h_0 - h_2)/(h_0 - h_1)$。
$$P = SR = (h_0 - h_2)/(h_0 + h_1) \tag{3-108}$$

所以，可塑性 P 实际上是试样永久变形占平均高度的百分数。

三、主要仪器及试样

1. 威廉氏可塑试验机

威廉氏可塑度试验机由恒温控制箱、工作台、恒温控制器组成，见图 3-81。加压重锤 6 和工作平台 9 安装在鼓风电热恒温箱内，按动扳手 2，加压重锤通过凸轮 3 旋转使加压重锤沿两支柱上下滑动，加压重锤为 5kg，重锤中央有一立柱伸出恒温箱外，其顶端安有一长方形框，百分表 1 装于框内，当重锤落下时，长方形框就与百分表 1 触头接触，从接触时到加压重锤与工作平台重合，重锤底面到平台的距离为 10mm。恒温箱顶端小孔插入直读式温度计，用恒温控制器 10 调节到规定温度，把试样置于重锤与工作台之间，压缩一定时间由百分表读取试样厚度的变化。

2. 试样

① 试样为圆柱形，用专用旋转式裁刀裁取，直径为 $\phi(16.0 \pm 0.3)$mm，高为 (10.0 ± 0.3)mm。

② 试样不应有气泡、气孔、杂物等。

③ 如胶厚达不到要求，应在取样后趁热叠合至规定厚度。

④ 试样加工后停放 2h 后即进行实验，但不准超过 24h。

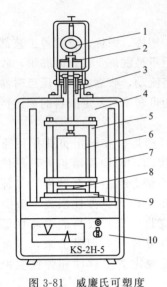

图 3-81　威廉氏可塑度
试验仪的结构

1—百分表；2—扳手；3—凸轮；
4—恒温箱；5—支柱；6—加压
重锤；7—电热板；8—试样；
9—工作平台；10—恒温控制器

四、实验步骤

① 调节给定温度指针到 70℃ 左右，然后将电源开关拨到通位，电源指示灯及温度指示调节仪红灯亮，经几秒钟后调节仪红灯灭绿灯亮，表示开始加热，约 15min 后可自动恒温至 (70±1)℃，温度计指示如果有偏离 70℃，可适当调整给定温度计指针。

② 用厚度计测量试样高度 h_0，精确到 0.01mm。试样发黏可垫玻璃纸然后再量，但测得结果应减去两层玻璃纸厚度。

③ 将试样先放在恒温箱内预热 3min。

④ 按动扳手由凸轮操纵机构使加压重锤与工作平台重合，调整百分表使其指示为 10mm，然后再将加压重锤抬起，将恒温箱门打开，把预热试样放于加压重锤与工作平台之间，轻轻放下负荷压缩 3min，测定在负荷作用下的百分表读数，即试样压缩高度。

⑤ 去掉加压重锤后取出试样，在室温下放置 3min，用厚度计测量恢复的高度。

⑥ 为了加快实验的进程，可在第一个试样即将进行加压前把第二个试样放入恒温箱内预热，第一个试样取出，在室温放置时立即把第二个试样放入上下两压板之间，进行测量，同时把第三个试样放入恒温箱内预热，如此可连续操作下去。

⑦ 每种试样实验不少于三次。

五、实验结果与分析

① h_1 和 h_2 按下式进行计算。

试样受负荷 3min 时高度：

$$h_1 = 10 - 试样压缩高度（百分表读数）- 两层玻璃纸厚度（mm）$$

试样除去负荷后 3min 时高度：

$$h_2 = 测量试样恢复厚度 - 两层玻璃纸厚度（mm）$$

代入公式求：

$$S = (h_0 - h_1)/(h_0 + h_1)$$
$$R = (h_0 - h_2)/(h_0 - h_1)$$
$$P = (h_0 - h_2)/(h_0 + h_1)$$

② 每一种实验品试样不得少于 3 个。

③ 测定结果精确到小数点后 2 位。

④ 数据整理填入表 3-28。

表 3-28　实验记录数据

试样编号	试样原始高度 h_0/mm	试样受负荷 百分表度数/mm	h_1 /mm	h_2 /mm	S	R	P
1							
2							
3							
平均							

⑤ 实验数据分析

可塑度为无量纲数，其值在 0~1 的范围。

如果材料是绝对流体，则 $h_1 = h_2 = 0$，$P = 1$。

如果材料是弹性体，则 $h_2 = h_0$，$P = 0$。

由此可见，可塑度越大，说明材料可塑性越大，胶料越易流动；反之可塑度越小，说明胶料流动性越差。

六、注意事项

1. 实验温度必须控制在 (70 ± 1)℃，否则温度过高可塑度偏高，温度低可塑度偏低。

2. 试样预热和压缩以及恢复时间必须控制准确。

3. 给试样加负荷时必须轻轻加上，然后松手，否则负荷会变动，造成测试误差。

4. 试样不得有气孔、气泡、杂物，否则造成试样测试结果出现偏差。

七、仪器校正

温度的校正：用标准温度计插入恒温箱内，调整恒温控制器给定温度指针，使恒温箱自动恒温在 (70 ± 1)℃，不能以温度指示调节仪指示为准。

八、思考题

1. 什么叫可塑度？

2. 可塑度与胶料流动的关系？

实验五十一　拉伸性能测试实验

一、实验目的

1. 掌握高聚物的静态拉伸实验方法。

2. 观察非晶态高聚物在玻璃态及结晶高聚物的拉伸特征。

3. 测定硫化橡胶样品的力学性能指标。

二、实验原理

材料的拉伸性能是材料力学性能中最重要、最基本的性能之一。几乎所有的材料都要考核拉伸性能的各项指标，这些指标的高低很大程度决定了该种材料的使用场合。

拉伸性能的好坏，可以通过拉伸实验进行检验。如拉伸强度、拉伸断裂应力、拉伸屈服应力、偏置屈服应力、拉伸弹性模量、断裂伸长率等。从这些测试值的高低，可对高聚物的拉伸性能做出评价。

拉伸实验测出的应力、应变对应值，可绘制应力-应变曲线。从曲线上可得到材料的各项拉伸性能指标值。曲线下方所包括的面积代表材料的拉伸破坏能。它与材料的强度和韧性相关。强而韧的材料，拉伸破坏能大，使用性能也佳。

拉伸实验可为质量控制、按技术要求验收或拒收产品、研究开发与工程设计及其他目的提供数据。所以说，拉伸性能测试是非常重要的一项实验。

1. 定义

（1）拉伸应力　试样在计量标距范围内，单位初始横截面所承受的拉伸负荷。

（2）拉伸强度　在拉伸实验中，试样直到断裂为止，所承受的最大拉伸应力。

（3）拉伸断裂应力　在拉伸应力-应变曲线上，断裂时的应力。

（4）拉伸屈服应力　在拉伸应力-应变曲线上，屈服点处的应力。

（5）偏置屈服应力　应力-应变曲线偏离直线达规定应变百分数（偏置）时的应力。

（6）**断裂伸长率**　在拉力作用下，试样断裂时，标线间距离的增加量与初始标距之比，以百分率表示。

（7）**弹性模量**　在比例极限内，材料所受应力（拉、压、弯、扭、剪等）与产生的相应应变之比。

（8）**屈服点**　应力-应变曲线上，应力不随应变增加的初始点。

（9）**应变**　材料在应力作用下，产生的尺寸变化与原始尺寸之比，是无因次量。

2．应力-应变曲线

由应力-应变的相应值彼此对应地绘成曲线图。通常以应力值作为纵坐标，应变值作为横坐标，见图 3-82。

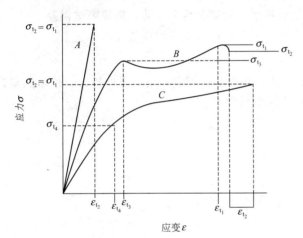

图 3-82　拉伸应力-应变曲线

A—脆性材料；B—具有屈服点的韧性材料；C—无屈服点的韧性材料；σ_{t_1}—拉伸强度；σ_{t_2}—拉伸断裂应力；σ_{t_3}—拉伸屈服应力；σ_{t_4}—偏置屈服应力；ε_{t_1}—拉伸最大强度时的应变；ε_{t_2}—断裂时的应变；ε_{t_3}—屈服时的应变；ε_{t_4}—偏置屈服时的应变

应力-应变曲线一般分为两个部分，弹性变形区和塑性变形区。在弹性变形区域，材料发生可完全恢复的弹性形变。应力-应变曲线呈比例关系。曲线中直线部分的斜率即是拉伸弹性模量值，代表材料的刚性。弹性模量越大，刚性越好。在塑性变形区，应力和应变增加不再呈正比关系，最后出现断裂。对于不同的高分子材料，其结构不同，表现为应力-应变曲线的形状也不同。

（1）**原理**　拉伸实验是对标准试样沿纵轴方向施加静态拉伸负荷，使其破坏。通过测定试样的屈服力、破坏力和试样标距间的伸长来求得试样的屈服强度、拉伸强度和伸长率。

（2）**影响因素**　拉伸实验是用标准形状的试样，在规定的标准化状态下测定材料的拉伸性能。标准化状态包括：试样制备、状态调节、实验环境和实验条件等。这些因素都将直接影响实验结果。此外，实验机特性、实验者个人操作熟练程度、工作责任心等也会对测试结果产生影响。所以影响因素是很多的，阐述如下。

① **试样制备方法和尺寸的影响**　试样的制备方法一般有两个途径，第一从板、片、棒的制品上合理切取材料，经机械加工成标准尺寸的试样。应引起我们十分注意的是，测试结果与机械加工质量有关不容忽视。如加工试样表面粗糙，脆性材料易出现局部崩裂等弊病，加工切削使加工面受热造成缺陷等，都会造成测试结果不真实，因此切削加工一定要仔细认真，对不同材料选择相应合理的加工条件，如机械加工方式。第二个制样途径是从液、粉、粒料模塑成型为标准尺寸试样。模塑成型温度、成型压力、冷却速度及模具内试料的分布、模型结构等都会影响测试结果和材料的性能。为避免各种影响测试结果的缺陷产生，在很多产品标准中，对实验方法所采用的模制试样都注明了其成型条件。

② **拉伸速度的影响**　试样在拉力机上拉伸时，其拉伸速度对性能有一定影响。其规律是，随速度增加，断裂强度值增高，而伸长率值降低。这是由于试样在拉伸过程中产生应力松弛。如速度快，则外力作用时间短，橡胶来不及松弛，由松弛所引起的应力降低值则小，

故断裂强度值高。且因试样来不及变形，导致伸长率值下降。但实验结果证明，在 $200\sim$ $500\mathrm{mm/min}$ 这一范围内，拉伸速度对测试结果影响不显著。

拉伸实验方法国家标准规定的实验速度范围为 $1\sim500\mathrm{mm/min}$，分为 9 种速度，不同品种的样品可在此范围内选择适合的拉伸速度进行实验。

③ 温度的影响　由于橡胶是高分子化合物，对温度的敏感性较强，温度对橡胶的物理性能有较大的影响，所以世界各国都根据实际情况规定了实验时的统一室温。我国新的国家标准规定了实验温度为 $(23\pm2)℃$。

一般来说，其变化规律是，随室温增高，断裂强度、定伸强度降低而断裂伸长率则提高，这是由于温度升高后，橡胶分子链的热运动加剧，松弛过程进行得较快，且分子链柔性增大，分子间作用力减弱。

三、主要仪器及试样

（1）仪器　制样机，承德金健测试设备有限公司生产，可制备哑铃型和直条拉伸试样；电子游标卡尺（精度 0.01mm）；REGER-300 型微机控制万能材料试验机。

（2）试样　橡胶试样（也可用配方实验中制备的材料作为试样）。

四、实验步骤

1. 试样准备

① 硫化完毕的试片，在室温下停放 6h 后制备 $150\mathrm{mm}\times10\mathrm{mm}\times4\mathrm{mm}$ 的长条试样 5 个，或注塑哑铃型试样 5 个。

② 在试样中间用油笔画上起始标距线（相隔 50mm）。

③ 测量试样中间平行部分的宽度和厚度，每个试样测量 3 点，取算术平均值。

2. 拉伸实验操作

按下述操作规程测试样品的拉伸性能。

（1）先打开主机电源，后打开控制器电源。

（2）选用并安装夹具

① 根据试样材质和拉伸强度的范围选用正确的夹具；

② 正确安装夹具、拧紧，注意使夹具位置有利于操作方便；

③ 调整好限位螺钉的位置。

（3）启动 REGER 测试程序，单击"通信-联机"。

（4）软件设置

① 单击"系统配置-实验方法"：选定实验方法（拉伸实验）。

② 单击下一步，"硬件设置"：

a. 根据所用负荷传感器，设定其正确的量程（本实验采用二号传感器 5kN）；

b. 根据测试材料可能的变形量选用正确的变形传感器（本实验采用 800mm 大变形传感器）。

③ 点击下一步进行"软件设置"：

a. 估计试样的拉伸断裂强度，按其值的 $2\%\sim5\%$ 估算并设定开始监测试样断裂的负荷（N）；

b. 设定断裂点的判断依据：

断裂点的负荷/最大负荷 $=(50\sim90)\%$；

c. 设定是否自动返车（进行刚性材料的拉伸测试时，禁止自动返车）。

④ 点击下一步设定"运行控制"：

a. 设定控制模式，拉伸实验采用：位置控制；

b. 根据测试标准，选用正确的拉伸速率（mm/min），本实验采用 200mm/min；

c. 判断试样可能的伸长程度，设定目标（mm）；

d. 不使用第二和第三阶段控制模式。

⑤ 点击下一步设定"环境参数"：

a. 设定试样个数；

b. 其他项根据实际情况分别设定。

⑥点击下一步设定"数据选择"：

a. 设定结果显示方式（取平均值）；

b. 数据选择项目最多不超过 8 项。

⑦点击下一步输入"运行参数"：

a. 判断试样的拉伸强度和伸长率范围，设定恰当的纵坐标（MPa）和横坐标（%）；

b. 根据测试标准设定实验速率和标距，试验速率须与运行控制所选定的速率相一致，标距须与变形传感器两触点之间的实际距离相一致；

c. 选定试样形状：哑铃型或长条试样选用板材；

d. 根据试样实测的宽度和厚度输入数据（mm），注意每输入一个数据必须回车；

e. 若在（4）⑥"数据选择"选项中选定了定伸应力或定应力伸长率，则必须选定适当的给定伸长率或给定应力；

f. 单击确定，完成设置。

（5）夹装试样

① 将试样先固定在上端夹具上。

② 打开底部夹具，开启控制器面板上的使用键（ON 键）。

③ 夹好变形传感器。

④ 负荷清零（按控制器 F1 键或在计算机操作面板上清零）。

⑤ 使用手动操作盒上的方向键和旋钮将上端夹具调整至合适位置。

⑥ 夹好下端夹具。

⑦ 变形清零（按控制器 F2 键或在计算机操作面板上清零）。

⑧ 运行，开始试样测试（可按控制器 F3 键或在计算机操作面板上按 RUN 键）。

（6）试样拉断后，从夹具中取出残留试样，重复步骤（5）进行下一个试样的测试。

（7）结果计算与打印报告

① 点击显示曲线按钮，显示已完成的一组试样的测试结果（多条曲线同时显示）。

② 模量计算：

a. 按住鼠标右键拖动，选定需要放大的曲线部位（一般选曲线的起始部位）；按 F6 键可还原至原图形；

b. 选定适当的曲线部位的起始和终止拉伸强度值（MPa），分别输入"系统配置-软件设置"的起点和终点，单击"确定"按钮；

c. 单击"结果显示-计算一组"；

d. 根据曲线形状和计算结果判断计算结果（主要是模量）是否合理（观察数据是否相互接近，而非离散的），若不合理，则重复上述步骤 a～c 重新计算，直到结果（尤其是拉伸模量）的大小和离散性合理为止；

e. 一组试样（不论实际测定的试样个数是多少）只能选定一个起点和终点。

③ 打印报告（可选择是否打印曲线）。

（8）保存曲线组数据（一组试样的测试数据），完成本组试样的测试。

（9）若要进行同一类型下一组试样的测试，单击"文件-新建文件"，重复步骤（4）中⑤～（8）即可；若要进行其他类型其他组试样的测试，单击"文件-新建文件"，重复步骤（4）～（8）即可。

（10）测试完毕，先关闭计算机软件，再关闭控制器，最后关闭主机电源。

五、注意事项

（1）关机：先关控制器，后关主机。

（2）更换夹具或使用不同规格的试样进行测试时，必须重新调整限位杆上的上、下限位螺钉的位置。

（3）测试过程开始后，将鼠标移动到程序的停止按钮（STOP 键），以便当测试过程出现异常时可及时停车。

（4）当测试过程出现异常需紧急停车时，可立即按下拉力机底座或控制器上的红色按钮。

（5）传感器属精密仪器，测试和操作过程中一定要细心，轻拿轻放，每次测试完毕后，须将传感器放回包装盒内。

（6）实验完毕，将实验仪器清理干净，关闭设备电源及总电源。

六、实验数据记录及处理

1. 数据记录（见表 3-29、表 3-30）

实验温度：_____；　　　样品名称：_____；

实验方法：_____；　　　设备名称：_____。

表 3-29　实验数据记录表

编号	试样尺寸/mm						面积/mm²
	G_0	宽度 b		$b_{平均}$	厚度 d	$d_{平均}$	
1							
2							

表 3-30　实验数据记录表

编号	实验速度	$G-G_0$	ε_{t_2}	σ_{t_1}	σ_{t_2}	σ_{t_3}	σ_{t_4}	E
1								
2								
3								
4								
5								
S		-			-	-	-	

2. 计算拉伸强度或拉伸断裂应力、拉伸屈服应力、偏置屈服应力

$$\sigma_t = P/bd \qquad\qquad (3\text{-}109)$$

式中，σ_t 为拉伸强度或拉伸断裂应力、拉伸屈服应力、偏置屈服应力，MPa；P 为最大负荷或断裂负荷、屈服负荷、偏置屈服负荷，N；b 为试样宽度，mm；d 为试样厚度，mm。

3. 计算断裂伸长率

$$\varepsilon_{t} = \frac{G - G_0}{G_0} \times 100 \tag{3-110}$$

式中，ε_t 为断裂伸长率，%；G_0 为试样初始标距，mm；G 为试样断裂时标线间距离，mm。

4. 计算标准偏差值

$$S = \sqrt{\frac{\sum(X - \overline{X})^2}{n - 1}} \tag{3-111}$$

式中，S 为标准偏差值；X 为单个测定值；$\overline{X}$ 为组测定值的算术平均值；n 为测定个数。

5. 计算起始模量

$$E = \Delta\sigma / \Delta\varepsilon \tag{3-112}$$

计算结果以算术平均值表示，σ_t 取三位有效数字；ε_t、S、E 取两位有效数字。

6. 画出应力-应变曲线。

七、思考题

1. 分析不同试样的拉伸过程并进行比较，从分子结构上进行解释。

2. 分析天然橡胶、顺丁橡胶、丁基橡胶等各配方因素（如填充剂、抗冲击改性剂、增塑剂等的用量）对材料的拉伸强度有何影响？

实验五十二　橡胶撕裂强度实验

一、实验目的

1. 掌握橡胶（裤形、直角形、新月形、德耳夫特形）试样的制备方法。

2. 掌握橡胶撕裂强度的测试方法。

二、实验原理

橡胶撕裂强度的定义是，在与试样主轴平行的方向上，拉伸试样直至开裂时的最大力。撕裂强度也定义为撕裂能，即每单位厚度试件产生单位裂纹所需的能量。撕裂能包括了表面能、塑性流动耗散的能量以及不可逆黏弹性过程耗散的能量。所有这些能量的变化皆与裂纹长度的增加成比例，且主要由裂纹尖端附近的形变状态所决定，故总的能量与试样的形状和加力的方式无关。

测定硫化橡胶后热塑性橡胶撕裂强度的三种实验方法：

方法 A，使用裤形试样；

方法 B，使用直角形试样，割口或不割口；

方法 C，使用有割口的新月形试样。

① 方法 A　使用裤形试样对切口长度不敏感，而另外两种试样的割口要求严格控制。另外，获得的结果更有可能与材料的基本撕裂性能有关，而受定伸应力的影响较小（该定伸应力是试样"裤腿"伸长所致，可忽略不计），并且撕裂扩展速度与夹持器拉伸速度有直接关系。有些橡胶其撕裂扩展是不平滑的（不连续撕裂），结果分析会有困难。

② 方法 B　实验程序（a）：使用无割口直角形试样。该实验是撕裂开始和撕裂扩展的综合。在直角点处的应力上升足以发生初始撕裂，然后应力进一步增大直至试样撕裂。但

是，只能测定破坏试样所需的总力。因此，所测得的力不能分解为产生撕裂开始和撕裂扩展的两个分力。

实验程序（b）：使用有割口直角形试样。该实验是将试样预先割口，测定其扩展撕裂所需的力，扩展速度与拉伸速度没有直接关系。

③ 方法 C　使用新月形试样。该实验也是将试样预先割口，测定其扩展撕裂所需的力，而且扩展速度与拉伸速度无关。

三、主要设备及试样

1. 设备

REGER-300 型微机控制万能材料试验机。

2. 试样

（1）试样的制备

① 直角形试样的形状和尺寸如图 3-83 所示。

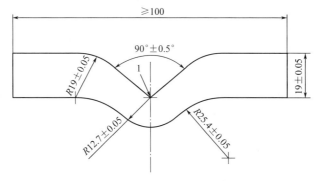

图 3-83　直角形试样
1—方法 B 实验程序（b）的割口位置

② 裤形试样的形状和尺寸如图 3-84 所示。

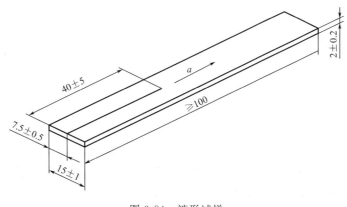

图 3-84　裤形试样
a—切口方向

该试样的特点是，其撕裂强度对割口长度不敏感。因此，实验结果的重复性好。它还便于进行撕裂性能的计算，为撕裂能的理论分析提供理想的方法。

③ 新月形试样的形状和尺寸如图 3-85 所示。

④ 德尔夫特形试样的形状和尺寸如图 3-86 所示。

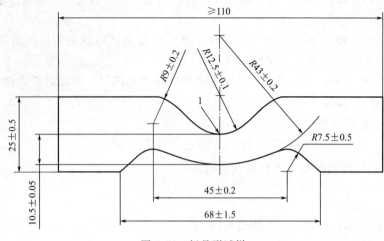

图 3-85　新月形试样
1—割口位置

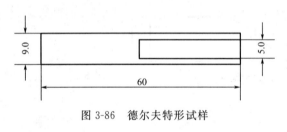

图 3-86　德尔夫特形试样

此种试样内，切有一个狭长的切口，是一种比较容易从成品上裁取的小尺寸试样。在国际标准 ISO 0816 中，采用了此试样。

直角形撕裂实验，由于实验不需事先切口，故测试的人为因素少，本实验选用此法。

圆弧形和直角形试样均用裁刀裁取。裁刀刃口应保持锋利，不应出现缺口或卷刃等现象。用裁刀机裁取试样时，可先用水或中性肥皂溶液润滑刀的刃口，以便于裁切。在裁切过程中，为了防止裁刀刃口与裁片机的金属底板相撞而受到损坏，在试样的下面垫有合适的软质材料。裁取试样时，裁刀撕裂角等分线的方向应与胶料压延、压出方向一致，即试样的长度方向应与压延、压出方向垂直。这是因为，橡胶材料产生裂口后，撕裂扩展的方向是沿着与压延、压出平行的方向进行的。

裁切试样时，撕裂割口的方向应与压延方向一致。如有要求，可在相互垂直的两个方向上裁切试样。

撕裂扩展方向，裤形试样应平行于试样的长度，而直角形和新月形试样应垂直于试样的长度方向。

（2）试样条件　GB 529 和 GB 530 规定，实验应在标准实验室温度（23±2）℃下进行。在一个或一系列实验进行比较时，必须采用同样的实验温度。GB 529 还规定，试样割口前必须在标准实验室温度下停放至少 3h。若进行老化实验，则割口必须在老化后进行。按 GB 2941 的规定，试样实验前，在标准环境下停放应不少于 30min。

（3）试样厚度的测量　GB 529 和 GB 530 规定，撕裂试样的厚度为（2.0±0.2）mm。对试样厚度的测量部位未做明确规定，只要求测量试样实验区的厚度。

四、实验步骤

① 硫化后的试片［厚（2.0±0.2）mm］应在标准室温下停放（不少于 3h，不超过 15 天）。

② 裁取试样时，裁刀撕裂角等分线的方向与压延方向一致。

③ 将试样垂直夹与上下夹持器中一定深度，并且使其在平等的位置上充分均匀夹紧。

④ 调好拉伸速度［夹持器移动速度：裤形试样为 $(100\pm10)mm/min$，直角形和新月形试样为 $(500\pm50)mm/min$］，开动试验机，即可对实验施加一个逐渐增加的牵引力，直至试样被撕断后停机。

五、实验结果与讨论

撕裂实验的结果是以撕裂强度表示的。根据 GB 6039—85，撕裂强度的定义为：在与试样主轴平行的方向上，拉伸试样直至开裂时的最大力。

$$F_{sz}=\frac{F}{d} \tag{3-113}$$

式中，F_{sz} 为直角形试样撕裂强度，kN/m；F 为撕裂试样的最大作用力，N；d 为试样厚度，mm。

实验结果以每个方向试样的中位数、最大值、最小值共同表示，数值准确到整为数。

国家标准 GB 529 和 GB 530 规定，每个样品至少需要 5 个试样。试样结果以测量结果的算术平均值表示。每个试样的单个数值与平均值之差不得大于 15%，经取舍后试样个数不应少于原试样数量的 60%。

六、思考题

1. 为什么裤形试样与直角形和新月形试样的拉伸速度不同？

2. 撕裂强度与哪两个影响因素有关？

实验五十三　橡胶的压缩疲劳实验

一、实验目的

1. 了解压缩屈挠试验机的结构和原理。

2. 掌握压缩疲劳实验的测定方法。

二、实验原理

通过一个平衡杠杆将规定的压缩负荷施加到试样上，以一定的振幅和频率对试样进行周期性压缩。测定试样在一定时间内的压缩疲劳温升、静压缩变形率、动压缩变形率、永久变形率和疲劳寿命。

三、实验设备和原材料

1. 实验设备

压缩屈挠试验机的结构如图 3-87。

2. 试样的制备

① 试样为圆柱体，直径为 $(17.8\pm0.15)mm$，高为 $(25\pm0.25)mm$。

② 制备试样的标准方法为直接模压法，建议使用内腔高 $(25.4\pm0.05)mm$，直径 $(18\pm0.05)mm$ 的模型硫化试样。

③ 在裁切过程中，裁刀刀口可用中性皂液润滑，并缓慢进刀，以减少直径锥度。

④ 裁切试样时，裁刀边缘与胶板边缘的距离不得小于 13mm。

四、实验步骤

(1) 实验条件

① 实验冲程（冲程为 2 倍振幅）可选用 $(4.45\pm0.03)mm$、$(5.71\pm0.03)mm$、$(6.35\pm0.03)mm$。

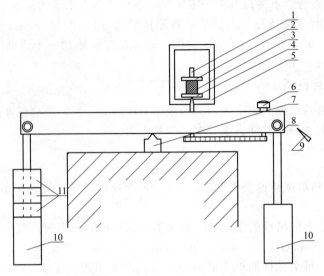

图 3-87　压缩屈挠试验机的结构图

1—与驱动上压板的偏心机构连接；2—上压板；3—试样；4—下压板；5—恒温室；6—调整装置；

7—支承刀口；8—平衡杠杆；9—水平指针；10—重砝；11—试验负荷砝

② 试样承受的预应力可选用 (1.00 ± 0.03) MPa、(2.00 ± 0.06) MPa。

③ 恒温室温度可选用 (55 ± 1)℃、(100 ± 1)℃。

④ 压缩频率：(30 ± 0.3) Hz $[(1800\pm20)$ r/min$]$。

⑤ 预热时间为 25min，实验时间为 25min。

⑥ 实验后，试样环境调节时间取 1h（即实验结束后，将试样从恒温室中取出，室温下调节 1h）。

⑦ 疲劳寿命的测定条件：对具有一般温升特征的中等硬度的橡胶，推荐采用 1.0MPa 的预应力，5.71mm 的冲程和 55℃或 100℃的恒温室温度。

（2）调整恒温室温度至所需温度，在杠杆上一端加所选定的负荷，调整偏心轮至所需冲程。

（3）按附 2 测定上下压板之间距离的校正值。

（4）用直径为 10mm 的测定测量试样高度 h_0。

（5）将试样放入恒温室内，预热 30min，然后把预热好的试样放在下压板上测温度底座中心，试样放置位置要与预热时上下位置颠倒。

（6）对不具备自动控制装置的试验机，拨开杠杆的定位锁针，调整下压板式杠杆达到水平，记录刻度标尺和刻度盘上的数值，再减去校正值，就是试样的静压缩变形 h_1。

插上杠杆定位锁针，调整下压板使试样变形在 10%左右。开动电机，拨开杠杆定位锁针，同时记录时间，立即调整下压板使杠杆达到水平，记录刻度标尺和刻度盘上的数值，再减去校正值，就是试样的初动压缩变形 h_2。

以后随时保持杠杆水平，直到实验进行到 25min 时，记录刻度标尺和刻度盘上的数值，再减去校正值，就是试样的最终压缩变形 h_3。

实验开始后，3min、5min、10min、15min、20min、25min 时，用热电偶测量试样底部的温度。

（7）对具备自动控制装置的试验机，在开动电机后，拨开杠杆的定位锁针，可自动平衡杠杆，并记录试样温升和压缩变形。

（8）无论采取何种控制方式，实验完毕后，均需立即插上杠杆定位锁针，关闭电机，降低下压板高度，取出试杆。

（9）永久变形的测定，在环境调节 1h 后，测量试样的高度 h_4，精确到 0.01mm。

注：如试样原高小于 25.00mm，则小于 25.00mm 的差值应从调节器刻度盘的读数中减去；如试样原高大于 25.0mm，则大于 25.0mm 的差值应加到调节器刻度盘的读数上。

（10）疲劳寿命的测定：为确保疲劳寿命，要连续进行实验直至试样出现破坏为止。破坏开始表现为，温度曲线的不规则性（温度突然上升），压缩变形的显著增加和内部开始出现孔隙。

五、实验结果

1. 计算压缩疲劳升温 Δt：

$$\Delta t = t_1 - t_0 \tag{3-114}$$

式中，Δt 为压缩疲劳温升，℃；t_1 为试样在 25min 时的实测温度，℃；t_0 为恒温室温度，℃

2. 压缩变形率 ε

静压缩变形率：

$$\varepsilon_1 = \frac{h_1}{h_0} \times 100 \tag{3-115}$$

初动压缩变形率：

$$\varepsilon_2 = \frac{h_2}{h_0} \times 100 \tag{3-116}$$

终动压缩变形率：

$$\varepsilon_3 = \frac{h_3}{h_0} \times 100 \tag{3-117}$$

式中，h_0 为试样原高度，mm；h_1 为试样静压缩变形，mm；h_2 为试样初动压缩变形，mm；h_3 为试样终动压缩变形，mm。

3. 永久变形率 $S\%$

$$S = \frac{h_0 - h_4}{h_0} \times 100 \tag{3-118}$$

式中，h_4 为试样经压缩实验完毕后，在标准实验室温度下调节 1h 的高度，mm。

4. 疲劳寿命的测定　应用试样破坏时的压缩次数 N 来表示

$$N = 1800t \tag{3-119}$$

式中，t 为试样从开始压缩至破坏时所用的时间，min。

六、思考题

1. 实验过程中哪些因素会影响测定结果？如何避免？

2. 从实验结果分析橡胶试样的压缩特性。

附：压缩屈挠试验机的校正

1. 压缩冲程的校正

用带有磁性支架的百分表测量偏心轮上偏心轴最高与最低位置之间的距离，使之符合实验所要求的冲程值。

2. 上下压板之间距离的校正

冲程调好后，将恒温室温度升至 55℃，将偏心轴放在最高位置，上下压板间放入直径 17.8mm，高位（25.0±0.01）mm 的铜质圆柱形校准块，将读数机构置于 2mm 处，杠杆后端加上所需 11kg 重砝，相当于施加 1.0MPa 预应力。杠杆上面靠近刀口处放一精度为 0.025mm/m 的水平仪，观察杠杆是否水平，如不水平，则调整上压板两根拉杆螺钉使杠杆达到水平为止，固定好水平指示装置，此时刻度标尺和刻度盘上的读数即是校正值读数，插上锁针，取出校准块，拿下水平仪，校正结束。

实验五十四　橡胶耐介质性能测定

一、实验目的

1. 认识了解常用橡胶耐介质的一些特性。
2. 掌握橡胶耐液体性能的测定方法。

二、实验原理

橡胶应用极其广泛，涉及各种领域，应用环境复杂，导致其使用寿命降低。为调高其使用价值，应了解橡胶对各种介质的耐性。该实验是将试样浸入介质中，在规定的温度下经过一定时间测量试样体积、质量及各种性能的变化。

通常，吸入量大于抽出量，以致橡胶体积增大，这种现象定义为"溶胀"。吸入液体使橡胶吸入前后的拉伸强度、断裂伸长率、硬度等物理及化学性质变化很大，橡胶中中增塑剂和抗降解剂之类，在易挥发液体中浸泡后，极容易被抽出，其干燥后的物理及化学性能变化会更大。因此，很有必要测定橡胶在挥发性液体中浸泡后或进一步干燥后的性能。

可以从质量变化、体积变化、线性尺寸变化、抽出物、浸泡后或者接着干燥后橡胶的硬度变化、拉伸性能变化来测定其耐介质性能。

在耐介质实验方法中，耐液体实验较为普遍，大体包括石油基的各种烃类油品、有机溶剂等，还有酯类合成油品以及无机酸、碱、盐等化学药品。而耐蒸汽、气体、黏性介质等则数量较少，它们还需要借鉴耐液体实验方法。液体对硫化橡胶作用通常有以下几种现象：橡胶吸入液体、橡胶中可溶成分的抽出、液体与橡胶的化学反应。

液体对橡胶的影响取决于橡胶本身和橡胶内部应力的大小，本实验的试样是处于非外力作用下完成的。

三、实验设备

1. 实验设备

（1）通用实验装置　实验装置的材料不应与实验液体及试样发生反应，如不应使用铜类材料。选择合适的实验温度，使实验过程中液体的挥发最少及外部进入实验装置的空气最少。

实验装置可使用带盖的玻璃容器，选择的实验温度应低于实验液体的沸点。如果实验温度接近液体沸点，建议使用带有回流冷凝器的玻璃装置或其他材质的实验装置以减少液体蒸发。

实验装置的大小应保证试样在不发生任何变化的情况下完全浸入液体。用线或棒将试样吊入液体中，确保试样与试样之间、试样与实验装置壁之间不接触，实验装置中液体上部空气体积应尽可能小，实验液体的体积至少为试样总体积的 15 倍。

（2）单面试样接触实验装置　此装置用于试样只有一个面与液体接触的实验。装置如图3-88 所示，包括一个底盘（A）和一个底部开口的圆柱形容器（B），将试样（C）紧扣，并用螺母（D）和螺栓（E）固定。底盘留有直径约 30mm 的一个孔，使试样一个面不与实验液体接触，上部容器的开口处应用一个合适的塞子（F）盖住。

2. 试样

① 试样厚度为（2.0±0.2)mm，不同厚度试样测试数据不可比较。

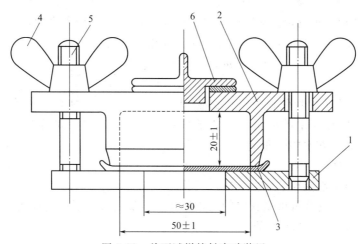

图 3-88　单面试样接触实验装置

1—底盘；2—底部开口的圆柱形容器；3—试样；4—螺母；5—螺栓；6—塞子

② 测量体积变化、测量质量、测量尺寸变化的试样为 25mm×50mm 的长方形。

③ 测量硬度变化试样的边缘尺寸不小于 8mm。

④ 测量拉伸性能变化的试样宜选择 2 型哑铃状试样。

⑤ 单面接触实验所用的试样为直径约 60mm 的圆形试样。

⑥ 试样在标准实验室温度下调节不少于 3h。

⑦ 橡胶取天然橡胶、丁腈橡胶、丁基橡胶、乙丙橡胶四种。

四、实验步骤

① 实验液体选用甲苯（体积分数 30％）和异辛烷（体积分数 70％），二者按比例配好，此溶剂相当于不含氧化物燃油。

② 将一组已测量的 3 个试样在实验前分别做好标记，浸入盛有实验液体的容器中，并将容器放入已达到所需温度的恒温箱中。在整个实验过程中，试样距容器壁不少于 5mm，距容器底部和液体表面不少于 10mm。如果橡胶密度小于液体密度，应加坠子将试样完全浸没在液体中。将所有试样分别置于配好的实验液体中，在实验室温度下放置 72h。

③ 实验结束后，从恒温箱中取出实验容器，在标准实验室温度下调节 30min。将试样从实验液体中取出，除去试样表面的残留液体。挥发性液体，用滤纸或不掉毛的织物迅速擦掉试样残留液体。迅速放入称量瓶中测量橡胶的质量变化与体积变化。

④ 将试样从液体中取出至性能全部测试完毕，应不超过下列时间：

尺寸变化—1min；硬度变化—1min；拉伸实验—2min。

五、实验结果与讨论

1. 质量变化率 Δm_{100} 按下式计算：

$$\Delta m_{100}=\frac{m_{i}-m_{0}}{m_{0}}\times100 \tag{3-120}$$

式中，m_0 为浸泡前的质量，g；m_i 为浸泡后的质量，g。

对每种橡胶，结果取 3 个试样的中值，并分析比较 4 种橡胶的质量变化率。

2. 体积变化

对于非水溶性液体一般采用排水法测量。

在标准实验室温度下，先测每个试样在空气中的质量（m_0），精确到 1mg，再测蒸馏水中质量（$m_{0,w}$），测水中质量时应排除试样上的气泡（必要时刻用洗涤剂）。如果材料密度小于 $1g/cm^3$，需加坠子测量。测量中应确保坠子与试样全部浸入水中，还应测量单个坠子在水中的质量（$m_{s,w}$），按式(3-121) 计算体积变化百分数（ΔV_{100}）

$$\Delta V_{100} = \left(\frac{m_i - m_{i,w} + m_{s,w}}{m_0 - m_{0,w} + m_{s,w}} - 1\right) \times 100 \qquad (3\text{-}121)$$

式中，m_0 为试样实验前在空气中的质量，g；m_i 为试样实验后在空气中的质量，g；$m_{0,w}$ 为实验前试样在水中的质量（带坠子），g；$m_{i,w}$ 为实验后试样在水中的质量（带坠子），g；$m_{s,w}$ 为坠子在水中的质量，g。

结果取 3 个试样的中值。

若实验液体溶于水或与水发生反应，实验后不应用水称量。若实验液体不太黏稠或室温下不易挥发，液体中的称量可用新取的实验液体。若实验液体不适于称量，实验后也可选用其他液体称量。按式(3-122) 计算：

$$\Delta m_{100} = \left[\frac{1}{\rho}\left(\frac{m_i - m_{i,liq} + m_{s,liq}}{m_0 - m_{0,w} + m_{s,w}}\right) - 1\right] \times 100 \qquad (3\text{-}122)$$

式中，ρ 为液体密度，g/cm^3；$m_{i,liq}$ 为试样在液体中质量（含坠子），g；$m_{s,liq}$ 为坠子在液体中质量，g。

六、思考题

1. 使用不同的实验液体所测量的数据是否可以比较？
2. 试样从液体中取出测量性能变化为什么有时间限定？

实验五十五　　热空气老化实验

一、实验目的

1. 了解橡胶空气老化的原理及影响因素。
2. 掌握橡胶热空气老化的实验方法。

二、实验原理

橡胶或橡胶制品在储存和使用过程中，由于老化作用，导致其使用性能逐渐降低，最后丧失使用价值。为了改善橡胶制品的耐老化性能，研究引起橡胶老化的内外因素，探索橡胶老化的作用机理，以采取有效的防护措施，延缓橡胶老化，延长制品的使用寿命，具有极为重要的意义。

橡胶的老化实验方法分为两大类。

(1) 自然老化实验方法　此类包括大气静态老化实验，大气加速老化实验、自然储存老化实验，自然介质（如地理等）老化实验和大自然生物（如长霉）老化实验等多种实验项目。

自然老化实验方法，虽然可获得比较可靠的实验结果，方法也比较简便，但其老化速度缓慢，实验周期长，不能及时满足科研与生产上的需要。因此，为了尽快取得实验结果，采取了模拟并强化某种老化因素的人工加速老化实验方法。

(2) 人工加速老化实验　包括老化、臭氧老化、光臭氧老化、生物老化等。其中生产和科研中，最常用的是热空气加速老化及臭氧老化。

由于橡胶材料或大部分橡胶制品是在空气中储存或使用的，所以氧化是最基本、最普遍的一种老化因素，且提升温度又会加速橡胶氧化反应。许多橡胶制品是在高温或动态下使用的，升热性能高，发生显著的热氧化作用。热空气氧化实验是一种最普遍的热氧化实验。它是将橡胶试样置于常压和规定温度的热空气下，经一定时间，测定其物理机械性能的变化。该实验用以测定橡胶的热稳定性和防老剂的效能，对了解制品耐老化程度、使用寿命、改进配方设计有重要作用。

三、实验设备与试样

1. 实验设备

橡胶试样采用热空气老化箱进行实验，老化箱应符合下列要求。

① 具有强制空气循环装置，空气速度 0.5～1.5m/s，试样的最小表面积正对气流以避免干扰空气流速。

② 老化箱的尺寸大小应满足样品的总体积不超过老化箱有效容积的 10%，悬挂试样的间距至少为 10mm，试样与老化箱壁至少相距 50mm。

③ 必须有温度控制装置，保证试样的温度保持在规定的实验温度的公差范围内。

④ 老化箱的空气置换次数为每小时 3～10 次。

2. 试样

① 试样为哑铃状，形状和尺寸符合 GB/T 528—2009《硫化橡胶拉伸性能的测定》的规定。

② 老化后的试样不能进行机械、化学或热处理。

③ 只有尺寸规格相同的试样才能做比较。

四、实验步骤

① 确定老化实验温度，可选择 50℃、70℃、100℃、120℃、150℃、200℃等，温度允许波动范围：50～100℃为±1℃，101～200℃为±2℃。

② 根据需要老化时间可选为 24h、43h、72h、96h、168h 或 168h 的倍数。

③ 每种实验品的实验数量不得少于 10 个，其中 5 个试样作老化前的拉伸性能实验。其余试样进行老化后的实验（老化前须印标距测厚度）。

尽可能避免不同配方的试样在一起老化，高硫配合、低硫配合、有无防老剂及含氟、氯等挥发物互相干扰的试样分别进行老化实验。

④ 将老化箱调至所需的温度，并控制稳定，然后把准备好的 5 个试样悬挂好。

⑤ 试样放入老化箱后，开始计算老化时间，到了规定时间，立即取出试样。

⑥ 取出的试样在实验室温度下停放 24h 后（最长时间不得超过 96h）进行拉伸性能实验。

五、实验数据处理

以往的传统表示法是用老化系统 K 表示实验结果。即

$$K = \frac{老化后的性能测定值}{老化前的性能测定值} \tag{3-123}$$

根据实验的性质和要求，其性能可选择断裂强度、断裂伸长率、定伸强度及拉伸强度等。老化系数取精确到小数点后两位数字。

注：
$$拉伸强度 = \frac{断裂强度 \times 断裂伸长率}{100} \tag{3-124}$$

现在我国开始采用国际上广泛使用的性能百分变化率表示实验结果，如下所示：

$$P = \frac{X_1 - X_2}{X_2} \times 100 \tag{3-125}$$

式中，P 为性能变化率，%；X_2 为试样老化后的性能测定值；X_1 为试样老化前的性能测定值。

六、实验影响因素

1. 实验温度的选择

若温度选取过高，固然可以加速试样老化，缩短实验时间，但可能发生的热分解和配合剂的迁移，都会使挥发有所增加，从而可能使反应过程与实际情况不符，影响实验结果的可靠性。反之，若温度选取过低，老化速度缓慢，实验时间过长，不能满足测试的需要，因此，原则上应在不改变老化机理的前提下，尽可能提高实验温度，以期在较短时间内获得可靠的实验结果。对天然橡胶，一般取 50～100℃；合成胶，一般取 50～100℃；特种胶，如丁腈可用 70～150℃、硅氟胶可用 200～300℃。总之，可根据实验目的具体确定。

老化箱内温度差对实验结果也有影响，同一箱内各部分温度是不可能完全一致的，实验时温度也总会有波动。老化系数随温度的升高而减小，当老化温度为 100℃时，若温度差为 2℃时，老化系数相差可达 15%。因此在热老化实验中，应尽可能使箱内各处温度分布均匀，并使用灵敏、精确地温度控制装置，使温度波动范围尽量缩小。另外，要使试样架能转动，使每一片试样所受的温度控制趋于一致，从而减小实验误差。

2. 试样数量

如果试验箱内所装试样数量太多，会影响箱内空气流动，导致箱内温度分布不均，挥发物不能完全被空气带走，使配合剂有转移的可能，影响实验结果。实验证明，试验箱的容积与试样体积之比不小于 30∶1 时，上述影响很小。

3. 不同型号的老化箱实验结果出入较大

如箱内体积不同，箱壁两侧孔的分布和孔径不同，底板有无开孔，鼓风情况不同，都会影响温度在箱内分布不均。因此，试样只有在相同型号老化箱内实验才能作比较，否则实验结果会有偏差。

4. 试样老化后停放时间

老化后试样停放时间长短，对实验结果是有影响的，如不耐老化天然胶、顺丁胶并用配方，老化后停放 24h 之内，其测试结果变化较大；如停放 1～14 天之后再测试，性能又有所降低。因此，实验规定停放时间在 90h 以内，一般认为停放 24h 后测试较合适。

5. 空气流速

鼓风作用在于使箱内温度均匀，排除老化过程中产生的挥发物、补充新鲜空气，使空气成分保持一致。空气流速大，硫化较快，要选择适当的风速或风量才能获得重现性较好的结果。如流速太大，会使箱内温度难于控制，一般流速可通过排风口加以调整。

七、思考题

1. 为什么不同种类的橡胶如天然橡胶、丁腈橡胶、硅橡胶等要选择不同的实验温度？
2. 试样取出后为什么必须在实验室放置 24h 后进行测试？

实验五十六　硫化橡胶脆性温度的测试

一、实验目的

1. 了解脆性温度的概念。
2. 掌握硫化橡胶低温脆性温度的测定方法。

二、实验原理

在规定条件下，硫化橡胶试样受冲击后呈现破坏时的最高温度，即为脆性温度（单试样法）。本方法所测定的脆性温度，是硫化橡胶的特性温度，不代表硫化橡胶及其制品工作温度的下限。可以对不同橡胶材料或不同配方的硫化橡胶在低温条件下的使用性能作比较性的鉴定。

在实验温度下，能保持流动、对试样无附加影响的液体均可作传热介质。这类传热介质通常使用工业乙醇，此外还有丙酮、硅氧烷液体等。

三、实验设备及试样

1. 设备

由工作台、升降加持器、冲击装置、低温测温计、装冷冻介质的低温瓶、搅拌器等部分组成。升降加持器与冲击器的位置及设备的尺寸要求如图 3-89。

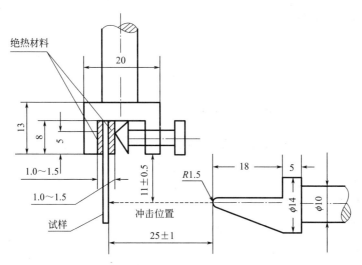

图 3-89　升降夹持器和冲击器的位置及设备的尺寸要求

主要技术参数如下。

① 实验温度－0～－70℃（一般用乙醇做传热介质用二氧化碳做制冷剂）。

② 冲击器中心到夹持器下端为（11±0.5）mm，冲击装置在弹簧压缩状态下，冲击器端部到试片距离为（25±1）mm。

③ 冲击器重量为（200±10）g，其工作行程为（40±1）mm。

④ 冲击弹簧要求

a. 自由状态：直径 19mm，长度 85～90mm。

b. 压缩状态：长度为（40±1）mm，负荷为 11～12kg。

2. 试样

试样长为（25.0±0.5）mm，宽为（6.0±0.5）mm，厚为（2.0±0.3）mm。试样的表面应光滑，无外来杂质及损伤，成品应经打磨后裁成相应尺寸。

四、实验步骤

① 实验准备：按下升降夹持器，安放低温测温计，使测温计的温包与夹持器下端处于同一水平位置，向低温瓶中注入传热介质（一般为工业乙醇），其注入量应保证夹持器的下端到液面的距离为（75±10）mm。

② 缓慢搅拌下，向传热介质中加入制冷剂（一般用干冰），并调配到所需温度。

③ 提起升降夹持器，将试样垂直夹在夹持器上。夹得不宜过紧或过松，以防止试样变形或脱落。

④ 开始冷冻试样，同时启动时序控制开关（或按动秒表）计时。试样冷冻时间规定为 $(3+0.50)$min。试样冷冻期间，冷冻介质温度波动不得超过 $\pm1℃$，冷冻温度根据所测定的橡胶来确定。

⑤ 提起升降夹持器，使冲击器在 0.5s 内冲击试样。

⑥ 取下试样，将试样按冲击方向弯曲 180°，仔细观察有无破坏。

⑦ 试样经冲击后（每个试样只准冲击一次），如出现破坏，应提高冷冻介质的温度，否则降低其温度，继续进行实验。

通过反复实验，确定至少两个试样不破坏的最低温度和至少一个试样破坏的最高温度，如这两个结果相差不大于 1℃ 时，即实验结束。

五、实验结果与处理

1. 记录实验出现破坏的最高温度，即脆性温度。

2. 温度值应精确到 1℃。

六、思考题

试样在进行测量时为什么需要进行冷冻？

实验五十七　橡胶冲击弹性的测定

一、实验目的

1. 熟悉冲击弹性试验机的结构及原理。

2. 掌握橡胶冲击弹性的测试方法。

二、实验原理

橡胶变形时，伴随着能量的输入。当橡胶恢复到原来的形状时，该能量的一部分被释放出来，剩余的部分则在橡胶内部由机械能转化为热能。

当变形是单次冲击形成的凹陷时，输出能量与输入能量的比值就定义为回弹性。

对于同一物质，回弹性的数值不是一个固定的量，它是随温度、应变分布（由冲头和试样的类型及尺寸决定）、应变速度（由冲头的速率决定）、应变能（由冲头的速率和质量决定）和应变过程的变化而变化的。在聚合物存在填料的情况下，应变过程是特别重要的。

硫化橡胶试样受到摆锤冲击后会发生形变，使高分子链由卷曲状态变成直连状。当外力去掉后，由于内应力的作用分子链要恢复原状，即产生回弹，回弹的大小是以摆锤冲击试样后弹回功与摆锤落下时所做功的百分比表示，故又称为回弹性。

摆臂处于水平位置时，摆锤所具有的位能为 ph_1。当其下落时，所具有的位能逐渐减少、动能逐渐增加，到与试样接触时，所具有位能全部变为动能。摆锤冲击试样，其中一部分动能消耗在橡胶内部（分子链的云顶，生热的），另一部分使摆锤回跳至 h_2 高度，变成位能为 ph_2。

$$冲击弹性值(\%)=\frac{ph_2}{ph_1}\times100=\frac{h_2}{h_1}\times100 \qquad (3-126)$$

若摆锤回跳至原位置（极端位置），因高度 $h_1=h_2$，所以此时的弹性值 $=100\%$。当摆锤接触试样时，由于 $h_2=0$，所以弹性值 $=0$。该仪器刻度盘上指针读数，就是根据这个原理刻制的，弹性值可直接读出。

三、实验设备及试样

1. 实验设备

冲击弹性试验机主要由以下几部分组成：摆锤及端部的击锤、控制手柄、试样台、试样夹等（见图 3-90）。

摆锤可在重力作用下沿弧形轨道运动，也可在弹簧或扭转钢丝的回复力作用下作线性运动。在冲击点，球形冲头速度是水平方向的，即冲头与试样的接触方向应与试样垂直。

2. 试样制备

图 3-90　冲击弹性试验机

① 为任意形状的胶版，厚度为（12±0.5)mm，直径为（29±0.5)mm，表面应清洁、平整、无气泡，上下表面平行。

② 如果从成品上直接切取试样，要求试样中应无纤维或增强骨架材料。如果厚度达不到要求时，可以用几层叠起来测量，但最多不得超过三层，各层间要求严格平行，光滑。

③ 如果受冲击表面发黏时，可在其上撒一些隔离物质，如滑石粉，就可以避免其影响。

④ 制备好的试样在直接实验之前应在标准实验温度下调节 3~16h。

实验中所采用的试样为模压的圆柱形试样。

四、实验步骤

① 温度的调节。

如果实验温度与标准实验温度不同，首先应该将整套的实验设备或者能够被加热或冷却的专用夹具调节到实验温度。

在夹具上装好试样，调节足够时间使试样达到要求公差范围内的温度。另外，也可以从夹具上取下试样分别放在恒温箱或冷却箱中加热或冷却。然后快速地将试样插在加热后的或冷却的夹具上。

在这种情况下，实验之前，在夹具上的调节时间可减少到 3min。在低温实验时，还应装有防止试样结霜的装置。

② 调整试验机呈水平状态，将试样平稳地夹在夹持器上，使摆锤同试样表面呈刚接触（相切）状态。

③ 抬起摆锤至水平位置，并用机架上的挂钩挂住，将指针调至零位。

④ 松开挂钩，摆锤自由落下冲击试样。对试样进行不少于 3 次但不多于 7 次的连续冲击，作为机械调节（本实验中统一规定连续冲击 4 次，不记回弹值）。

⑤ 在进行机械调节后，进行 5 次冲击，并读取回弹值，每个试样测定 3 点，各点之间距离不少于 10mm。

五、实验结果

每个试样测定 3 点，各点之间距离不少于 10mm，取 3 点数值的中间值表示一个试样的回弹值。两个试样的算术平均作为样品的测试结果。

六、思考题

1. 不同的板材制备方法对冲击弹性实验结果有何影响？
2. 影响冲击弹性实验结果误差的因素有哪些？

实验五十八　　橡胶耐磨性的测定实验

一、实验目的

1. 了解阿克隆磨耗机的工作原理。
2. 掌握橡胶耐磨性能的测定方法。

二、实验原理

橡胶制品的磨耗是一种普通常见的现象，橡胶制品耐磨性能的优劣在很大程度上决定着产品的使用寿命，因而是一项重要的技术指标。

归纳磨耗的产生通常有下列两种情况：

① 橡胶与橡胶或橡胶同其他物体之间产生滑移时，两物体在接触表面上有不同程度的磨损。

② 橡胶和搜到砂粒等各种坚硬例子的冲击作用，在橡胶表面上产生磨损。

根据以上情况，国际上曾先后设计出阿克隆、格拉西里、邵坡尔、皮克等多种型号磨耗试验机。一般是用规定条件下试样同摩擦面积接触，以被磨下的颗粒的质量或体积来表示测试结果。阿克隆磨耗机是早期应用且现今最为广泛使用的试验机之一，其结构简单、操作方便、价格低廉，我国现行的橡胶制品技术标准中的耐磨性指标即以该仪器所定。

橡胶制品在实际使用过程中，其磨耗往往伴随拉伸、压缩、剪切、生热、老化等复杂现象，故上述各种室内磨耗实验与实际磨耗存在一定的差距，其相关性有一定局限性，但这些测试仍能判别橡胶耐磨性能的好坏或对同一胶料的耐磨程度进行相对比较。

本实验是将试样与砂轮在一定倾斜角度和一定的负荷作用下进行摩擦，测量试样在一定里程内的磨损体积。

三、实验设备及试样

1. 实验设备

① 阿克隆磨耗试验机的结构如图 3-91。

图 3-91　阿克隆磨耗试验机结构图
1—电机；2—磨耗角度指针；3—减速机；
4—试样胶轮；5—砂轮；6—自控装置；
7—减压重锤；8—角度牌；9—磨耗角
度调整手轮；10—旋转轴

② 胶轮轴回转速度为 76r/min±2r/min，砂轮轴回转速度为 34r/min±21r/min。

③ 胶轮轴与砂轮轴的夹角为零度时，两轴应保持平行和水平。

④ 在负荷托架上加上实验用重砝，使试样承受负荷为 26.7N±0.2N。

⑤ 一般情况下，胶轮轴与砂轮轴的夹角为 15°±0.5°，当试样行使 1.61km 的磨耗体积小于 0.1cm³ 时，可以采用 25°±0.5°倾角，但应在实验报告中注明。

⑥ 试样夹板直径为 56mm，工作面厚度为 12mm。

⑦ 实验用砂轮的尺寸为直径 150mm，中心孔直径 32mm，厚度 25mm，磨料为氧化铝，粒度为 36 号，黏合剂为陶土，硬度为中硬。

2. 试样

① 试样的制备：将半成品胶料的试样用专用

的模具硫化为条状，长为 $(D+2h)\Pi=0\sim5mm$，宽为 $(12.7\pm0.2)mm$，厚为 $(320\pm0.2)mm$，其表面应平整，不应有裂痕杂质等现象。（D 为胶轮直径，h 为试样厚度，Π 为圆周率）。

② 胶轮直径为 68（偏差为 $0\sim-1$）mm，厚度为 $(12.7\pm0.02)mm$，硬度为 75～80 度（邵尔 A），中心孔直径应符合胶轮回转轴的直径。

四、实验步骤

① 硫化完毕的试样，按规定时间停放后，将其两面用砂轮打磨出均匀的粗糙面之后，清除胶屑，用胶水粘贴于胶轮上（粘贴时试样不应受到张力）。适当放置一段时间，使之粘贴牢固。

② 将粘贴好试样的胶轮固定于试验机的回转轴上，开动电机，使胶轮按顺时针方向旋转。

③ 试样预磨 15～20min 后取下，清除胶屑，用天平称重，精确到 0.001g。

④ 将试样胶轮固定于回转轴上进行实验，实验里程为 1.61km（3415 转）。实验完毕后取下试样，刷去胶屑，在 1h 内称量，精确到 0.001kg。

⑤ 按 GB/T533 测定试样的密度。

五、实验数据处理

实验结果可用绝对磨耗值和磨耗指数两种方法表示。

（1）计算试样的磨损体积

$$V=\frac{g_1-g_2}{\rho} \tag{3-127}$$

式中，g_1 为试样在实验前的质量，g；g_2 为试样在实验后的质量，g；ρ 为试样的密度，g/cm³。

（2）计算试样的磨耗指数

$$磨耗指数=(V_S/V_T)\times100\% \tag{3-128}$$

式中，V_S 为标准配方的磨损体积；V_T 为实验配方在相同里程中的磨耗体积。

注：试样数量应不少于两个，以算术平均值表示实验结果，允许偏差为 $\pm10\%$。

磨耗指数越大，表示耐磨性越好，以该值表示实验结果同以磨损体积表示实验结果有以下优点。①对使用周期较长的磨损面，可以减少其因长期使用，致摩擦面切割力降低，而造成对实验结果的影响。②可减少由于更换摩擦面后其切割力的变化所带来的影响。③可提高同一类型磨耗试验机在不同机器及不同实验室所得结果的可比性。④对于不同类型的磨耗试验机所得结果也可以比较参考。

六、影响因素

试样同砂轮的倾斜角度及在砂轮上所施加的负荷量是该实验结果的主要影响因素。其对比实验结果见图 3-92、表 3-31。

表 3-31　不同橡胶在不同倾斜角的砂轮上磨耗量

项目 胶料	磨耗量/(cm³/1.61km)		
	15°	20°	25°
天然胶	0.311	0.754	1.05
顺丁胶	0.018	0.0285	0.039
丁苯胶	0.108	0.246	0.345
顺丁胶、天然胶并用	0.077	0.154	0.196
丁苯胶、天然并用	0.269	0.744	0.966

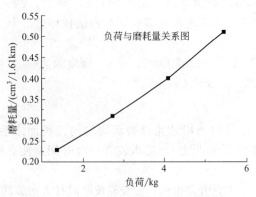

图 3-92　橡胶磨耗量随负荷变化曲线

由图 3-92 曲线可以看出，磨耗量随负荷的增大而逐渐增大，这是由于负荷增加使胶轮的压力增在，从而使摩擦力增大，致使磨耗量增加。由表 3-31 的实验结果可看出，五种胶料的不同倾斜角度，对磨耗量也有显著影响，角度增大，磨耗量几乎成直线激烈增加，这是由于胶轮角度增大，其滑动率也随之增大。因而，操作之前须严格控制负荷值和倾斜角。当前橡胶制品中大量掺用合成胶，在轮胎胎面中尤以顺丁胶与天然胶并用较多，如采用 15°倾斜角来测量耐磨性能，磨耗量很小，一般都不超过 0.1cm³ 的体积，由于数量少，测量结果不明显，因而国家标准中规定合成胶同天然胶共用胶，可采用 25°倾斜角进行实验，但在实验报告中应注明。

条状试样的长度应适宜，以保证粘贴时不承受张力，如试样过短，则内应力大，将导致磨损量增加。

在磨耗过程中，有的胶料常出现发黏现象，这就使磨下来的微小粒子仍黏附在重复滚动的发黏试样的表面及砂轮摩擦面上，改变了摩擦面状态，由此所测出的磨耗体积过小，所得耐磨性结果是一虚假值，故需加以消除。一是用硬毛刷及时清除试样或砂轮上的胶屑，二是在试样和砂轮上撒防胶黏粉，如碳化硅或氧化铝粉末等。

七、思考题

1. 影响实验测量结果的因素有哪些？
2. 胶轮轴与砂轮轴的夹角通常情况下是多少？在什么情况下需要调整？

实验五十九　橡胶邵氏硬度测定实验

一、实验目的

1. 了解高分子材料邵氏硬度的影响因素。
2. 掌握高分子材料邵氏硬度的测定方法。

二、实验原理

橡胶的硬度是指材料抵抗其他较硬物体压入其表面的能力。一般用邵氏硬度来表示，它是以玻璃的硬度为 100 来比较的相对硬度，以"度"表示。其硬度值大小表示了橡胶的软硬程度。根据硫化胶硬度高低可判断胶料半成品的配炼质量及硫化程度，因此硬度值是橡胶制品的一项重要技术指标。

硬度测定值的大小不仅与材料性质有关，还取决于测定条件和方法。不同测定方法使用不同的测定条件。不同测定方法测定的硬度值不能相对比较。常用的测定高分子材料硬度的实验方法有：邵氏硬度（肖氏硬度）、球压痕硬度、洛氏硬度和巴柯尔硬度实验。邵氏硬度实验分为邵氏 A 型、邵氏 C 型和邵氏 D 型实验。邵氏 A 型适用于软质塑料及橡胶；邵氏 C 型和邵氏 D 型适用于较硬或硬质塑料和硫化橡胶。球压痕硬度实验适用于较硬的塑料。邵氏硬度实验主要用于柔软的弹性体和到刚硬的塑料的硬度评价。巴柯尔硬度实验主要适用于玻璃钢板材和型材。针对给定的高分子材料，选取实验硬度的方法应依据该材料的相关标准或与提供材料者达成的约定而定。

　　本实验采用邵氏硬度计。其工作原理为，用 1kgf 外力把硬度计的压针以弹簧的压力压入试样表面，以压入深浅来表示其硬度。橡胶受压将产生反抗其压入得反力，直到弹簧的压力与反力相平衡，橡胶越硬，反抗压针压入的力量越大，使压针压入试样表面深度越浅，而弹簧受压越大，金属轴上移越多，故指示的硬度值越大，反之则相反。

三、实验设备及实验试样

　　1. 实验设备

　　① 邵氏 A 型、D 型硬度计的形状和尺寸应符合图 3-93、图 3-94 的规定，并且压针应位于孔中心。

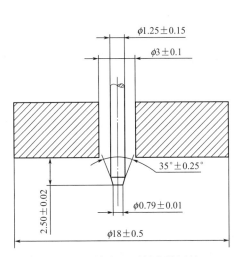

图 3-93　邵氏 A 型硬度计压针

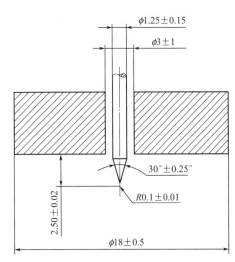

图 3-94　邵氏 D 型硬度计压针

　　② 硬度计压针在自由状态时，其指针指零度；当压针被压入小孔，其断面与硬度计低面在同一平面时，硬度计所指刻度应为 100 度。

　　2. 试样

　　① 试样应厚度均匀，用 A 型硬度计测定硬度，试样厚度应不小于 6mm。用 D 型硬度计测定硬度，试样厚度应不小于 3mm。除非产品标准另有规定。当试样厚度太薄时，可以采用两层、最多不能超过三层试样叠合成所需要的厚度，并应保证各层之间接触良好。

　　② 试样表面光滑、平整，不应有缺胶、气泡、机械损伤及杂质等。

　　③ 试样大小应保证每个测量点与试样边缘距离不小于 12mm，各测量点之间的距离不小于 6mm。可以加工成 50mm×50mm 的正方形或其他形状的试样。

　　④ 每组试样测量点数不少于 5 个，可在一个或几个试样上进行。

　　⑤ 成品试样按 GB9865《硫化橡胶样品和试样的制备》规定制备。

四、实验步骤

　　① 试样环境调节和实验的标准温度、标准相对湿度及标准时间，按 GB2941《橡胶试样环境调节和实验的标准温度、湿度及时间》规定进行。试样在实验前在标准实验室温度下调节至少 1h。

　　② 实验前检查试样，如表面有杂物需用纱布沾酒精擦净。

　　③ 试样下面硬垫厚 5mm 以上的光滑、平整的玻璃板或应金属板。

　　④ 将硬度计垂直安装在硬度计支架上，用厚度均匀的玻璃片平放在试样平台上，把试

样置于测定架的试样平台上，使压针头离试样边缘至少 12mm，平稳而无冲击地使硬度计在 1kg 重锤的作用下压在试样上，从下压板与试样完全接触时起 1s 内立即读数。

⑤ 在试样上相隔 6mm 以上的不同点处测量硬度应不少于 3 次，取其算术平均值。

注意：如果实验结果表明，不用硬度计支架和重锤也能得到重复性较好的结果，也可以用手压紧硬度计直接在试样上测量硬度。

五、实验结果与讨论

1. 作用力

在压针上施加的力和硬度计的示值应符合下列公式：

$$F=550+75HA \tag{3-129}$$

式中，F 为对硬度计压针所施加的力，mN；HA 为邵氏 A 型硬度计指示的读数。

邵氏 D 型硬度计：

$$F=445HD \tag{3-130}$$

式中，F 为对硬度计压针所施加的力，mN；HD 为邵氏 D 型硬度计指示的读数。

2. 硬度值

从读数盘上读取的分度值即为所测定的邵氏硬度值，符号 HA 或 HD 分别表示邵氏 A 和邵氏 D 的硬度。例如：用邵氏 A 硬度计测得硬度值为 50，则表示为 HA50。实验结果以一组试样的算术平均值表示。

硬度值的标准偏差 S

$$S=\sqrt{\frac{\sum(X-\overline{X})^2}{n-1}} \tag{3-131}$$

式中，X 为单个测定值；$\overline{X}$ 为一组试样的算术平均值；n 为测定个数。

使用邵氏硬度计时，当用 A 型硬度计测量值超过 90 时推荐使用 D 型硬度计，当使用 D 型硬度计测量值小于 20 时推荐使用 A 型硬度计。

六、思考题

1. 能否用机械加工的试样表面进行实验？
2. 测量基础橡胶和硫化橡胶的邵氏硬度，讨论影响材料邵氏硬度大小的特性有哪些？

附　硬度计的校核

对于邵氏 A 型硬度计，先将其压在玻璃平板上，调整刻度盘上的读数为 100IRHD。建议使用一套硬度值在 30IRHD～90IRHD 的标准橡胶块对其进行校准，所有的调整应按照制造厂的说明书进行。一套标准橡胶块包括至少 6 块，在标准橡胶块间撒上少量的滑石粉，存放于避光、热、油脂的有盖盒子中。标准橡胶块要按照 GB/T 6031 给出的方法用定负荷硬度计定期重新校准，校准时间间隔不超出 6 个月。

第四节　涂料的配制与性能表征实验

涂料是高分子合成的五大材料之一，随着国内涂料工业的快速发展，涂料行业需要大量的高层次产品开发和科学研究人员，先进的测试表征技术也是适应涂料行业快速发展必不可少的。本部分编写了不同类型的涂料实验，培养学生学习并掌握涂料制造理论，训练学生应用所学基本理论、基本实验方法，培养独立完成涂料制造的能力；训练学生观察、分析、解决实验过程中出现的问题的能力；通过实验巩固和加深对基本概念、配方原理和材料性能测试的理解，对所学专业知识有系统的感性认识和进一步深化理解。通过实验实训，学生可以获得从事涂料施工技术所需的初步训练，加强学生的动手能力，使学生掌握本专业的一些专业实验技能，材料设计能力和分析问题能力，为今后实践提供扎实的基础。

实验六十　聚醋酸乙烯酯乳液的合成和乳胶涂料的配制

一、实验目的

1. 熟悉乳液聚合基本操作，学会合成聚醋酸乙烯酯乳液。
2. 了解乳胶涂料的特点，掌握聚醋酸乙烯酯乳胶涂料的配制方法。
3. 掌握测定聚醋酸乙烯酯乳胶性能的方法。

二、实验原理

乳胶涂料的出现是涂料工业的重大革新。它以水为分散介质，克服了传统涂料必须使用汽油、甲苯、酮等易挥发的有机溶剂帮助成膜的缺点，可节约资源，避免污染环境及给生产和施工场所带来的火灾、爆炸等危险，因而得到了迅速的发展。

乳胶是树脂以 $0.1\sim2.0\mu m$ 的微细粒子团的形式分散在水中形成的乳液，可分为分散乳胶和聚合乳胶两种。在乳化剂存在下，靠机械的强力搅拌使树脂分散在水中制得的乳液称为分散乳胶。由乙烯基类单体按乳液聚合工艺制得的乳胶称为聚合乳胶，醋酸乙烯乳胶即是聚合乳胶之一。醋酸乙烯很容易聚合，也很容易与其他单体共聚，可以用本体聚合、溶液聚合、乳液聚合或悬浮聚合等方法合成各种不同的聚合体。乳液聚合是最常用的方法，以水为分散介质，单体在乳化剂的作用下分散，并使用水溶性的引发剂引发单体聚合，所生成的聚合物为以微细的粒子状分散在水中的乳液。乳化剂的选择对稳定的乳液聚合十分重要，它能降低溶液表面张力，使单体容易分散成小液滴，并在乳胶粒表面形成保护层，防止乳胶粒凝聚。常见的乳化剂分为阴离子型、阳离子型和非离子型三种，一般多采用离子型和非离子型配合使用。由于醋酸乙烯酯在水中有较高的溶解度，而且容易水解，产生的乙酸会干扰聚合；同时，醋酸乙烯酯自由基十分活泼，链转移反应显著。因此，除了乳化剂，醋酸乙烯酯乳液生产中一般还加入聚乙烯醇来保护胶体。故聚乙烯醇是醋酸乙烯酯聚合常用的乳化剂，它兼起着增稠和稳定胶体的作用。

醋酸乙烯酯乳液聚合是用过硫酸盐为引发剂的自由基型加聚反应，属连锁聚合，其反应历程如下：

$$\text{R}^{\bullet} + \underset{\substack{|\\ \text{OCOCH}_3}}{\text{CH}_2=\text{CH}} \longrightarrow \underset{\substack{|\\ \text{OCOCH}_3}}{\text{RCH}_2\text{CH}^{\bullet}} + \underset{\substack{|\\ \text{OCOCH}_3}}{\text{CH}_2=\text{CH}} \longrightarrow \longrightarrow$$

$$2\underset{\substack{|\\ \text{OCOCH}_3}}{\sim\sim\text{CH}_2\text{CH}^{\bullet}} \longrightarrow \underset{\substack{|\\ \text{OCOCH}_3}}{\sim\sim\text{CH}_2\text{CH}_2} + \underset{\substack{|\\ \text{OCOCH}_3}}{\sim\sim\text{CH}=\text{CH}}$$

（图上方：$S_2O_8^{2-} \longrightarrow SO_4^{2-}$）

整个过程包括链引发、链增长和链终止三个基元反应。

① 链引发是单体自由基不断产生的过程。

② 链增长是极为活泼的单体自由基不断迅速地与单体分子加成，生成大分子自由基，链增长反应的活化能低，速度极快。

③ 链终止是两个自由基相遇，活泼的单电子相结合而使链终止。

通过乳液聚合得到聚合物乳液，其中聚合物以微胶粒的状态分散在水中。当涂刷在基材表面时，随着水分的挥发，微胶粒互相挤压形成连续而干燥的涂膜，这是乳胶涂料的基料。

要把乳胶进一步加工成涂料，必须使用颜料和助剂。以下是常用的助剂及其功用。

（1）颜料 根据种类的不同可起着色颜料、体质颜料、防锈颜料和功能颜料等多种作用。

（2）湿润剂和分散剂 湿润剂降低分散介质的表面张力，使手忙脚乱颜、填料容易被湿润和分散，缩短工艺操作时间；分散剂防止颜、填料粒子的再次聚集和絮凝。

（3）消泡剂 本身具有低于泡沫体系的表面张力和 HLB 值。低表面张力的消泡剂能带动一些液体流向高表面张力的泡沫体系中，促使膜壁变薄，气泡破裂。避免在干燥的漆膜中形成许多针孔。

（4）增稠剂 在聚合中保护胶体，提高乳液的稳定性；能增加涂料的黏度，利于分散研磨操作和阻止颜、填料粒子的沉降。

（5）成膜助剂 降低乳液以及乳胶漆的最低成膜温度，使乳胶能够在较低的温度下涂装。

（6）防锈剂 用于防止包装铁罐生锈腐蚀和钢铁表面涂刷过程中产生锈斑的浮锈现象。

（7）防霉剂 避免加入了增稠剂的乳胶漆在潮湿的环境中长霉。

聚醋酸乙烯乳胶涂料为白色黏稠液体，可加入各色色浆配成不同颜色的涂料，主要用于建筑物的内外墙涂饰。该涂料以水为溶剂，所以具有完全无毒、施工方便的特点，易喷涂、刷涂和滚涂，干燥快、保色性好、透气性好，但光泽较差。

三、主要仪器和药品

（1）主要仪器 水浴锅、电动搅拌器、三口烧瓶（250mL）、球形冷凝管、滴液漏斗（60mL）、温度计（0～100℃）、电炉、高速搅拌机、砂磨机、塑料杯、调漆刀、漆刷、水泥石棉样板。

（2）药品 醋酸乙烯酯、聚乙烯醇、乳化剂 OP-10、去离子水、过硫酸钾、碳酸氢钠、邻苯二甲酸二丁酯、六偏磷酸钠、丙二醇、钛白粉、碳酸钙、磷酸三丁酯。

四、实验内容

1. 聚醋酸乙烯酯乳液的合成

① 配制质量分数为 5％的过硫酸钾溶液。

② 溶解聚乙烯醇。首先在装有电动搅拌器、温度计和球形冷凝管的 250mL 三口烧瓶中加入 88mL 去离子水和 0.9g 乳化剂 OP-10，充分搅拌。然后将 6.0g 平均聚合度在 1700 左右、醇解度约为 88％聚乙烯醇逐渐加入，搅拌 10min，加热升温，在 80～90℃保温 1～2h，直至聚乙烯醇完全溶解。

③ 乳液聚合。把 20g 新蒸馏过的醋酸乙烯酯和 4mL 5％过硫酸钾水溶液加至上述三口烧瓶中。搅拌至充分乳化后，水浴加热，保持温度在 65～75℃，维持反应温度到回流基本消失。

④ 控制反应温度在 70～80℃，在不停搅拌下，用滴液漏斗在 2h 内缓慢地、按比例地滴加 68g 新蒸馏醋酸乙烯酯。滴加 1mL 5％过硫酸钾溶液每加 10g 醋酸乙烯酯同时。单体滴加完毕后，一次性补加 2mL 5％过硫酸钾溶液，然后慢慢升温到 90℃，直到无回流为止。

⑤ 将反应体系冷却至 50℃，加入 3～6mL 5％碳酸氢钠水溶液，调整 pH 至 7～8。然后慢慢加入 10g 邻苯二甲酸二丁酯，搅拌冷却 1h，冷却后得到白色稠厚的聚醋酸乙烯酯乳液。

2. 聚醋酸乙烯酯乳胶涂料的配制

① 涂料的配制。把 50g 去离子水、12.5g 10％六偏磷酸钠水溶液及 6.5g 丙二醇加入塑料杯中，开动高速搅拌机，逐渐加入 45g 钛白粉、20g 滑石粉和 15g 碳酸钙，快速搅拌分散

均匀，慢慢加入 0.8g 磷酸三丁酯，继续快速搅拌 30min，然后在慢速搅拌下加入 100g 聚醋酸乙烯酯乳液，直至搅匀为止，即得白色涂料。若再加入少量彩色颜料浆，可得到彩色涂料。

② 成品要求

外观：白色稠厚流体。

固体质量分数：50%。

干燥时间：25℃表干 10min，实干 24h。

③ 性能测定。涂刷水泥石棉样板，观察干燥速度，测定干燥时间、涂料遮盖力、耐水性和固体含量。依据相关标准如下：

涂料遮盖力测定法，GB/T 1726—1979；

漆膜耐水性测定法，GB/T 1733—1993；

漆膜、腻子膜干燥时间测定法，GB/T 1728—1979；

漆膜一般制备法，GB/T 1727—1992；

涂料固体含量测定法，GB/T 1725—2007。

五、注意事项

1. 因为醛类和酸类有明显的阻聚作用，聚合物的相对分子质量不易增大。故醋酸乙烯酯原料需新蒸馏后才能使用。

2. 滴加单体的速度要均匀，防止加料太快发生爆聚冲料等事故。过硫酸钾水溶液数量少，注意均匀、按比例地与单体同时加完。

3. 搅拌速度要适当，升温不能过快。在搅匀颜料、填充料时，若黏度太大难以操作，可适量加入乳液至能搅匀为止。最后加乳液时，必须控制搅拌速度，防止产生大量泡沫。

六、思考题

1. 聚乙烯醇在反应中起什么作用？为什么要与乳化剂 OP-10 混合使用？

2. 为什么大部分的单体和过硫酸钾用逐步滴加的方式加入？

3. 过硫酸铵在反应中起什么作用？其用量过多或过少对反应有何影响？

4. 为什么反应结束后要用碳酸氢钠调整 pH 值？

5. 试说出配方中各种原料所起的作用。

6. 在搅拌颜料、填充料时为什么要高速搅拌？用普通搅拌器或手工搅拌对涂料性能有何影响？

附 聚醋酸乙烯酯内墙乳胶涂料配方及说明

表 3-32 聚醋酸乙烯酯内墙乳胶涂料

原料名称	配方一	配方二	配方三	配方四
聚醋酸乙烯酯乳液(50%)	42	30	26	30
钛白粉	26	10		5
立德粉		10	25	20
沉淀硫酸钡		10		10
轻质碳酸钙			10	
滑石粉	8	5		5
瓷土			5	
乙二醇		3	2	2

续表

原料名称	配方一	配方二	配方三	配方四
晶华醇酯-12				2
羧甲基纤维素	0.1	0.17		
聚甲基丙烯酸钠	0.08			0.1
六偏磷酸钠	0.15		0.3	0.3
五氯酚钠		0.2	0.2	
苯甲酸钠		0.17		0.2
亚硝酸钠	0.3	0.2		0.2
防霉剂	0.1			0.1
磷酸三丁酯		0.4	0.3	0.3
去离子水	23.27	30.66	31	24.6

1. 配方说明

① 在乳液涂料制备中,加料顺序十分重要。例如分散剂必须在颜、填料加入之前先加入,否则颜、填料浆很难研磨细。另外,乳液最好不要与颜、填料一起研磨,否则容易因受高剪切作用而破乳。

② 成膜助剂往往具有一定的消泡作用,因此可在乳液加入过程中逐步加入,这样可减少搅拌过程中产生的泡沫,从而减少消泡剂的用量。

③ 夏季可适当减少成膜助剂的用量,但不能完全取消。否则涂料的干燥速度太快,成膜效果不好,而且容易引起皱皮、龟裂等缺陷。

④ 聚醋酸乙烯酯乳液涂料最终的 pH 值应严格控制在 7～8 之间,太高或太低都对涂料的耐久性有影响。

⑤ 钛白粉有金红石型和锐钛型两种晶型,前者的耐老化性较好,但价格较贵。以前内墙乳液涂料制备一般采用锐钛型钛白粉,近年来逐渐倾向于无论内外墙涂料都采用金红石型钛白粉。

⑥ 在单纯用立德粉作为白色颜料时,有时会显得白度不够。可适当加入群青颜料或荧光增白剂增白。市售的荧光增白剂 VBL 对水性涂料有较好的增白作用,用量一般为涂料总量的 0.5% 左右。

2. 配方分析

聚醋酸乙烯酯乳液涂料适合于内墙装饰,干燥后的涂膜是无光的。通过配方的调整可制成高、中、低不同档次的涂料。内用乳液涂料的颜基比可较高,P/B 值一般可在 1.5～2.5 范围内调整,低档的聚醋酸乙烯酯乳液涂料的颜基比甚至可达 3 以上。随着涂料中颜基比的上升,涂膜的耐水性、耐洗刷性下降。

配方一:颜基比较低,白颜料全部采用钛白粉,填料用量很少。因此该涂料的遮盖力强,耐洗刷性好,但价格较高,适用于宾馆、医院、公共娱乐场所等要求较高的室内墙面涂装。

配方二:白颜料采用钛白粉与立德粉并用,颜基比较高,故遮盖力和耐洗刷性均稍差,但价格较便宜。适合于一般办公室、教室、饭店等场合。

配方三:白颜料全部采用立德粉,填料量高,颜基比达 3.08,因此耐水性、耐洗刷性和遮盖力都较差,属低档乳液涂料,适用于普通厂房和民用住宅。

配方四:颜基比介于配方二和配方三之间,但在助剂的选用方面较前两者考虑得更全面，因此涂料的性能基本上可达到配方二的水平，但价格比配方二便宜，因此适合于家庭居室的内装修。

乳液涂料配方中的助剂品种较多，这是乳液涂料的特点之一。同时也说明乳液涂料可通过使用不同品种和用量的助剂来调节其性能。

实验六十一　聚丙烯酸酯建筑防水涂料的合成与配制

一、实验目的

1. 熟悉聚丙烯酸酯乳液的合成方法，进一步熟悉乳液聚合的原理。
2. 了解聚丙烯酸酯建筑防水涂料的特点和用途。
3. 掌握聚丙烯酸酯防水涂料的配制方法。

二、实验原理

将涂料单独或与胎体增强材料复合，分层涂刷或喷涂在需要进行防水处理的基层表面上，即可在常温条件下形成一个连续、无缝、整体的、且具有一定厚度的涂膜防水层，从而制得满足工业与民用建筑的屋面、地下室、厕浴间和外墙等部位防水抗渗要求的材料，统称为建筑防水涂料。以合成橡胶、合成树脂或二者共混改性的材料为主要原料，掺入适量的化学助剂、改性剂、填充剂或交联固化剂等，涂刷在基层表面上，能在常温条件下固化，形成具有一定厚度、拉伸强度、伸长率和弹性或弹塑性功能防水涂膜的材料，称为合成高分子防水涂料。聚丙烯酸酯防水涂料即是合成高分子防水涂料的一种，它以聚丙烯酸酯乳液为主要原料，掺入适量的改性剂、成膜助剂、填充剂和着色剂等，经配合、搅拌、研磨、分散、过滤等工序加工制成。

与其他类型防水涂料相比，聚丙烯酸酯防水涂料有两大突出优点。

（1）环境安全　该涂料无毒，对环境无不利影响，施工安全、操作方便，对施工人员的健康无不良影响，对基层含湿量要求不严。

（2）物理机械性能优良

① 耐老化性优良　在紫外线、光、热和氧的作用下性能稳定，可直接用于屋面等暴露于自然环境的结构场合，材料使用寿命可在 10 年以上。

② 黏结力强、渗透性好　产品与水泥基层的黏结强度在 0.3MPa 以上。由于材料渗透性好，刷涂底涂料时可以渗透到水泥基材料的孔隙中，堵塞了渗水通道，防水效果可靠。

③ 延伸率好　断裂延伸率达 300%，一般在 300%～500%，因此其抗裂性优良，对基层的裂缝有很高的遮蔽作用，即使因基层因素产生微小裂缝，防水效果仍可靠。

④ 耐高温性好　产品在高温 80℃不流淌，低温−20℃不脆裂。

⑤ 产品具有鲜艳的色彩　可根据设计要求和用户的需要调配色彩，白色屋面在夏季能够反射太阳光，降低顶层房间温度；彩色屋面具有装饰和美化环境的功能。因而，这类涂料属于新型的装饰性防水涂料。

聚丙烯酸酯防水涂料的性能也存在不足，由于乳液聚合在生产过程中引入了乳化剂、增稠剂和涂料生产过程中引入的分散剂等组分，严重地削弱了涂料的耐水性。因而，这类涂料的耐水性不良，不宜用于长期受水侵蚀的场合，例如地下和厨卫地面防水等。

聚丙烯酸酯防水涂料的性能主要取决于丙烯酸酯乳液，它赋予涂膜以弹性、机械强度和耐水、防水性。聚丙烯酸酯乳液通常是指丙烯酸酯、甲基丙烯酸酯，有时也有用少量的丙烯酸或甲基丙烯酸等共聚的乳液。常用的共聚单体有丙烯酸乙酯、甲基丙烯酸甲酯、甲基丙烯酸、丙烯酸丁酯、苯乙烯。甲基丙烯酸甲酯或苯乙烯都是硬单体，用苯乙烯可降低成本；丙烯酸乙酯或丙烯酸丁酯两者都是软性单体，但丙烯酸丁酯要比丙烯酸乙酯用量少些。在共聚乳液中，加入少量丙烯酸或甲基丙烯酸，对乳液的冻融稳定性有帮助。乳液聚合一般和前述醋酸乙烯乳液相仿，引发剂常用的也是过硫酸盐，表面活性剂也和聚醋酸乙烯相似，可以用非离子型或阴离子型的乳化剂。操作可采取逐步加入单体的方法，主要是为了使聚合时产生的大量热能很好地扩散，使反应能均匀进行。在共聚乳液中也必须用缓慢均匀地加入混合单体的方法，以保证共聚物的均匀。

聚丙烯酸酯乳胶涂料制备包括乳液的制备和涂料的配制两个过程。首先是以水作为分散介质，将通过乳液聚合的丙烯酸及丙烯酸酯共聚树脂的微粒（微米级 0.1～1μm 或纳米级的球状微粒）借助乳化剂等的作用均匀分散在水相中，形成乳液。然后以此乳液为主要成膜物质，配以成膜助剂、颜料和填料等精制成厚浆状涂料。聚丙烯酸酯乳胶涂料的配制和聚醋酸乙烯酯涂料一样，除了颜料以外要加入分散剂、增稠剂、消泡剂、防霉剂等助剂，所用品种也基本上和聚醋酸乙烯酯乳胶涂料一样。

聚丙烯酸酯乳胶涂料由于耐候性、保色性、耐水耐碱性都比聚醋酸乙烯酯乳胶涂料要好些，因此更多作为外用乳胶涂料。在外用时，钛白就需选用金红石型，着色颜料也需选用氧化铁等耐光性较好的品种。分散剂都用六偏磷酸钠和三聚磷酸盐等，也有介绍用羧基分散剂如二异丁烯顺丁烯二酸酐共聚物的钠盐。增稠剂除聚合时加入少量丙烯酸、甲基丙烯酸加碱中和后起一定增稠作用外，还加入羧甲基纤维素、羟乙基纤维素、羟丙基纤维素等作为增稠剂。消泡剂、防锈剂、防霉剂和聚醋酸乙烯酯乳胶涂料一样，但因是外用乳胶涂料，防霉剂的量要适当多一些。

三、主要仪器和药品

（1）主要仪器　水浴锅、电动搅拌器、三口烧瓶（250mL）、温度计（0～100℃）、球形冷凝管、滴液漏斗（60mL）、电热套、烧杯（250mL、800mL）、点滴板。

（2）药品　丙烯酸乙酯　丙烯酸丁酯、甲基丙烯酸、苯乙烯（或丙烯酸甲酯）、N-羟甲基丙烯酰胺官能单体、丙烯酸、乳化剂（A）、乳化剂（B）、保护胶、pH 值调节剂（碳酸氢钠）、pH 值缓冲剂、过硫酸钾、去离子水、氨水、防霉剂、滑石粉（325 目）、膨润土浆（30%）、着色颜料、乙二醇、阴离子型分散剂、碱活化型增稠剂、重质碳酸钙（250 目和325 目）、消泡剂、金红石型钛白粉。

四、实验内容

1. 聚丙烯酸酯乳液合成（见表 3-33）

表 3-33　丙烯酸酯乳液合成实验配方

原材料名称	用量/质量份	
	配方 1	配方 2
苯乙烯(或丙烯酸甲酯)	0～15	42
丙烯酸乙酯	—	48
丙烯酸丁酯	35～50	64
甲基丙烯酸	—	10
官能单体 N-羟甲基丙烯酰胺	1～10	(6)
丙烯酸	1～4	30
乳化剂(A)	3～8	5
乳化剂(B)	—	2

原材料名称	用量/质量份	
	配方 1	配方 2
保护胶	0.1~0.5	—
pH 值调节剂(碳酸氢钠)	适量	(1.0)
pH 值缓冲剂	0.4~2	—
引发剂(过硫酸钾)	0.1~0.5	(0.05)
去离子水	40~60	240

（1）配方 1　先将单体、部分去离子水和乳化剂在烧杯中混合，制成单体预乳液。在装有搅拌器、温度计、滴液漏斗的三口烧瓶中，加入去离子水、保护胶、pH 值缓冲剂、10%单体预乳液，加热升温至 65℃，并通入氮气。加入少量单体预乳液和引发剂。将剩余单体预乳剂和引发剂在 65℃下于 3h 内滴加完成，升温至 75℃，继续反应 1h，完成聚合反应。用 pH 值调节剂来调节乳液的 pH 值为 7.5，过滤得到聚合物乳液。

（2）配方 2　先将单体、部分去离子水和部分乳化剂在烧杯中混合，制成单体预乳液。在装有搅拌器、温度计、滴液漏斗的三口瓶中，加入去离子水（剩余的水）、乳化剂以及 10%单体预乳液，加热升温至一定温度，加入 15%单体预乳液和 20%引发剂，进行乳液聚合反应。聚合反应完成后，将剩余的单体预乳液和引发剂于 2h 内滴加完成，控制温度为 80~85℃。加料完毕，升温至 90℃保温 1h。降温至 60℃继续反应 0.5h。用 pH 值调节剂来调节乳液的 pH 值为 7.5，过滤得到聚合物乳液。

2. 聚丙烯酸酯防水涂料的配制（见表 3-34）

表 3-34　防水涂料配制实验配方

原材料	用量/质量份	原材料	用量/质量份
水	40	氨水(或 AMP)	0.1~0.3
防霉剂	1.5	滑石粉(325 目)	80
膨润土浆(30%)	100	着色颜料	适量
乙二醇	10	配方 1 丙烯酸酯乳液	380
酯醇(或丙二醇丁醚)	10	配方 2 丙烯酸酯乳液	70
阴离子型分散剂	4.0~5.0	碱活化型增稠剂	8.0~12.0
重质碳酸钙(250 目)	200	消泡剂	适量
(325 目)	100		

配制方法如下。

① 在烧杯中加入水、防霉剂和膨润土浆（预先将膨润土加水浸润并搅拌均匀而制得）搅拌均匀。再加入乙二醇、酯醇（或丙二醇丁醚）、阴离子型分散剂、氨水和部分消泡剂搅拌均匀。在搅拌的过程中，由于物料 pH 值的升高，羟乙基纤维素随之溶解。

② 向烧杯中加入两种重质碳酸钙、滑石粉和着色颜料搅拌均匀，制得料浆。

③ 将料浆通过砂磨机研磨一遍，使颜料、填料的聚集粒子分散成为一次性粒子。然后，将磨细料浆再转移至烧杯中。

④ 向烧杯中加入由配方 1 或配方 2 制得的丙烯酸酯乳液，慢速到中速搅拌均匀。将预

留的消泡剂加入，慢速搅拌消泡。

⑤ 将碱活化型增稠剂用水稀释一倍，在不断搅拌下，缓慢地滴入并充分搅拌均匀。碱活化型增稠剂在高浓度下和乳液接触，会造成乳液凝聚成坚硬的颗粒（破乳），因而滴加速度要慢，搅拌应充分，并用水稀释一倍以防止高浓度的碱活化型增稠剂和乳液颗粒接触。

五、注意事项

① 乳液配制时要严格控制温度和反应时间。

② 加入单体时要缓慢滴加，控制反应温度，避免产生暴聚而使合成失败。

③ 乳液的 pH 值一定要控制好，否则乳液不稳定。

④ 涂料的配方与聚醋酸乙烯酯乳胶涂料相仿。所不同的是碱溶丙烯酸酯共聚乳液必须用少量水冲淡后加氨水调 pH 至 8～9，才能溶于水中。可在磨颜料浆时作为分散剂一起加入。

六、思考题

1. 聚丙烯酸酯乳胶涂料有哪些优点？主要应用于哪些方面？

2. 影响乳液稳定的因素有哪些？如何控制？

附：几种聚丙烯酸酯涂料的配方（见表 3-35）

表 3-35　聚丙烯酸酯涂料的配方实例

原料名称	底漆腻子	白色内用面漆	外用水泥表面用漆	外用水器底漆
金红石型钛白	7.5	36	20	15
碳酸钙	20	10	20	16.5
云母粉				2.5
二异丁烯顺丁烯二酸酐共聚物	0.8	1.2	0.7	0.8
烷基苯基聚环氧乙烷	0.2	0.2	0.2	0.2
羟乙基纤维				0.2
羧甲基纤维素			0.2	
消泡剂	0.2	0.5	0.3	0.2
防霉剂	0.1	0.1	0.8	0.2
乙二醇		1.2	2.0	2.0
松油醇				0.3
丙烯酸酯共聚乳液(50%)	34	24	40	40
碱溶丙烯酸酯共聚乳液(45%)	2.8	1.5		
水	34.4	25.3	15.8	22.1
氨水调 pH 至	8～9	8～9	8～9	9.4～9.7
基料：颜料	1:1.5	1:2	1:3.6	1:1.7

实验六十二　醇酸树脂的合成和铁红醇酸底漆的配制

一、实验目的

1. 理解缩聚反应的原理和掌握醇酸树脂的合成方法。

2. 了解铁红醇酸底漆的配制及漆膜干燥的过程。

二、实验原理

醇酸树脂涂料是应用较早、最大众化的一种涂料，是由醇酸树脂、颜料研磨后加入催干剂，并用有机溶剂调制而成的。可用的有机溶剂有甲苯、二甲苯、松节油、乙酸乙酯等。其漆膜具有柔和的光泽，良好的柔韧性及较好的附着力和户外耐久性，主要应用于木制建筑物和木制家具的表面涂饰，也可用于铁制家具的涂饰及铁制建筑物和设备的防腐保护。它施工方便，价格便宜，并能够满足生活日常简单防护及装饰的需要，例如，涂刷钢铁、门窗、座椅等防腐要求不高的日常生产生活器材。在涂装硝基面漆或醇酸面漆的钢铁表面打底时，主要用的是铁红醇酸底漆，铁红醇酸底漆漆膜坚韧，具有良好的附着力、优良的防锈性能、良好的耐硝基性能，与硝基漆配套不咬底，不渗色，漆膜易打磨，不粘砂纸，在一般气候条件下耐久性好，但在湿热条件耐久性差。

醇酸树脂是由多元醇、多元酸和其他单元酸通过酯化作用缩聚得到的。如邻苯二甲酸和甘油以等物质的量反应时，反应到后期会发生凝胶化，形成交联网状结构的树脂。如加入脂肪酸（亚麻油、桐油等）可使甘油先变成甘油一酸酯，将三官能团化合物转变成二官能团化合物，再与苯酐反应可得线型缩聚产物，不再凝胶化。如果所用的脂肪酸中含有一定比例的不饱和双键，则所得的醇酸树脂能与空气中的氧发生反应，而交联成不溶不熔的干燥漆膜。其分子结构如下：

$$
\begin{array}{ccc}
R-\overset{\text{O}}{\underset{\|}{C}}=O & R-\overset{\text{O}}{\underset{\|}{C}}=O & R-\overset{\text{O}}{\underset{\|}{C}}=O \\
\end{array}
$$

HO—CH$_2$—CH—CH$_2$COO—CO—$\left[\text{CH}_2\right.$—CH—CH$_2$OOC—CO$\left.\right]_n$CH$_2$—CH—CH$_2$OOC—COOH

醇酸树脂一般情况下主要是线型聚合物，但由于所用的脂肪酸（亚麻油、桐油等）中含有许多不饱和双键，当涂成薄膜后与空气中的氧发生反应，逐渐转化成固态的漆膜，这个过程称为漆膜的干燥。其机理相当复杂，主要是氧在邻近双键的—CH$_2$—处被吸收，形成氢过氧化物，这些氢过氧化物再发生引发聚合，使分子间交联，最终形成网状结构的干燥漆膜。这个过程在空气中进行得相当缓慢，但某些金属如钴、锰、铅、锌、钙、锆等的有机酸皂类化合物对此过程有催化加速的作用，这类物质称作催干剂。

防锈底漆防腐蚀涂料的重要组成部分，其直接与金属基材接触，是防腐蚀涂装体系的基础，应满足底漆的基本性能要求，要与金属有良好的浸润性、附着性、耐碱性，与面漆有配套性，同时黏度要低、内应力小。防锈底漆的防锈功能主要通过防锈颜料发挥作用，因此通常以防锈颜料的作用和名称来分类命名。以防锈颜料的防锈作用机理来看，大致归纳为四种类型：物理作用防锈底漆、化学作用防锈底漆（一般化学防锈涂料、磷化底涂和带锈涂料）、电化学作用防锈底漆及综合作用防锈底漆。结合使用效果又可分为普通防锈漆（物理、一般化学防锈涂料）、特种防锈漆（磷化底漆、富锌涂料、锈面涂料）。

铁红防锈底漆由铁红及少量锌黄、磷酸锌、氧化锌等化学防锈颜料和油基、醇酸树脂、环氧酯、乙烯树脂等漆基组成。铁红（又称氧化铁红），分子式 Fe$_2$O$_3$，其性质稳定，遮盖力强，颗粒细，耐热性好，着色力好，对日光、水、碱等显示惰性，不耐强酸。其作为物理防锈颜料，还对电解质有一定的抵抗力，在涂层中能起到很好的封闭作用。但其本身不能起到化学防锈的作用，锌黄等少量化学防锈颜料的加入，可提高其防锈能力。铁红是各种防锈漆的重要辅助防锈颜料。这种防锈底漆具有无毒、耐候、价格低廉、施工方便的特点，已在石油、化工、建筑、船舶、桥梁等各个方面获得广泛的应用。铁红醇酸防锈底漆即为其中的一个代表。

三、主要仪器和药品

（1）主要仪器 电热套、电动搅拌器、三口烧瓶（250mL）、球形冷凝管、温度计（0～200℃、0～300℃）、分水器、烧杯（100mL、200mL）、漆刷、黑色金属板、量筒（10mL、100mL）、电热烘箱、分析天平。

（2）药品 亚麻油、桐油、甘油、邻苯二甲酸酐、氢氧化锂、二甲苯、溶剂松节油、甲苯、乙醇、0.1mol/L氢氧化钾、环烷酸钴（质量分数2%）、环烷酸钙（质量分数3%）、环烷酸锌（质量分数2%）、环烷酸钙（质量分数2%）、氧化铁红和中铬黄颜料、膨润土、滑石粉、催干剂、丁酮肟。

四、实验内容

1. 桐亚油醇酸树脂的合成

在装有电动搅拌器、温度计、球形冷凝管的250mL三口烧瓶中加入22.9g精炼亚麻油、22.9g精炼桐油和15.8g甘油，升温至120℃，加入0.1g氢氧化锂。继续升温至240℃，保持醇解30min，取样测定反应物的醇溶性。当达到透明时即为醇解终点；若不透明，则继续反应，每隔20min测定一次，到达终点后将其冷却至200℃。

在三口烧瓶与球形冷凝管之间装上分水器，分水器中装满二甲苯（到达支管口为止，这部分二甲苯约5g未计入配方量中）。将29.5g邻苯二甲酸酐用滴液漏斗加入三口烧瓶中，温度保持180～200℃，约在30min内加完。然后加入71g二甲苯，缓慢升温至230～240℃，回流2～3h。每隔20min取样测定酸值，酸值小于20时为反应终点。冷却后，加入32.7g溶剂松节油稀释，得桐亚油醇酸树脂溶液，装瓶备用。

2. 终点控制及成品测定

（1）醇解终点测定 取0.5mL醇解物加入5mL质量分数95%乙醇，剧烈振荡后放入25℃水浴中，若透明，说明终点已到，混浊则继续醇解。

（2）酸值的确定 取样2～3g（精确称至0.1mg），溶于30mL甲苯-乙醇的混合液中（甲苯：乙醇=2：1），加入4滴酚酞指示剂，用氢氧化钾-乙醇标准溶液滴定。然后用下式计算酸值。

$$酸值 = \frac{C_{KOH} \times 56.1}{m} \times V_{KOH} \tag{3-132}$$

式中，C_{KOH}为KOH的浓度，mol/L；m为样品的质量，g；V_{KOH}为KOH溶液的体积，mL。

（3）其他成品性质测定

黏度的测定，按GB/T 1723《涂料黏度测定法》规定进行。

固体份的测定，按GB/T 1725《涂料固体含量测定法》规定进行，焙烘条件为（120±2）℃/2h。

细度的测定，按GB/T 1724《涂料细度测定法》规定进行测定。

3. 铁红醇酸底漆的配制

按表3-36所示配比，将自制的50%（质量分数）桐亚油醇酸树脂、氧化铁红和中铬黄颜料、膨润土、滑石粉、2%（质量分数）环烷酸钴、2%（质量分数）环烷酸锌、2%（质量分数）环烷酸钙和部分溶剂二甲苯放入烧杯内，用搅拌棒调匀。加入催干剂和剩余的二甲苯以及丁酮肟即成。

表 3-36　铁红醇酸底漆实验配方

原料名称	用量/质量份	原料名称	用量/质量份
氧化铁红	24.0	2%环烷酸钴	0.4
中铬黄	10.0	2%环烷酸锌	0.6
滑石粉	11.0	2%环烷酸钙	0.6
膨润土	0.4	丁酮肟	0.5
桐亚油醇酸树脂	40.0	二甲苯	11.2
10%环烷酸铅	0.9		
2%环烷酸锰	0.4	合计	100.0

（1）成品要求

颜色和外观：铁红色，色调不定，漆膜平整。

干燥时间：烘干（105℃±2℃，1000g）≤0.5h，表干≤20min。

（2）干燥时间的测定　用漆刷均匀涂覆在黑色金属表面，观察漆膜干燥情况，用手指轻按漆膜直至无指纹为止，即为表干时间。

五、注意事项

1. 各升温阶段必须缓慢均匀，防止冲料。

2. 加邻苯二甲酸酐时不要太快。注意是否有泡沫升起，防止溢出。

3. 调配底漆时不能与水、酸、碱等物品接触。

4. 该漆属易燃品，不能靠近明火，涂刷时应保持良好的通风环境。

六、思考题

1. 为什么反应要分成两步，即先醇解后酯化？

2. 调漆时为什么要同时加入多种催干剂？

3. 涂刷样板时，膜不干或慢干的原因是什么，应如何处理？

4. 分子中脂肪酸基对醇酸树脂干燥性能有哪些影响？

附　C06-1 铁红醇酸底漆配方（见表 3-37）

表 3-37　C06-1 铁红醇酸底漆配方

原料名称	质量份	原料名称	质量份
氧化铁红	21	氧化铁黄	6
滑石粉	11	中油度亚桐油醇酸树脂	44.2
中铬黄	4	200 号溶剂油	5
二甲苯	4	2%环烷酸钴	0.3
2%环烷酸锰	0.5	10%环烷酸铅	2
4%环烷酸锌	1	2%环烷酸钙	1

配方说明：将颜料、填料和一部分醇酸树脂混合并搅拌均匀，研磨至合格细度，再加入其余的醇酸树脂、溶剂和催干剂，充分调匀，过滤后即为成品。其主要用于黑色金属表面打底漆。

实验六十三　水性环氧树脂防腐涂料的设计与配制

一、实验目的

1. 了解环氧涂料的固化机理与腐蚀防护原理。

2. 掌握环氧涂料的配方设计、配制工艺过程。

二、实验原理

环氧涂料是目前应用较为广泛的涂料品种之一，其种类很多，性能各异，概括其特性有以下几点。

① 具有优良的抗化学品性能，特别是耐碱性。

② 具有优良的附着力，特别是对金属附着力更强。

③ 刚性强，耐热、耐磨性都很好。

④ 固化成膜时体积收缩小，电气性能优良。

⑤ 户外耐候性差，因含有羟基，如制漆处理不当，耐水性不好。

目前最重要的工业化环氧树脂是双酚 A 型环氧树脂，是由环氧氯丙烷和双酚 A 合成的。其本身是热塑性的，但当环氧树脂和固化剂或植物油脂肪酸进行反应时，可交联固化形成三维网状结构，故能显示出各种优良的性能。目前，常温下环氧树脂可以用多元胺或聚酰胺进行固化，也可用多异氰酸酯固化。大多数环氧类树脂采用聚酰胺树脂固化。

现在，人们对溶剂型涂料中的有机溶剂给生态环境带来的危害已经日益警惕，用水替代有机溶剂制造水性涂料的要求更加迫切。水性环氧涂料包括水溶性环氧涂料和水乳化环氧涂料。通常在基料和固化剂分子中应含有羧基、羟基、氨基、醚键和酸氨基等亲水基团，才能获得水溶性或水乳化环氧涂料。水溶性环氧涂料采用阴离子型树脂和阳离子型树脂作基料，阴离子型树脂用于阳极电泳涂料，阳离子型树脂用于阴极电泳涂料。

1. 水溶性环氧树脂漆基的合成

（1）阴离子型树脂　阴离子型树脂的合成，一般选用羟基含量较高的环氧树脂作为骨架材料。环氧树脂与羧酸反应，经胺中和后得到水溶性阴离子型树脂。

制备水溶性阴离子型树脂常用的环氧树脂有 E-12、E-35 和 E-44 等。常用的油酸有亚麻油酸、豆油酸、脱水蓖麻油酸等，其中亚麻油酸选用最多。常用的酸酐和羧酸有顺丁烯二酸酐、反丁烯二酸等。有时，利用环氧树脂的环氧基与乳酸或二羟甲基丙酸反应，在环氧树脂分子中引入末端羟基，然后再与琥珀酸酐或偏苯三酸酐反应，引入羧基，最后加入适量的饱和脂肪酸缩水甘油酯以改进流动性和提高槽液稳定性。

（2）阳离子型树脂　合成阳离子型树脂时，可先将环氧树脂与部分仲胺加成，接着与部分伯胺加成，再与仲胺加成，得到环氧-胺加成物，然后用酸中和得到水溶性阳离子型树脂。

这种水溶性阳离子型树脂中加入脂肪酸缩水甘油酯后，可改进流动性和耐化学药品性。

$$\sim CH-CH_2 + HN\begin{array}{c}R^1\\R^2\end{array}\xrightarrow{\text{加成}}\sim CH-CH_2-N\begin{array}{c}R^1\\R^2\end{array}$$
$$\qquad\ \ \underset{O}{\ }\qquad\qquad\qquad\qquad\underset{OH}{\ }$$

$$\sim CH-CH_2-N\begin{array}{c}R^1\\R^2\end{array}+RCOOH\xrightarrow{\text{中和}}\sim CH-CH_2-\overset{(+)}{N}-H\cdot\overset{(-)}{OCOR}$$
$$\quad\underset{OH}{\ }\qquad\qquad\qquad\qquad\qquad\underset{OH}{\ }\quad\underset{R^2}{\overset{R^1}{\ }}$$

2. 固化剂

水性环氧树脂漆片为多相体系，环氧树胶以分散相分散在水相中，水性环氧固化剂则溶解在水中。将两个组分混合后的体系涂布在基材上，在适宜的温度下，水分很快蒸发，当大多水分蒸发后，环氧树胶乳胶粒子彼此接触，形成紧密聚集的结构，残余的水分和固化剂分子则处在环氧树胶分散相粒子的间隙处。随着水分的进一步蒸发，环氧树胶分散相粒子开始固结，形成更为紧密的六边形排列结构，与此同时，固化剂分子扩张到环氧树胶分散相粒子的界面及其内部发生固化反应。水溶性环氧涂料中应采用水溶性固化剂，如三聚氰胺甲醛树脂、苯代三聚氰胺甲醛树脂、脲醛树脂和异氰酸酯封闭物等。当选用六甲氧甲基三聚氰胺作固化剂时，应加入少量的对甲苯磺酸铵和磷酸氢铵等强酸弱碱盐作固化促进剂；当选用异氰酸酯封闭物作固化剂时，应加入占基料量2％左右的HD20固化促进剂，可保证槽液稳定性并明显提高涂膜的有效交联密度、增加耐蚀性。

3. 助剂的作用

在涂料组分中，助剂分别在生产、储存和成膜等不同阶段中发挥特殊功效，按其作用机理，可分为流变助剂、固化剂、增韧剂等，是环氧树脂涂料生产、贮存及施工过程中不可缺少的组分之一。

4. 对颜、填料的要求

水溶性涂料对颜、填料的要求，比溶剂型涂料和电沉积涂料对颜、填料要求更为严格。在水溶性涂料配方设计时，所选用颜、填料品种应尽量少而精。

（1）分散性　为使颜、填料分散均匀，在颜、填料浆中需加入表面活性剂进行表面处理，然后用砂磨机、球磨机、高速搅拌机分散，经烘干、粉碎，确保复色颜、填料体系有较稳定的分散性。

（2）稳定性　水溶性涂料选用的颜、填料，必须在水中保持较高的化学稳定性。部分水解和能分解析出钙、镁、锌和铬酸等二价或多价金属离子的颜、填料，会导致大分子基料沉淀析出，严重破坏槽液稳定性。因此，可电离的组分应减少到最低限度，超过颜填料量的1％时，即会对涂料造成破坏性作用。

（3）体积浓度　颜、填料的体积浓度直接影响涂膜内颜、填料间距的大小，整个涂膜形成毛细管的可能性，涂膜防介质渗透的能力。

（4）对涂膜内应力的影响　几种颜、填料对涂膜产生内应力大小顺序是：钛白＝氧化锌＞硫酸钡＞碳酸钙＞滑石粉＝铝粉。

水溶性环氧涂料中可供选择的颜、填料有铁白、铁黄、锶钙黄、柠檬黄、铁红、酞菁蓝、群青、炭黑、沉淀硫酸钡、滑石粉、白炭黑、重体碳酸钙和高岭土等。

三、主要仪器和药品

（1）主要仪器　电热烘箱、高速搅拌机、研磨机、调漆杯、马口铁、砂纸、钢丝刷、漆刷

（2）药品　E44环氧树脂、滑石粉、磷酸锌、聚酰胺固化剂、二甲苯、丁醇。

四、实验内容

1. 环氧涂料配方设计

本实验对溶剂型环氧涂料进行配方设计，配方中包括环氧树脂、溶剂、固化剂、颜填料和助剂等组分，各组分的选择依据如下。

（1）环氧树脂 环氧树脂漆膜应具有优良的耐化学药品性。通常，漆膜内不宜含有可被腐蚀介质破坏的化学键及极性基团。实验证明，环氧树脂中醚键和脂肪族羟基具有优良的耐化学药品性。

环氧树脂膜不仅保证有优越的防止腐蚀介质穿透能力，而且必须保证在腐蚀介质浸渍时，应保持强的"湿态"黏结力。这就要求环氧树脂具有适宜的玻璃化温度（T_g），这是影响膜的内应力和黏结力的重要结构因素。环氧树脂膜的 T_g 太低时，由于交联固化不够充分，膜弹性会下降，膜发软，导致防腐蚀介质能力减弱；T_g 越高，膜产生的内应力越大，膜与底材黏结强度降低、弹性较差。

（2）溶剂 溶剂应选择良溶剂。溶剂与环氧树脂溶度参数（δ）相近是溶解的必要条件，还应考虑溶剂与聚合物间形成氢键能力及溶剂分子中存在官能团的性质。

溶剂的挥发速度是确定溶剂品种的技术关键之一。溶剂应有合理的挥发速度，作为制备涂料的介质，它可以调节黏度，满足涂刷性能。实践证明，采用醇（或醇醚）和芳烃类组成混合溶剂时，就会达到合理的挥发速度。

（3）固化剂 除环氧树脂本身结构影响交联固化速度外，固化剂结构也会影响交联固化速度。例如，低相对分子质量聚酰胺树脂可形成突出柔韧性的涂膜；芳胺加成物不仅低温固化效果好，而且涂膜显示出优异的耐水性和防介质渗透性；曼尼斯碱对底材润湿力强、低温固化快、耐化学药品性和耐水性优良；酸酐及其衍生物可在高温固化，涂膜具有优异的电绝缘性。因此，在选择固化剂时，应考虑固化剂的固化反应性及其结构特点。

（4）颜、填料 在环氧涂料配方设计时，充分利用各种颜、填料特性，可制成性能各异的环氧树脂涂料品种。颜、填料需根据涂料的应用要求来选择。如需防酸碱时，可采用氧化铁红和沉淀硫酸钡等颜、填料；需耐光和热时，可采用氧化锌和云母氧化铁等颜、填料；需增强涂膜的耐化学药品性和提高物理机械性能时，可采用云母和滑石粉等填料。

① 颜、填料的体积浓度 颜、填料体积浓度较大时，涂膜内颜、填料间距较小，整个涂膜形成毛细管的可能性增加，则涂膜防介质渗透能力较弱；体积浓度比较小时，涂膜内颜、填料粒子间距比较大，不会使整个涂膜形成毛细管，则涂膜防介质渗透能力较强。

② 颜、填料品种对涂膜内应力的影响 在涂料中增加钛白和氧化锌用量，会提高涂膜的弹性模量，增大内应力，降低附着力；增加铝粉和滑石粉的用量，会抑制体积收缩，提高弹性模量，但对内应力基本无影响，有改进涂膜附着力作用。

（5）助剂 在水溶性醇类助溶剂中，碳链长的醇比碳链短的醇助溶效果好，含醚基的醇（溶纤剂）比不含醚基的助溶效果好。可供选择的助溶剂有乙醇、异丙醇、正丁醇、叔丁醇、乙基溶纤剂、丁基溶纤剂和仲丁醇等。

2. 环氧涂料的实验配方实例

配制环氧树脂防腐涂料时，滑石粉可通过其片状疏水结构的效应，延长水分在涂层中的传输路径，从而起到防护作用，属于物理防护。磷酸锌具有形成碱式络合物的能力，它与基料聚合物的极性基团（羟基和羧基）络合，生成稳定的交联络合物，可增强漆膜的耐水性和附着力，同时也能和 Fe^{2+} 形成络合物，阻碍锈的形成和发展，属于化学防护。本实验通过分别选取等量的磷酸锌和滑石粉，配制两种不同的环氧树脂防腐涂料（见表 3-38），比较物理防护和化学防护的不同。

表 3-38　环氧树脂防腐涂料设计配方实例

原材料名称	用量/质量份	
	配方 1	配方 2
A 组分		
E44 环氧树脂	45	45
滑石粉(配方 1)、磷酸锌(配方 2)	10	10
稀释剂	45	45
B 组分		
聚酰胺固化剂	75	75
稀释剂	25	25

注：稀释剂由二甲苯和丁醇按照质量比 1∶1 比例混合。

A 组分配制工艺：准确称取配方中所需的原料和溶剂于调漆杯中，搅拌使其完全溶解成均匀透明的树脂液，然后称取部分树脂液与颜、填料在调漆杯中搅拌混合后，研磨至所需细度，补加剩余的树脂液搅拌均匀，过滤。

B 组分配制工艺：准确称取配方中所需的固化剂和溶剂于调漆杯中，搅拌使其完全溶解成均匀透明的树脂液过滤即可。

3. 环氧树脂防腐涂料的涂刷

金属表面氧化物和锈渣必须在涂漆前除尽，否则会严重影响附着力、装饰性与寿命。实验室可采用手工除锈方式，即用砂纸、钢丝刷等工具除锈。既清除表面的杂质，又在表面形成粗糙表面，有利于漆膜的附着力。

首先将涂料按照上述方式调配好，将固化剂倒入环氧树脂溶剂中。手动搅拌，混合均匀。静置 30min 后，用漆刷按照一个方向将涂料均匀涂刷至马口铁片上。放置挥发溶剂，待表面触干后，放入烘箱中，120℃加热 2~4h，干燥固化。

五、注意事项

1. 涂料配制后涂刷前应干燥、密封、避寒、避阳光直射。
2. 涂刷时要保持通风。
3. 温度低于 5℃时不宜涂刷，聚酰胺固化剂在低温时将失去固化作用。

六、思考题

1. 简述水性环氧树脂涂料的固化机理。
2. 涂料的配方设计过程中应注意哪些问题？
3. 说明环氧涂料的腐蚀防护原理。

附　环氧树脂防腐涂料配方（见表 3-39）

配方说明：该水性环氧体系由分子量较高的水性环氧树脂制成的乳液和水性固化剂组成。水性环氧固化剂与环氧树脂乳液具有较好的相容性，它不要求具有乳化作用。配方中含有少量有机溶剂作为成膜助剂。由于水性环氧涂料的涂膜是由环氧树脂和固化剂交联反应而生成的网状结构，所以涂膜具较好防腐蚀性、耐化学品性及力学性能。

表 3-39　水性环氧防腐涂料配方

原材料名称	用量/质量份
甲组分	
水性环氧树脂乳液(52%～55%)	30～32
水	16～18
金红石钛白粉	10
磷酸锌	10～12
其他防锈颜料	3～5
填料	25～28
抗闪锈剂	0.4～0.5
抗菌剂	0.05
流平剂	0.06
防沉剂和增稠剂	适量
乙组分	
水溶性聚酰胺	45～47
水	20～22
消泡剂	1.2～1.5
防沉剂或增稠剂	适量
成膜助剂	28～30.2

第四章　高分子综合与设计性实验

高分子材料专业综合设计性实验室学生利用所学理论知识和基本技能来指导实践的过程，应该紧密结合专业实际，使课题具有启发性、趣味性和实用性，充分发挥学生学习的主动学习热情，其目的是培养学生分析问题、解决问题的能力，从而提高学生的创新能力。

综合型实验，紧密结合工业生产和应用实际，强调理论与研究相结合，培养学生运用综合知识进行研究的能力，将理论与工程相结合，学会从工程角度分析问题和解决问题，提高学生的工程能力。设计型实验，紧密结合科研动态，以教学与科研互动为教学模式，科研用仪器设备为教学服务，开设的设计（创新）型实验均来源于科研成果。由教师给定实验目的、要求和实验条件，学生自己设计、制订实验方案，并自己进行实验，完成实验报告，进行答辩。将研究与创新相结合，提高学生的创新意识和能力。

高分子材料综合型、设计型实验对高分子材料原有的实验内容进行了拓展，综合设计性实验教学不仅提高了学生分析问题、解决问题的能力以及培养了学生的创新意识，也使学生对本专业的内容做到融会贯通。

第一节　塑料综合实验与设计性实验

实验六十四　短切纤维增强复合材料的制备与表征
——短切玻璃纤维增强尼龙66复合材料的制备

玻璃纤维的含量与增强复合材料的力学性能密切相关，研究玻璃纤维增强复合材料的组成-性能之间的关系，为获得良好性能的玻璃纤维复合材料提供了配方设计基础。

一、实验目的

1. 了解短切纤维的性质和特征。
2. 掌握短切纤维增强复合材料的制备方法。
3. 巩固对材料力学性能包括拉伸性能、冲击性能等表征方法的掌握。
4. 了解不同玻璃纤维含量对增强复合材料力学性能的影响。

二、实验原理

尼龙（聚酰胺，英文缩写为 PA）是含有酰胺键（CO—NH—）聚合物的总称。其中，以 PA66 的产量与消耗量最大，它具有机械强度高、刚性大、改性好、增强性强的特点，是生产工程塑料的主要原料。用玻璃纤维增强后，其力学性能、热性能显著提高。

在玻璃纤维复合材料中，玻璃纤维的作用原理为：当基体受到载荷时，断裂通过界面作用，将基体所承受的载荷传递给纤维，由于玻璃纤维轴向传递，应力被迅速扩散，阻止裂纹的增长，在载荷累积达到纤维强度以上时，引起纤维的断裂，复合材料亦被破坏，即发挥了纤维的增强作用；同时这种传递作用在一定程度上起到了力的分散作用，即能量的分散作用，从而增强了材料承受外力作用的能力，在宏观上显示出材料的弯曲强度、拉伸强度等力学性能大幅度提升。

玻璃纤维增强尼龙制品的性能受到多个方面因素的影响，影响玻璃纤维复合材料力学性能的主要因素有切粒长度、玻璃纤维强度、玻璃纤维含量、基体树脂、界面状态以及注塑加工过程中的玻璃纤维长度保持率和纤维分布状态等。因此，本实验采用短切玻璃纤维和尼龙66为原料，通过配方设计，考察不同因素对玻璃纤维复合尼龙材料力学性能的影响，研究较好的短切玻璃纤维复合增强尼龙材料配方。

三、仪器药品

1. 仪器

双螺杆挤出机，一台；铜质毛刷，1个；天平，精度0.01g，1个；剪刀，1把；万能材料试验机：WDW-10系列微机控制电子式万能试验机，1台；简支梁冲击实验仪，1台；模压机或注塑机，1台；拉伸样条模具，1副；带缺口的冲击样条模具，1副；弯曲样条模具，1副；游标卡尺：1把。

2. 药品

尼龙66，短切玻璃纤维，KH550。

四、准备工作

① 原材料准备：尼龙66在80℃烘箱下干燥24h。
② 检查双螺杆挤出机混合腔内是否清洁。使用前可先用尼龙66在加工温度下对腔内进行清洗，以免制品中带入杂质。

五、实验步骤

① 高速混合机、双螺杆挤出机的操作步骤可参照实验十六和实验十八。为了比较不同短切玻璃纤维含量对增强尼龙66性能的影响，可以制备不同玻璃纤维含量的增强尼龙66。
② 拉伸、弯曲、缺口冲击样条的制备参看实验十七或实验二十。
③ 拉伸、弯曲、冲击性能测试参看实验二十五、实验二十六和实验二十七的相关步骤。

六、数据处理

1. 记录挤出机、口模以及冷却、牵引等在制品合格时主要技术参数值范围。
2. 记录模压成型或注射成型的相关工艺参数。
3. 记录拉伸、弯曲、冲击等力学性能测试数据。
4. 讨论不同玻璃纤维含量对增强尼龙复合材料拉伸、弯曲以及冲击性能的影响趋势以及原因。

七、注意事项

可参照实验十八、实验十七或实验二十、实验二十五、实验二十六和实验二十七。

参 考 文 献

[1] 陈现景，岳云龙，祝一民，于晓杰. 浸润剂对短切玻纤增强尼龙66性能影响的研究. 玻璃钢/复合材料，2010，(1)：70-72.
[2] 高志秋，陶炜，金文兰. 长玻纤增强尼龙6复合材料研究. 工程塑料应用，2001，29(7)：2-51.
[3] 张士华，陈光. 偶联剂处理对玻璃纤维/尼龙复合材料力学性能的影响. 复合材料学报，2006，23(3)：31-351.
[4] 福本修. 聚酰胺树脂手册. 施祖培，杨维榕，唐立春译. 北京：中国石化出版社，1994.

实验六十五　高分子合金制备的实验设计

聚碳酸酯（PC）是一种综合性能优良的热塑性工程塑料，具有优良的力学性能、尺寸稳定性、耐温性以及抗冲击性能，但同时PC熔点高，加工流动性差，制品易应力开裂，对缺口敏感，价格也高。为提高PC的缺口冲击强度，可以通过加入其他的塑料制备合金的方法来改善 PC 的不足。本实验采用 ABS 以共混方式对 PC 其进行物理改性。

一、实验目的

1. 掌握熔融共混法制备聚合物合金的流程，加深对聚合物熔体的理解，同时学习聚合物材料加工机械的使用方法。

2. 加强文献检索、实验设计和数据处理能力。

二、实验原理

ABS 树脂由丙烯腈（A）、丁二烯（B）和苯乙烯（S）三元接枝共聚而成，为白色粉末或颗粒。ABS 树脂具有复杂的两相结构，SAN 作为基体树脂是连续相，橡胶是分散相，以颗粒状分散在基体树脂中。由于橡胶颗粒的存在，使 ABS 树脂具有优异的性能，尤其是抗冲击性能提高几倍甚至十几倍。但是其耐热和耐候性差，冲击强度和拉伸强度相对较低且易燃，因而也限制了在某些领域的应用。

聚碳酸酯（PC）是一种性能优异的工程塑料，具有冲击强度高、抗蠕变性能和尺寸稳定性好、耐热、透明、吸水率低、无毒、介电性能优良等优点，在各工业部门尤其是在电子电气、汽车工业、医疗器械、建筑和照明用具等领域用途广泛。但 PC 的熔体黏度大，因而有加工成型困难、易应力开裂、对缺口敏感、易老化和耐磨性差等缺点。

PC 与 ABS 树脂共混得到的 PC/ABS 合金，其在性能上可形成互补，它既具有 PC 的耐热性、尺寸稳定性和力学性能，与 PC 相比，又具有熔体黏度低、加工流动性好等优点，而且还可以减小制品对应力的敏感性并降低一定的成本。

PC 与 ABS 树脂中 SAN 的溶解度参数之差（$\Delta\delta$）为 0.88 $(J/cm^3)^{1/2}$，与 PB 的 $\Delta\delta$ 约为 7.45 $(J/cm^3)^{1/2}$，说明 PC 与 SAN 的相容性较好，而与 PB 橡胶相的相容性比较差。有研究采用有界面改性作用的弹性体以改善 PC/ABS 间的黏结且力求赋予复合材料高的冲击韧性，但往往在提高材料冲击强度的同时，材料的拉伸强度下降明显。因此，本实验设计的目的是制备在保持一定冲击强度的同时，具有较高拉伸强度的 PC/ABS 合金制品。

三、仪器药品

1. 仪器

密塑机，高分子共混设备；热压机，高分子材料的成型加工设备；悬臂梁冲击实验仪，高分子测试设备；其他设备，天平、游标卡尺等。

2. 药品

PC 树脂，ABS 树脂。

四、实验设计

① 根据实验目的，确定制备不同 PC/ABS 比例（PC/ABS = 9/1，8/2，7/3，6/4，5/5）的合金，并选择合适的增韧剂以及添加量。

② 了解加工设备的使用方法和实验条件。

③ 确定不同样品的制样设备和制样方法。

④ 确定样品的性能测试设备、测试方法和测试条件。

五、实验步骤

（1）原材料准备　PC 在 120℃烘箱下干燥 6～8h，ABS 在 80℃烘箱下干燥 4～6h。

（2）熔融共混过程　密炼机升温到 220～240℃后，按照配方要求将 PC 和 ABS 称重，倒入密炼机的型腔中，转子转速控制在 60r/min，共混时间控制在 8～10min。共混结束后取出熔体，切粒（切粒要迅速，否则熔体冷却后很难切粒）。

（3）热压成型过程　共混后的粒料干燥后［同步骤（1）］放入模具内，在 200～220℃ 的热压机上预热 10min，然后加压至 15MPa，排气 3～5 次，然后保压 5min。将模具取出于室温（或者冷凝水冷却）下冷却，脱模得测试样条（缺口冲击样条）。

（4）分析测试过程　缺口冲击强度按照国标 CB/T 1843—1996 要求进行。

六、数据处理

1. 记录熔融共混的温度、时间和转子转速。
2. 记录热压成型时的温度、应力和时间，测试样品的形状及尺寸。
3. 记录冲击测试条件，进行数据处理，并做出合理的讨论和解释。

七、注意事项

1. 熔融共混和热压成型都是在高温下进行的，要防止烫伤和机械伤害。
2. 测试仪器要按照仪器使用说明书合理操作，防止不当操作引起的仪器损失或者测试数据不准。

八、思考题

1. PC 共混以及 PC/ABS 合金热压之前为什么要干燥？
2. 熔融共混的温度为什么不能太高或者太低？
3. 影响 PC/ABS 合金冲击强度的因素有哪些？

参 考 文 献

[1] 葛腾杰，佟华芳，王文燕，张明强．ABS/PC 合金的研究进展．化工进展，2010，29：210-214.
[2] 吴培熙，张留城．聚合物共混改性．北京：中国轻工业出版社，2001：254.
[3] 戈明亮．国内聚碳酸酯/ABS 合金力学性能的研究进展．广州化工，2005，33（3）：13-15.
[4] 杨永兵，苗立成，周如东，郝为强，陈强．高性能 PC/ABS 合金的研究．2010，30（11）：52-54，56.
[5] 罗筑，刘一春，于杰．PC/ABS 合金的增韧研究．塑料工业，2001，29（5）：15-16.
[6] 贾娟花，苑会林．反应型相容剂对 PC/ABS 合金改性研究．塑料工业，2005，33（12）：50-52.

实验六十六　塑料的填充改性实验设计
——纳米碳酸钙增韧聚丙烯的实验设计

聚丙烯（PP）作为五大通用塑料之一，有着优异的综合性能，广泛用作塑料产品、纤维、编织袋、薄膜、注拉吹中空制品等。但聚丙烯脆性较大，缺口冲击强度低，尤其在低温时更为明显，耐低温性差，因而严重限制了其实际应用，因此增韧成为其改性主要研究方向之一。

为提高聚丙烯的韧性，本实验采用填料如纳米碳酸钙，通过熔融共混的方法来改性 PP，考察不同填料对 PP 抗冲击性能的影响。

一、实验目的

1. 熟悉熟料常用的填充性助剂。
2. 熟练掌握实验中所涉及的各种加工仪器及测试工具。
3. 测定塑料的物理性能，以判断填充改性配方的效果。

二、实验原理

聚丙烯（PP）熔点高，综合性能优良，是当今最具发展前途的热塑性高分子材料之一，与其他通用热塑性塑料相比，具有突出的耐应力开裂性和耐磨性，化学稳定性好、成型加工容易、应用范围广泛等特点。但聚丙烯易发生热氧化和光老化，具有耐寒性差、低温易脆裂、抗蠕变性差等缺点，因而其应用受到一定的限制，为了提高其性能，需要对它进行改性。填充改性是聚合物的主要改性手段之一，就是在塑料成型加工过程中加入无机填料或有机填料，以降低塑料制品的原料成本，进而达到增量、增强目的，或使塑料制品的性能及其加工性能有明显改善。

有研究表明，纳米 $CaCO_3$ 作为填充物填充到高分子材料中，可以改善高分子材料的多种性能。塑料制品中填充碳酸钙除了能显著降低成本，还能改善制品的硬度、弹性模量、尺寸稳定性和热稳定性。纳米级碳酸钙无机离子以其独特的"表面效应"、"小体尺寸效应"等性质，显著区别于一般的颗粒与块体材料。当纳米 $CaCO_3$ 经偶联剂表面处理后，在其表面形成亲油性表面层，同聚丙烯结合良好，可以达到既增韧又增强的效果。这是因为小粒径的无机粒子表面缺陷少，非配对原子多，比表面积大，与聚合物发生物理或化学结合的可能性大，粒子与基体间的界面结合可以承受重大的载荷，因此，纳米 $CaCO_3$ 增韧聚丙烯体系可成为一类强而韧的材料，有利于材料综合力学性能的提高。本实验的设计目的是设计较好的 $PP/CaCO_3$ 填充体系配方，使填充制品具有较好的力学性能。

三、仪器药品

（1）仪器　高速搅拌机，高分子共混设备；HAAKE 转矩流变仪，高分子共混设备；热压机，高分子材料的成型加工设备；万能拉力机，高分子材料性能测试设备；其他设备，天平、游标卡尺等。

（2）药品　PP 树脂，纳米碳酸钙，钛酸酯偶联剂，三元乙丙橡胶 EPDM。

四、准备工作

① 原材料准备：纳米碳酸钙在 60℃烘箱中干燥 2h。

② 活性碳酸钙的制备：将纳米碳酸钙与钛酸酯偶联剂按 49:1 的比例加入到高速混合机中，搅拌 5min，取出，得到活性碳酸钙。

五、实验设计

（1）配料　根据实验要求，设计表 4-1 的实验配方，按表中的配方在天平或台秤上分别称量。以总量为 50g 为基准，各种原料及填料按配比称量，所有组分的称量误差都不应超过 1%，经复核无误再进行下一步的混合。

表 4-1　纳米碳酸钙改性 PP 实验配方

配方	PP（质量分数）/%	活性碳酸钙（质量分数）/%
PP	100	—
PP-1	90	10
PP-2	85	15
PP-3	80	20
PP-4	75	25

（2）熔融共混　将上述配好的物料加入到 HAAKE 转矩流变仪中进行熔融共混，设定温度为 180℃，转速为 60r/min，时间为 10min。共混结束后，取出物料，用剪刀趁热剪成小块，以备下一步的制样。

（3）热压成型　选择合适的模具，将上述制备的复合材料放置在不锈钢制得的模腔内，模具闭合后放置于压机压板的中心位置，在已加热的模板间接触闭合的情况下（未受压力）预热约 5min，然后闭模升压至 10MPa，使受热熔化的塑料慢慢流动而充满模具的型腔成型，并且在恒压下保持 10min。

（4）冷却定型　　将模具连同被压成型的物料趁热转至同样规格的无加热的压机上，迅速加压至热压时的表压读数，进行受压下冷却定型。

（5）测试　　将所制得的拉伸样条和冲击样条分别在万能拉力机上进行拉伸强度和冲击强度的测试。

六、数据处理

参照实验二十五和实验二十七。

七、注意事项

1. 在操作 HAAKE 及压机时，要戴双层手套（严防手套潮湿），防止烫伤。
2. 脱模取出制品时用铜条或铜片，以防损坏模具及划伤制品。
3. 在进行力学性能测试时，试样需放在恒温恒湿箱中处理 24h。

八、思考题

1. 举出一个你身边用填料增强塑料的例子。
2. 以本实验为例，说明纳米碳酸钙增强 PP 的机理。

参　考　文　献

[1] 傅和青，汤凤，黄洪，陈焕钦．聚丙烯填充改性研究进展．化工矿物与加工，2004，(1)：5-9.
[2] 张桂云，古建仪．聚丙烯/碳酸钙复合材料改性研究．现代塑料加工应用，2009，21 (5)：33-35.
[3] 张立红．纳米碳酸钙填充改性聚丙烯的研究．天津大学，硕士论文，2005.
[4] 杜素梅．聚丙烯/碳酸钙纳米复合材料的制备和表征．合肥工业大学，硕士论文，2007.

第二节　纤维综合与设计性实验

实验六十七　复合纺丝机熔法纺丝综合实验

一、实验目的

1. 了解化学纤维熔法复合纺丝的工艺过程。
2. 掌握复合纤维熔法纺丝的基本原理和主要工艺参数的控制。
3. 初步掌握熔法复合纺丝的基本操作技能。

二、实验原理

复合纺丝法是将两种或两种以上不同化学组成或不同浓度的纺丝流体，同时通过一个具有特殊分配系统的喷丝头而制得复合纤维。在进入喷丝孔之前，两种成分彼此分离，互不混合，在进入喷丝孔的瞬间，两种液体接触，凝固黏合成一根丝条，从而制成具有两种或两种以上不同组分的复合纤维。

复合纤维的品种有并列型、皮芯型、海岛型和裂离型等，纤维横截面形状如图 4-1 所示。根据不同聚合物的性能及其在纤维横截面上的分配位置，可以得到许多性质和用途的复合纤维，尤其是可以将两种聚合物的优点结合起来，优势互补，是生产高性能、差别化纤维的重要形式。

本实验制备皮芯型纤维，其芯可以选择功能性聚合物，皮层为普通的聚合物。

聚对苯二甲酸乙二酯（PET）、聚丙烯（PP）聚酰胺（PA）是常见的高分子聚合物，其纤维分别称为涤纶、丙纶和锦纶，用熔体纺丝法纺丝成型。常规熔体纺丝是将切片在螺杆

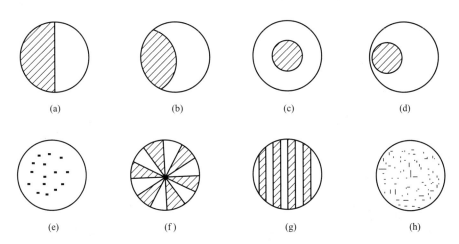

图 4-1　复合纤维的几种主要形式

（a）（b）并列型；（c）（d）皮芯型；（e）（h）海岛型；（f）（g）裂离型

挤出机中熔融后或由连续聚合制成的熔体，送至纺丝箱体中的各纺丝部位，再经纺丝泵定量压送到纺丝组件，过滤后从喷丝板的毛细孔中压出而成为细流，并在纺丝甬道中冷却成型。初生纤维被卷绕成一定形状的卷装（对于长丝）或均匀落入盛丝桶中（对于短纤维）。图4-2为复合纺丝示意图。

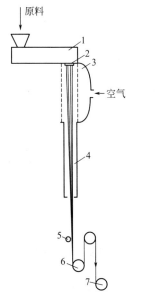

图 4-2　复合纺丝示意图

1—螺杆挤出机；2—喷丝板；3—吹风窗；
4—纺丝甬道；5—给油盘；
6—导丝盘；7—卷绕装置

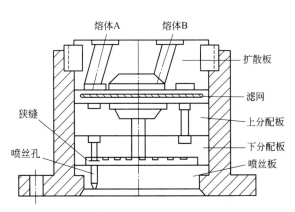

图 4-3　复合纺丝组件结构图（皮芯）

熔体纺丝法纺制复合纤维和常规熔体纺丝的主要区别之一就是前者要对聚合物分别熔融，并分别经计量泵送入特殊的复合纺丝组件（图4-3）。复合纺丝组件的关键为分配板与喷丝板。分配板的作用是保证两组分的熔体在复合前绝对分开，并把芯组分的熔体以一定的分布形式分配到皮组分熔体中。另外，分配板与喷丝板间的狭缝高度，对复合比的变化及复合状态有一定的影响。

三、实验设备与试样

（1）设备　金纬牌复合纺丝机，JW35 型卷绕机，吸枪。

（2）试样　纤维级聚对苯二甲酸乙二酯切片，重均分子量 $\overline{M}_w = 22000$；纤维级聚丙烯切片，重均分子量 $\overline{M}'_w = 300000$；涤纶油剂。

四、实验方法

1. 准备工作

① 升温联苯加热系统，使纺丝机箱体各部件达到预定温度并保持温度稳定。

② 用真空转鼓干燥机干燥 PET 切片和 PP 切片，保证含水量低于 0.01%。

③ 将螺杆升温到预定温度进行预热。

④ 安装好皮芯复合纺丝组件，并放入加热炉预热，加热过程中分三次拧紧螺栓，保证纺丝过程中不出现露料。

⑤ 启动纺丝机计量泵及螺杆，用适量 PP 切片冲刷整个管路系统，直至最后流出的 PP 熔体中没有任何杂质。

⑥ 启动空气压缩机，用气泵升降系统将预热过的复合纺丝组件安装到纺丝机指定位置，拧紧螺栓并保温 1h。

⑦ 启动卷绕系统，保证卷绕机正常运转并能达到预定卷绕速度。

⑧ 将筒管装到卷绕轴上，开启吸枪，保证其工作正常。

⑨ 启动油泵，将纺丝油剂装入油泵中。

2. 纺丝操作

① 先启动计量泵，再启动螺杆，将干燥好的 PET 切片和 PP 切片分别加入两个加料斗，保证 PET 为皮层，PP 为芯层。

② 启动侧吹风系统，使风的温度、湿度和速度在合适的范围内。

③ 观察喷丝板表面，当熔体细流从喷丝孔挤出时，要使其不粘板，不堵孔，此时要控制好计量泵转速和螺杆转速，使熔体压力值保持稳定。

④ 开启吸枪，将沿着纺丝甬道而下的复合纤维用吸枪吸住集束，并保持 1min 左右，确保没有断丝，所有丝条均被吸入吸枪内。

⑤ 开启卷绕机，使丝束经导丝钩后被卷绕到筒管上。

⑥ 筒管满卷后，用顶出装置将其顶出，继续下一筒管的卷绕。

3. 复合纤维后处理

（1）拉伸　在自制纤维拉伸机上进行热盘拉伸。在两组不同转速的导丝盘之间进行复合纤维的拉伸，以使纤维取向良好。

（2）热定型　将纤维放入烘箱中进行松弛热定型处理，以消除纤维的内应力，保持尺寸稳定性，同时进一步提高纤维的结晶度。

五、纤维结构与性能测试

① 纤维断面形貌的扫描电子显微镜（SEM）观察。

② 纤维断裂强度、断裂伸长率等力学性能指标测试。

③ 纤维取向度测试。

六、思考题

1. 纺丝温度对纤维成型有何影响？

2. 拉伸和热定型等后处理步骤有什么作用？

3. 影响复合纤维力学性能的因素有哪些？

实验六十八 中空多空聚丙烯纤维的制备与表征

随着人类对物质利用的深度和广度的不断开拓，物质的分离和提纯便成为一个重要的课题。分离的类型包括同种物质按大小或分子量的不同而分离；异种物质的分离；不同物质状态的分离和综合性分离。

传统的化工过程常见的分离方法有筛分、过滤、离心分离、浓缩、蒸馏、蒸发、萃取、重结晶等。但是，对于更高层次的分离，如分子或离子尺寸的分离、生物体组分的分离等，采用传统的分离方法是难以实现的，或达不到精度，或需损耗极大的能源而无实用价值。

膜分离技术既能使混合流体按组分不同而分离，又能对流体进行净化和浓缩。它因具有如下优点而受到重视和蓬勃发展：分离时没有相态变化，故不必加热，也无需加入其他试剂，因此能耗降低，而且不产生二次污染；设备结构简单，操作方便，占地面积小，成本低，有利于实行连续化生产和自动控制；可以使一些按传统方法难以分离的物质，如共沸物、热敏性物质，或化学稳定性差的物质得以实现分离。

一、实验目的

1. 掌握中空多孔中空聚丙烯纤维的制备方法，并由此了解聚合物改性的途径。

2. 掌握熔体纺丝工艺及影响熔体纺丝的因素。

3. 掌握聚合物熔点的测试方法。

4. 掌握纤维减量原理、工艺与方法。

5. 掌握纤维力学性质的测定方法。

6. 掌握纤维表面及截面形态的表征方法。

二、中空多孔聚丙烯纤维的制备原理

按膜外观形状的不同可分为平板膜、管式膜（有内压式和外压式之分）、螺旋卷膜、折叠式膜以及中空纤维膜。与其他膜组件相比，中空纤维膜组件具有如下特点。

① 单位体积的膜面积很大，使设备小型化，同时可减少厂房面积。

② 耐压性较高，不需要任何支撑体，使装置体积明显减少。

③ 密封结构简单，使装置大为简化，并降低成本。

④ 被处理的溶液可在中空纤维内快速流动，因剪切速率较大，可减少浓差极化现象，防止膜的堵塞。

⑤ 实现工业化生产有良好的重复性。

用于中空膜制备的材料很多，主要有纤维素及其酯类、聚丙烯腈及其共聚物、聚砜及聚醚砜、聚酰胺和聚丙烯，其中聚丙烯因价格便宜、制备工艺简单而备受关注。聚丙烯中空膜制备的制备方法有中空纺丝超拉伸法、中空纺丝溶出法，溶出机理有化学反应法、溶解法和萃取法。如在纺丝时将碳酸钙或二氧化硅、硫酸钡等无机材料引入纤维体系，中空纺丝成型后用酸对之进行处理，使无机材料与酸反应而脱离纤维体系并在纤维表面及内部留下微孔。也可将聚丙烯与可溶解性聚合物共混纺丝，再进行后处理而产生微孔。

三、聚丙烯原料熔点的测定

聚丙烯的熔点是检测原料质量及聚合工艺条件的重要指标，对纺丝熔融温度的选择、工艺参数的确定有特殊意义。本实验采用 YG252A 型熔点仪，来测定聚丙烯切片的熔点，并在显微镜下研究被测物质的热特性。

（一）仪器工作原理

本实验选用 YG252A 型熔点仪（见图 4-4）。仪器是根据检测聚丙烯切片、纤维等试样在熔融过程中透光量变化的物理现象来报熔的。

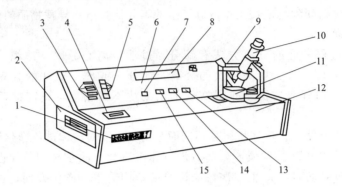

图 4-4　YG252A 型熔点仪

1—铭牌；2—打印机侧门；3—指示灯；4—打印机出纸窗；5—按钮；6—报熔指示窗；

7—报熔/设定按钮；8—数码显示窗；9—光源管部件；10—显微镜部件；11—加热器

部件；12—机体；13—电源开关；14—风机开关；15—光量开关

在仪器的加热器下方有一光源，上方有一光敏器件，通过加热器中心的导光孔接受光量。在熔融前后，放在加热器上的试样的透光率发生变化，光敏器件接收到的光亮也随之发生变化。加热时使铂电阻的阻值改变，电路中输出变化的电压信号送入模拟电路开关，模拟电路开关分时将光量信号、温度信号输入 A/D 模数转换器，A/D 输出数字量，送微机处理。熔点检测示意图如图 4-5。

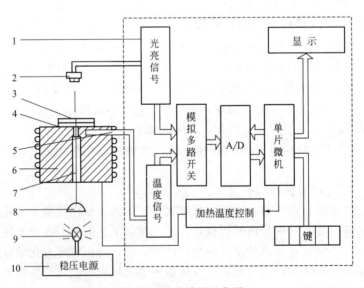

图 4-5　熔点检测示意图

1—电路部分；2—光敏电阻；3—试样；4—盖玻片；5—铂电阻；6—加热器；

7—导光孔；8—聚光透镜；9—光源；10—电源

微机通过分析光量的变化曲线和温度变化曲线（升温曲线）来判断确定熔点值。

升温和试样熔融过程中光量变化曲线如图 4-6。a 点前为快速升温区，到达 a 点时（即熔前 50℃ 左右）开始控温，逐步慢降升温速度，到达 b 点时（熔前 10℃ 左右），进入等速升温区。

试样在熔融过程中光量变化曲线，在 t_1 期间被加热，但透光量不变（弱）；在 t_2 时间内，温度上升，光量变化（上升）；在 t_3 时间内，对试样继续升温，但光亮不变（强），试样已熔化。一般的试样在加热熔融过程中，透光亮都有从不变到变，从变到不变的过程。图 4-6 光量曲线中，t_2 时间结束点对应于图 4-6 温度曲线的一点温度为全熔点。

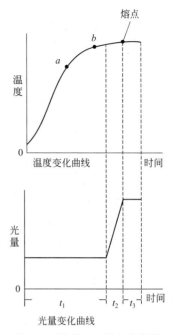

图 4-6　温度、光量变化曲线

（二）主要技术参数

1. 测试条件

① 环境温度 10～30℃。

② 环境相对湿度不大于 80％。

③ 不允许阳光或外部强光直射在光敏部件处。

2. 主要技术指标

① 熔点测试范围 50～350℃。

② 熔点测试误差不大于 0.5℃（在升温速度 2℃/min 时用熔点标准物校正）。

③ 最小温度读数 1℃。

④ 升温速度 2℃/min、3℃/min、4℃/min、5℃/min（可选）。

⑤ 报熔方式：自动报熔（只报全熔）；手控报熔（显微镜目测按键报熔）；设定后自动报熔（经手控报熔后再转换成自动报熔方式时，仪器可按显微镜目测报熔时的状态，自动报熔）。

⑥ 打印采用 TPUP-16A 微型打印机，能够打印每次实验数据和 8 次以内任意次的算术平均值。

（三）实验方法

1. 准备

① 1 剪刀、切片机、镊子、负荷压块、隔热玻璃板、盖玻片（20mm × 20mm × 0.17mm）、单面刀片、搽镜纸或纱布等工具和材料。

② 开机预热 15min，其间用负荷压块代替试样，升温至 270℃ 左右，按 RESET 键并开风机降温至 90℃ 左右，取下负荷压块，关风机准备实验。试样熔点低于 150℃ 时可不进行上述操作。

③ "光亮"开关一般置较弱挡，当试样透明度较差时"光亮"开关置较强挡（扳动"光亮"开关观察光亮，数值大者为强挡）。

2. 制样

（1）纤维制片　用剪刀将纤维剪成小于 1mm 长的小段，放在两片盖玻片中，面积约 8mm²。

（2）聚丙烯切片　用切片机或刀片将聚丙烯粒子切成约 0.04mm 厚的薄片，放在两片盖玻片中，面积约 8mm²（如切片面积较大时用剪刀修去边缘部分）。

（3）药品及有关粉末试样制样　药粉先碾成均匀的细粉末，将少许粉末集中放在两片盖玻片中的中央位置，面积约 8mm²。

3. 测定

① 显示数码的含义

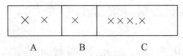

提示框中：A——光亮值，试样熔融后透光率增大，光量值增大。

　　　　　B——"次数/提示符"，在初始状态显示操作提示符 "A" 或 "b"，"c"，"d"。加热后显示实验次数，样板实验时实验次数显示 "0"，正式实验显示 "1" ～ "8"。

　　　　　C——温度值，单位℃，升温时数值增大，降温时数值减小。

② 观察 "次数/提示符" 数码管。

③ 在初始状态，如光亮大于 90 或小于 65 时，显示符 "A"，说明光敏器件未能正常地接受光量，或光路、电路有故障，或光源灯泡老化、损坏等。

④ 如显示提示符 "b"，说明光路正常。

⑤ 按下 "认可/加热" 键，显示提示符 "C"，要求将制好的试样放在加热器上并盖住导光孔，在盖玻片上压上负荷压块，套上保温罩，盖上隔热玻璃。

⑥ 放上试样后，如显示提示符为 "d"，试样放置正确，如仍显示为 "b" 则试样未盖住加热器上的导光孔。

⑦ 按 "认可/加热" 键，"加热" 灯亮，"次数/提示符" 数码管显示实验次数，仪器对试样进行加热，监测。在熔前 50℃左右（即预置点温度）时自动控温，逐步减慢升温速度。在熔前 10℃左右进入等速升温，试样全部熔融后，锁存显示熔点温度值并发出间接报熔声响，仪器自动切断加热器电源，开风机取下保温罩并在加热平台上放上散热器。降温至要求值（一般在 90℃左右）。

⑧ 样板实验　开机后的第一次实验是样板实验，将仪器快速升温至试样熔融，仪器显示熔点温度值，并自动将样板试样的熔点值减去 50℃作为预置点温度存入计算机内存。在正式实验中，当升温至预置点温度时，仪器自动调整加热功率，控制升温速度。每更换一个试样品种均应做一次样板实验，实验次数显示 "0"，实验结果不打印。

⑨ 报熔　设定后自动报熔：经样板实验，经手控报熔后，又返回到手控报熔初始状态时，按 "方式/＋" 键，"手控" 灯灭，"自动" 灯亮（此时已将手控报熔时由操作者设定认可的初熔点，全熔点的光量变化的状态数值等存入微机）。微机按已设定的状态自动报初熔点、全熔点的温度值。

4. 预置点温度、升温速度的设定修改（一般不要求修改）

在正式实验时，要求在熔前（全熔）10℃左右进入等速升温，如发现达不到要求，在下次实验的初始状态时，可调整预置点温度，如需要还可调整升温速度。

① 预置点温度的设定修改　在初始状态仪器提示符显示 "b" 时，按下 "报熔/设定" 键，此时如按下 "方式/＋" 键，预置点温度值增加，如按下 "返回/－" 键，预置点温度值减小。当增加或减小为新的预置点温度值后松开按键，再按一下 "认可/加热" 键，新的预置点温度值即存入微机内存。

② 升温速度的设定修改　如按下 "方式/＋" 键，升温速度增加，如按下 "返回/－" 键，升温速度减小。修改为新的升温速度值后，按 "认可/加热" 键。新的升温速度存入微机（本次实验时新的升温速度有效），如不需改变升温速度时，可直接按 "认可/加热" 键，程序可返回初始状态。

5. 打印

① 样板实验后的实验数据不打印。

② 在报熔时，按"打印"键，打印本次实验数据，再返回到初始状态。如果第 8 次实验结束，按"打印"键，打印本次实验数据及 8 次实验数据的算术平均值，再返回初始状态，下次实验为下一组的第一次。

③ 在报熔时，按"清除"键，本次实验数据被清除不打印，返回初始状态，可重做本次实验。

（四）注意事项

① 切片的厚薄，试样的多少，试样的密度对熔点值会有一定的影响。要求每个试样的厚薄，数量，密度要基本一致。

② 在熔前 10℃左右如不能进入等速升温，熔点值会有偏差，在初始状态中可通过调整预置点温度来保证熔前 10℃左右进入等速升温。

③ 每次实验的起始点温度（含样板实验）要一致，如每次都是在 90℃左右时放入试样，加热。

④ 样板实验或出错，提示为 8EEE 时，可按"样板/RESET"键。仪器在受强信号干扰偶然出错时，按"RESET"键，使仪器复位，其他操作不能按此键。

⑤ 在正式实验时，加热后如要清除本次实验，可按"清除"键。

⑥ 样板实验仅为正式实验提供一些参数和做准备，样板实验时快速加热不控制升温速度，故熔点值可能偏差较大，注意在做标准物样板实验时，如熔点高于该样物质标准熔点 8.0℃时请重做一次样板实验。

⑦ 在实验时，"光量"开关一般置于弱挡为宜，此时光源灯泡电压较低，可延长灯泡的使用寿命。

⑧ 在光量值小于"65"或大于"90"时，仪器"次数"显示为"A"，如调整加热台上部的光敏管部件的位置后（一般不用调整），光量值仍不正常时，可能光源灯泡损坏或老化，需调换灯泡。

⑨ 使用较长时间后，镜筒的镜片上可能会有灰尘等，使光量变小，这时可卸下底盖，再卸下固定镜筒的三只螺钉，拉出镜筒，用干净绒布擦去镜片上的灰尘，装上镜筒，盖上底盖。

四、聚丙烯的中空纺丝成型

（一）纺丝实验原理

化学纤维的纺丝方法主要有：熔体纺丝法、湿法纺丝和干法纺丝三种方法。化学纤维的纺丝方法主要有：熔体纺丝法、湿法纺丝和干法纺丝三种方法。本实验通过聚酯的熔体纺丝探索熔体纺丝的基本规律。

聚丙烯熔体纺丝的基本过程包括：熔体的制备，熔体自喷丝孔挤出，熔体细流拉长变细同时冷却固化（纺丝成型），以及纺出丝条的上油和卷绕。

1. 熔体制备

切片的熔融是在螺杆挤出机中完成的。切片自料斗进入螺杆，随着螺杆的转动被强制向前推进，同时螺杆套筒外的加热装置将热量传递给聚合物。聚合物吸收能量，其分子链节及整个大分子将能产生自由运动。聚合物由玻璃态转变为黏流态（或称熔融状态）。

聚合物的熔融速率与其本身的物理性质、加工条件等因素有关。聚合物的比热容越大，由玻璃态转变为黏流态所需热量越大，熔融速率越小；聚合物的热导率越大，熔融速率越大；结晶聚合物的熔融潜热越大，熔融速率越小；螺杆转数越大，螺槽深度越小，剪切作用越强，越有利于熔融速率的提高。因此，在选择熔融工艺条件时，应综合各方面因素。

2. 纺丝成型

从工艺原理角度分析，纺丝由四个基本步骤构成：①熔体在喷丝孔中流动；②挤出液流中的内应力松弛和流动体系的流场转化，即从喷丝孔中的剪切流动向纺丝线上的拉伸流动的转化；③流体丝条的单轴拉伸流动；④丝条的冷却固化。在这些过程中，高聚物要发生几何形态、化学结构和物理状态的变化。纺丝时应特别注意纺丝温度和卷绕张力的控制，避免熔体破裂。

丝条冷却固化条件对纤维结构与性能有决定性的影响。生产中普遍采用冷却吹风，冷却吹风可加速熔体细流的冷却速度，有利于提高纺丝速度；而且加强了丝条周围空气的对流，使内外层丝条冷却均匀，提高初生纤维质量。冷却吹风工艺条件主要包括风温、风湿、风速（风量）等。侧吹风时风温为 20～28℃、送风相对湿度 60%～80%、风速为 0.4～0.5m/s。

3. 纤维的上油与卷绕

上油给湿的目的是为了增加丝束的集束性、抗静电性和平滑性，以满足纺丝、拉伸和后加工的要求。一般，初生纤维含油率为 0.3%～0.4%。

卷绕线速度通称纺丝速度，纺丝速度越高，纺丝线上速度梯度也越大，且丝束与冷却空气的摩擦阻力提高，致使卷绕丝分子取向度高，双折射率增加，后拉伸倍数降低。当卷绕速度在 1000～1600m/min 范围内，卷绕丝的双折射率与卷绕速度呈直线关系；卷绕速度达到 5000m/min 以上时，就可能得到接近于完全取向的纤维。

在常用的纺丝速度范围内，随着纺丝速度的提高，初生纤维的卷绕张力和双折射率有增大，同时熔体细流冷却凝固速度加快，导致纤维中的内应力增大，初生纤维的沸水收缩率增大。

（二）实验装置

纺丝机如图 4-7 所示。纺丝设备的主要技术参数如下：螺杆挤出机，$D=45$；$L/D=24:1$；计量泵（见图 4-8）规格：$2.4 \times 2ml/(r/min)$；喷丝板（见图 4-9）规格，板径×厚度＝70mm×15mm，喷丝板孔径 0.32mm，导孔角度 120°；卷绕机机械速度，500～1500m/min（或 3000～3500m/min）；筒管直径，$\phi 108mm \times 325mm$。

空调机主要技术参数如下：

风量　　5m³/min；

风压　　1000～10000Pa；

风温　　15～28℃。

（三）实验步骤

1. 投料

将聚丙烯切片放入切片料斗。

2. 纺丝

（1）螺杆挤压机的升温　按工艺要求设定螺杆各区的温度（一区 275～280℃，二区 280～285℃，三区 280～285℃）。

打开螺杆挤压机的冷却水，并检查其流畅程度与水温（要求水流动流畅，水温小于 35℃）。

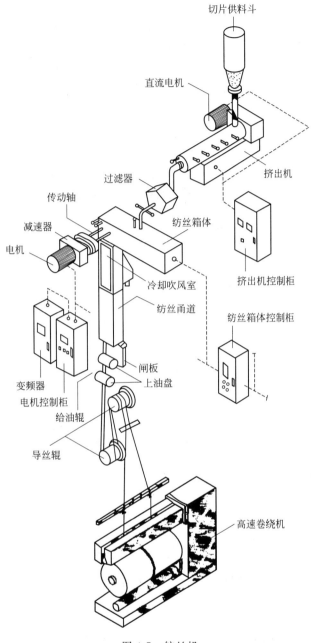

切片供料斗

直流电机

过滤器

传动轴

减速器

电机

纺丝箱体

挤出机

挤出机控制柜

冷却吹风室

纺丝甬道

纺丝箱体控制柜

闸板

上油盘

变频器

电机控制柜

给油辊

导丝辊

高速卷绕机

图 4-7　纺丝机

开启电源预热。当螺杆各区的温度达到设定值后保温 2h，螺杆挤压机具备开启条件。

（2）纺丝箱升温　按工艺要求设定纺丝箱温度（280～290℃）。开启电源升温，当温度达到设定温度前 10℃左右，实施排气，然后继续升温到设定温度（纺丝箱升温应在实验前12h 进行）。

（3）空调机送风　按工艺要求设定送风温度［(20±1)℃］和风湿（65%±5%）。开启电源送风。调整风阀，控制风速为 0.4～0.5m/s。

（4）纺丝机开车　手盘计量泵一周后开动计量泵，调节计量泵电位器，将泵轴转数调至10r/min 低速运转。合上计量泵齿轮箱离合器，准备排料。

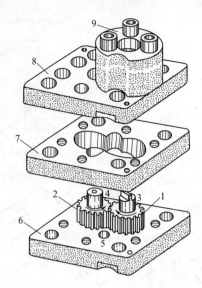

图 4-8　熔纺计量泵结构

1—主动齿轮；2—从动齿轮；3—主动轴；4—从动轴；5—熔体出口；6—下盖板；

7—中间板；8—上盖板；9—联轴节

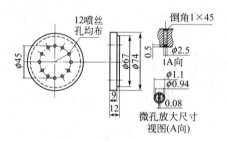

图 4-9　喷丝板

打开螺杆挤压机进料阀，开动螺杆挤压机，并调节螺杆转数电位器，使螺杆在一定转数范围内运转。调节计量泵电位器，使计量泵转数符合工艺设定值。

当排料至清洁时，拖开计量泵齿轮箱离合器，清除残余聚合物，安装纺丝组件。

在喷丝板面喷硅油，铲板。闭合计量泵齿轮箱离合器，通知卷绕工序准备卷绕。

3. 卷绕

（1）卷绕准备

① 调节油轮电位器，使油轮转数符合工艺设定值。

② 调节第一、第二导丝辊电位器，使导丝辊转数符合工艺设定值。

③ 调节横动和卷绕电位器，使油横动和卷绕速度符合工艺设定值。

④ 卷绕装好纸管。

（2）卷绕操作

① 接到投丝信号，做好生头准备，打开甬道口。

② 用吸枪投下的丝，开启油轮，并使之通过导丝钩和油轮。

③ 开启第一导丝辊，并使丝通过第一导丝辊；20s 后开启第二导丝辊，并使丝通过。

④ 起动卷绕设备进行卷绕，卷绕正常后关掉吸枪和甬道口，完成生头操作。并观察成丝情况。改变纺丝温度，继续观察成丝情况，分析原因。

五、中空聚丙烯纤维的后处理

（一）实验样品及仪器设备

（1）准备实验样品　改性聚丙烯纤维（添加碱可溶有机共聚酯或无机粘体碳酸钙）。

（2）准备实验药品　氢氧化钠、草酸、催化剂（1227）、酚酞、无水乙醇。

（3）准备实验仪器、设备　恒温水浴锅一台，三角烧瓶一只 250mL，分析天平一台，滴定瓶三只，架盘天平一台（10g），玻璃搅拌棒一支，烘箱，移液管一支 10mL，酸式滴定管一支，吸耳球一个，碱式滴定管一支，滴定架一个，大镊子一把，离心机一台。

（二）实验原理

聚丙烯纤维的减量处理实际上是化学反应或溶解过程。

无机物/聚丙烯共混纤维体系的反应机理为（以碳酸钙为例）：

$$CaCO_3 + HCl \longrightarrow CaCl + CO_2 \uparrow + H_2O$$

有机聚合物-聚丙烯共混纤维体系的反应机理为（以水溶性聚酯为例）

后处理机理与同聚酯的均相碱水解反应相似，属于亲核加成反应机理，其反应过程可用双分子酰氧键断裂历程表示：

即碱液中的 OH^- 攻击羰基中带部分正电荷的碳原子，使纤维结构中的羰基离子化，生成

^-OR 与溶液中的质子 H^+ 结合生成醇 HOR，而

与处理液中的 Na^+ 结合生成

盐

。

上述反应是双扩散反应过程。既溶液中的反应物向纤维表面、非晶区和结晶区的边缘扩散；碱水解反应；碱水解产物由纤维内和表面向溶液中扩散。聚丙烯纤维的减量处理应在聚丙烯纤维的玻璃化温度以上进行。实验温度一般在 90~95℃。

（三）实验步骤

① 配标准溶液及指示剂。

② 配一定浓度（4%或 10%）的氢氧化钠溶液（或盐酸溶液）。取出 10ml 溶液用标准溶液标定溶液浓度。

③ 精确称量纤维 $(5\pm0.01)g$（G_1）。

④ 用 200ml 容量瓶精确量取氢氧化钠或盐酸溶液 200ml，倒入三角烧瓶，将三角烧瓶放入水浴锅进行预热。当三角烧瓶内溶液温度达到设定温度（90~95℃）时，加入纤维，并

计时。缓慢搅拌溶液，60min 后，取出纤维。残液倒入容量瓶。

⑤ 用去离子水洗净纤维表面残留液，洗液倒入容量瓶；纤维中和后，用去离子水清洗三次。脱水后送入烘箱，在 105℃下，烘干至恒重，称重（G_2）。

⑥ 将容量瓶中的溶液用去离子水稀释至刻度线，摇匀后，取出 10ml 用标准溶液滴定，记录耗标准溶液体积 V_2。

（四）数据处理

1. 计算减量

$$减量率＝(G_1－G_2)/G_1×100\%$$ (4-1)

式中，G_1 为后处理前精称纤维重量，g；G_2 为碱水解精称纤维重量，g。

2. 计算耗碱量

$$每克纤维消耗酸碱质量 G＝V_0×40×(V_1－V_2)/10×V×g$$ (4-2)

式中，V_0 为处理时，酸碱溶液的体积，ml；V 为滴定用酸碱溶液或其残液体积，ml，本实验取 10ml；V_1 为滴定酸碱溶液用标准溶液体积，ml；V_2 为滴定残液用标准溶液体积，ml；g 为处理前纤维重量，g。

六、纤维表面与断面形态结构的表征

多空聚丙烯纤维表面与断面形态结构是纤维的检验项目之一。

（一）基本原理

仪器是由体视连倍放大（或生物光学）显微镜、高分辨率工业摄像机、纤维图像采集测量专用软件、计算机、打印机五部分组成。纤维样品经过显微镜的光学放大，其图像直接投影在工业摄像机的光电转换器上；经转换成为数字化的电子图像传入计算机内存中，再由计算机中的专用软件进行处理、测量和统计，从而得到最终结果。

系统操作界面主要包括两部分。屏幕左边是纤维样品的放大投影图像，在活动状态下，可以随着显微镜载物台的移动而同步更换视场；在冻结状态下，可以用鼠标操作进行测量工作。屏幕的右边是数据显示窗口及控制按钮。

系统可以完成纤维检测的三大类实验项目：

① 单纯的纤维细度测量统计；

② 纤维含量测量统计；

③ 异形纤维截面测量统计。

（二）仪器及试样准备

（1）仪器　CU-I 纤维细度分析仪，Y172 型纤维切片器或哈氏切片器。

（2）准备试样　各种纤维，结晶高聚物试样。

（三）纤维试样的制备

1. 测量纤维细度时试样的准备

将一小束纤维用铁梳梳理整齐，用剪刀去掉两头，选取几根放到载玻片上，用少量火棉胶滴在试样上，待胶液干后，待测。

2. 测定纤维截面积及中空面积时试样的准备

① 将切片器的匀给螺钉，按逆时针方向旋动，使匀给刀不与底板接触，然后将定位螺钉轻轻拉起；使切片匀给架转动一角度，以便让纤维束容易装入狭槽内。

② 将左底板轻轻向左拉出与右底板分离。

③ 将整理好的适当数量试样（纤维或纱线应伸直平行）嵌入右底板的 0.8 槽子内，然后再将左底板沿支架导槽推进，使其试样呈压紧状态（当用左手拇指压紧后，左右底板中间

横边紧密接合时，右手轻拉试样以稍能移动为宜）。

④ 用少量火棉胶滴入试样上（并移动试样使其胶液充分渗入试样），待胶液干燥后，用单面刀片割去外露的试样。

⑤ 将刀片匀给架回复原来位置。

⑥ 调节匀给螺钉使试样伸出底板（下面），再在试样表面薄薄涂上一层胶。

⑦ 待胶液干燥后，用刀片沿底座（下面）平面切下第一片试样（刀片刃口应平靠金属板），丢弃第一片试样。继续切下第二、第三、第四片试样。

⑧ 将切下的纤维试样放在载玻片上，用盖玻片盖上，压住，待测。

3. 制作高聚物及粉末式样品的结晶切片

切片厚度应在 0.05mm 左右；放在熔点仪上熔融结晶即可。粉末式样品应将其粉末集中放在两片盖玻片中间，面积约 8mm^2，然后放在熔点仪上熔融结晶。

（四）测试步骤

1. 启动计算机，在 Windows"开始/程序"中用鼠标点击"UV-A/P/M/S 图像管理/处理/分析"进入系统。

2. 将已处理好的待测纤维、结晶的高聚物试样放到体视（或生物）显微镜的载物台上，将事先装好的显微镜放大目镜对准载玻片上的待测试样，调节目镜上下左右距离，使试样通过目镜放大后，由摄像机将显微影像直接输入显示屏。

3. 观察屏幕上的图像，反复调节目镜上下左右的距离，以使屏幕上的图像达到最理想的效果为止。

4. 采集图像

① 采集单幅图像：在屏幕右侧弹出确认框，"确定"之后就采集完一幅图像。

② 采集序列图像：当被测样品会随时间发生变化时，或其他需要以一定的时间间隔来抓拍系列图像时，可使用此项功能。在出现动态图像的采集窗口右侧，其中"中间"是指采集完上一幅图像后隔多长时间才开始采集下一幅图像；"采集图像总数"是指定让系统总共采集多少幅图像；"确定"之后就开始采集。

③ 采集平均图像：当采集的图像上会产生随机的不规则干扰点时，可用此功能采集到比较好的图像。在采集完序列图像后，把所有图像相加再平均得到一幅图像，平均图像的好处是可以大大减少最终图像上的随机噪声。

5. 保存图像，打印；可根据实际需要设置各项。

6. 图像处理

图像处理软件包括：图像拷贝；调节颜色；亮度/对比度；图像均衡；生成负像；加滤色片；生成灰图；中值滤波；平滑（低通滤波）；锐化（用于突出图像边缘）；局部增强（增强图像中暗的线条及边缘部分，使其更黑，这会有利于今后图像二值化时提取这些线条结构）；边界增强；图像旋转，测试时可根据需要确定选取。

7. 图像运算

① 图像间运算：将两幅图像上的每一个对应像点处的颜色值进行指定的运算，得到一幅新的图像。例如，将两幅只有细微差别的图像相减所得的新图像会显著地显示出它们的不同之处。

② 与数值运算：将一幅图像上的每一个像点的颜色值与一个常数（0～255 之间）进行指定的运算，得到一幅新的图像。例如，将一幅图像加上一个数会整体提高此图的亮度。

③ 关于"超值处理"：数字图像上的每一点的颜色或灰度都是由整数表达的，并被限定在 0～255 之间。当图像运算的结果导致图像中的某些点的数值超出此范围时，可以用以下

两种方法来处理：a. 若新值比 0 小，就用 0 表示，若新值比 255 大，就用 255 表示，即为"使用极值"；b 若新值比 0 小，就用此值除以 256 的余数，再加上 255 所得的和来表示，若新值比 255 大，用此值除以 256 的余数来表示，即为"数值回绕"。

8. 图像透明叠加

调出准备好比对的两幅图像，确定。当光标变成十字箭头形时，按鼠标左键并移动或拖动方框；当光标变成双键头形时，按下鼠标左键可移动并可改变方框的大小。当确定好对比的区域后，点击鼠标右键，出现提示框，确定好后将鼠标移到待对比的另一幅图像上，并点击鼠标左侧，此时两幅图已经叠加，可按住鼠标左键平移叠加的图像内容。也可使用键盘上的几个键："Page Up"，逆时针转 10 度；"↑"，逆时针转 1 度；"→"，逆时针转 0.1 度；"Page Dn"，顺时针转 10 度；"↓"，顺时针转 1 度；"←"，顺时针转 0.1 度。还可用"＋"、"－"键改变叠加的图像内容的透明度。使用这些工具可以对两幅图像中的任意部分进行透明的叠加对比。比对完后点击鼠标右键，弹出提示框，确定后即显示当前叠加状态的新图像。

9. 自动图像提取

弹出设置对话框；选择提取原始图像中的亮色部分还是暗色部分，作为二值化后的图像的对象物。

也可手动提取。自己选定图像上要提取的颜色区，用鼠标在图像上点取要提取的区域，则图像上与点取的区域具有相近颜色特征的所有区域都会被标记出来，可同时标记 10 余种不同颜色的对象，并测出它们的百分比。

注意：一旦选用此功能，就先完成它，直到按"退出"之后再做其他工作，以免引起不必要的操作混乱。

10. 形状处理

① 填充对象物：将白色对象物中的黑色孔洞填补为白色。

② 提取孔洞：孔洞置为白色，其他部分置为黑色作为背景。用于测量孔洞的几何参数。

③ 提取轮廓：只保留白色对象物的边缘部分，其他部分置为黑色，作为背景。

④ 粘连对象物：通过收缩背景区域将相邻的白色对象物连接起来成为一个对象物，"重复执行次数"越大，则相距越远的对象物越有可能连接起来；"最小周长数"用于限定当背景区域的周长像点数小于此值时，该背景区域将停止收缩。

⑤ 分离对象物：通过收缩作用将粘连在一起的几个对象物拆分开。注：当相互粘连的对象物既有大小相近，又有大小悬殊的情况时，可先用较少的"重复执行次数"将大小悬殊的对象物分开，再用较多的"重复执行次数"将大小相近的对象物分开。

⑥ 对象物膨胀：将白色对象物的外围增加一层，可使断开而又距离很近的对象物连接起来，"强膨胀"比"弱膨胀"膨胀程度大。

⑦ 对象物收缩：将白色对象物的外围去掉一层，可使轻微粘连的对象物分开，或去除细小的对象物，"强收缩"比"弱收缩"收缩程度大。

⑧ 去除较小对象：可剔除细微的对象物，并使其他对象物的边缘变得平滑，弥补图像二值化产生的误差。

⑨ 去除较小孔洞：可填充对象物中细微的孔洞，并使其他对象物的边缘变得平滑，弥补图像二值化产生的误差。

⑩ 对象物细化：将条带状的白色对象物细化成单线。

⑪ 筛选对象物：用于设定筛选有效对象物的各参数的上下限。筛选时只保留符合条件的，去除其他的。当筛选参数多于一个时，选"与"（满足所有筛选参数时被测物有效），当只选一个参数时，选"或"。鼠标左键双击左边列表框的某一项，它将出现在右边的列表框

中，作为测量时的筛选参数，鼠标左键可随时选中此框中的某一项，从而可以在下方的输入框中键入该筛选参数的上下限（计量单位可任选）。

⑫ 生成轮廓图形：将对象物的轮廓用图形来表达，并使之附着在一幅选定的背景图上，用此方式可以观察提取的二值图与其原图的吻合效果。

11. 测量

① 形态自动测量或选择目标测量：用光标选择并测量一个对象物的几何参数，测量结束后，如果要退出，按鼠标右键。

注意：一旦选用选择目标测量，就先完成它，直到按"退出"之后再做其他工作，以免引起不必要的操作混乱。

② 载入数据文件：选择一个 EXCEL 数据文件，准备接收测量结果。

③ 测量约束条件：用于选择要测量输出的参数及设定筛选有效对象物的各参数的上限（可参看⑪筛选对象物）。

④ 结果输出方式：弹出选择对话框；其中"工作表"通常置为"1"即可；"起始行"、"起始列"分别用于设定从工作表的第几行第几列开始写数据。此三栏只对"手动提取"及"叠加图形"功能中的输出测量数据有效，对"形态自动测量"功能无效，系统对形态自动测量的数据输出有固定格式。"添加数据"和"覆盖原由数据"选项用于决定本次输出的数据是接在上次输出的数据后填写，还是将前面的数据清除后从头写起。"序号""染色""轮廓"三项用来决定怎样标记已测过的有效对象物。

12. 鼠标右键功能

按一下鼠标右键，其中"准备打印"、"显示比例尺"、"查看图像信息"可将图像的大小、颜色数、光标所在处的像点位置及颜色信息罗列在程序窗口下方的信息栏中；"置为当前比例尺"可用当前的系统标尺作为本图的比例尺。

（五）应用示例

1. 用图形工具手动测量角度

在图像中点取 4 个点确定待测夹角的两边，其中前两点确定一边，后两点确定另一边，第 4 个点定好后马上就会画出夹角两边及夹角所对的弦（由虚线表达），此夹角的值及其补角、正弦值、余弦值亦同时输出。

2. 用图形工具手动测量对象大小

① 选择图形工具条的"画直线"按钮，对选项进行设置，对字体进行设置。

② 在图像中待测的对象上点击鼠标左键，会立即描画出测量对象的轮廓，并输出该轮廓的周长、宽度、高度、面积，如图 4-10 所示。

图 4-10　显微镜图片

实验六十九　高吸水纤维的制备与表征

一、实验目的

1. 掌握高吸水纤维的制备方法，并由此了解纤维改性的途径与方法。
2. 掌握纺丝成型方法与工艺。
3. 掌握赋予纤维高吸水性的原理原理、工艺与方法。
4. 掌握高吸水纤维高吸水性与力学性质的相关性。

二、高吸水纤维的制备原理

目前开发的高吸水纤维的制备方法有大分子结构亲水化、与极性亲水物质共聚接枝、纤维表面亲水处理、与亲水性物质共混或复合、纤维结构微孔化、纤维截面异形化和表面粗糙化、纤维超细化等六种方法。

大分子结构亲水化的机理是通过无规共聚在聚酯的大分子结构中引入亲水性基团，如磺酸计、羧基、羟基等。该法涉及聚酯的化学反应和亲水性单体的选用与合成，过程较长，且共聚单体含量少，达不到明显的效果，而共聚单体含量过多会破坏聚酯本身的性质，影响催化剂的催化效率，所以本实验不采用。

与极性亲水物质共聚接枝是指丙烯酸、丙烯酰胺等含有亲水性的单体在纤维表面进行反应，使纤维具有亲水性基团，限于条件，本实验不采用该法。

纤维表面亲水处理使用表面活性剂处理纤维使纤维具有亲水性，其分为两类：一类表面活性剂在纤维表面吸附，另一类表面活性剂在纤维表面反应，前者牢度较差，后者手感较差。

与亲水性物质共混或复合是通过将聚酯与含亲水性基团的聚合物进行共混或复合纺丝，使纤维具有亲水性基团。该法操作简单可实施性强，但应注意所选的含亲水基团的聚合物的耐热性和其与聚酯的热力学相容性。否则可能影响纤维的力学性能。可供选择的聚合物包括：聚乙二醇、亚烷基硬脂酸酯等。

纤维结构微孔化是通过将聚酯与填充物进行共混纺丝，再利用化学或物理办法将填充物从聚酯基体中分离出去，使纤维表面留下微孔并利用微孔的毛细效应吸水。

已经开发的填充物包括有机和无机两大类：即高分子基和小分子基。高分子基如水溶性聚酯、聚苯乙烯等，小分子如碳酸钙、二氧化硅、硫酸钡、二氧化钛等。

纤维截面异形化是利用异型喷丝板进行纺丝，使纤维表面产生沟槽、借毛细效应吸水。限于条件，本实验不采用。

纤维超细化限于条件本实验不采用。

三、实验方法（任选其一）

（一）纤维表面亲水处理

1. 复配表面活性剂。
2. 对纤维进行处理，并考察纤维含油率与吸水性。
3. 考察纤维吸水的耐久性
（1）纤维含油率　采用索氏提取法。
① 精确称取已在100～105℃烘干1h的试样4g，用滤纸包成圆筒形（圆筒直径比提取器的直径小0.5cm），小心放入提取器中。在烧瓶中加入乙醚（2/3左右），冷凝器中通入冷凝水，放入水浴锅内加热，温度控制在50℃左右，以保证溶剂沸腾。在提取时，溶剂顺侧

管上升至冷凝器被冷凝，回流到装有试样的纸筒上，提取油剂，并逐渐充满提取器。当液面升到虹吸管的最高点时，发生虹吸作用，油剂很快由提取器流至烧瓶。此提取过程反复进行，逐渐把油剂提取出来。在正常情况下，每小时溶剂充满提取器5～6次，每个试样提取2h大约12次，即可认为完全提取。

② 纤维油剂提取完毕后，取下提取器，将烧瓶与一直形冷凝器相连，蒸出全部溶剂，然后将烧瓶和提取物在105℃干燥箱中烘干至恒重。

③ 计算

$$含油率(\%)=100\times(G_2-G_1)/G \tag{4-3}$$

式中，G_2 为烧瓶与提取物重量，g；G_1 为烧瓶重量，g；G 为试样重量，g。

(2) 纤维吸水性　保水率的测定是将纤维浸于水中，通过机械力脱除部分水分，考察纤维中残余水分的重量占纤维重量的百分率。

① 试样准备　将纤维纱线和股线切成10mm长的片段，将它们很好地混合。对机织物、经编、纬编针织物及其他一些平面纺织品，分解成纱线和纤维，也切成10mm长的片段。对机织物来说，将经纱和纬纱分开测试。每个试样的重量大约为0.4g；称重时精确到0.001g。对有些容积膨大的纤维材料来说，可采用0.2g试样。

每次实验要准备4个试样。在测定之前，测保水率的试样，应预先放入标准气候条件下 [温度20℃，湿度为65%] 平衡36h。

② 保水率 W_n 的测定　在标准气候条件下 [(20±2)℃和(65±2)%相对湿度]，将已放置平衡的4个试样在标准气候条件下称重，然后分别放入已经干燥并经称重的离心容器中。

称重后的离心容器放在一个插板架上，加入(20±2)℃的蒸馏水（每1L蒸馏水加入1g润湿剂），使整个试样浸入在水中。润湿时间为2h。对于那些经高级合成树脂整理的试样和用于对比的未经整理（无合成的树脂）试样的润湿时间应延长至16h。如果浸润时，在纤维之间有气泡的情况下应放在真空中抽出空气。吸水平衡后，将离心容器从插板架上取出，自然脱水，然后放入离心机的离心管。离心脱水5min后，取出离心容器，盖上塞子，称离心容器重量，计算得到潮湿条件下的纤维重量 m_f。

③ 保水率 W_t 的测定　对4个未放入标准气候条件下的试样，在放入已称重的离心容器之后，放入水中浸湿，分离水分并确定其湿重 m_f。在称重之后，将试样放在(105±2)℃的条件下，烘干直至重量稳定。此时应将容器的塞子取下。在冷却之后（最好是放在真空干燥器内）再盖上塞子。然后确定干燥试样的重量 m_{tx}。

④ 计算公式

按下式计算保水率：

$$W_n=(m_f-m_n)/m_n\times100 \tag{4-4}$$

$$W_t=m_w/m_{tx}=(m_f-m_{tx})/m_{tx}\times100 \tag{4-5}$$

式中，W_n、W_t 为保水率，%；m_w 为纤维内所含水的重量，g；m_n 为标准气候条件下 [温度为(20±2)℃和相对湿度(65±2)%] 的纤维体积重量，g；m_f 为在潮湿条件下的纤维重量，g；m_{tx} 为在105℃温度下干燥后纤维重量，g。

(3) 纤维含水耐久性　将纤维在20℃的清水中洗第2、5、10、15、20次，按(2)测定纤维的吸水性。

(二) 与亲水性物质共混

1. 选择亲水性聚合物，并对亲水性聚合物和聚酯进行干燥。

干燥的目的有两个方面：一是除去聚酯中的水分，避免聚酯在高温下水解导致聚合物分子量下降，破坏聚酯的纺丝稳定性，一般干燥后的含水率控制在 0.003％～0.05％；二是提高聚酯的结晶度与软化点，避免环节阻料。

切片干燥包含两个基本过程：加热介质传热给切片，使水分（表面水和已经迁移至表面的结合水）吸热并从切片表面蒸发；水分（结合水）从切片内部迁移至切片表面，再进入干燥介质中。这两个过程同时进行，因此切片干燥实质是一个同时进行的传质和传热过程。伴随过程的进行切片含水率不断降低，最终达到平衡含水率。

干燥温度越高，介质——空气中的含湿量越小，切片达到平衡水分的干燥时间越短，切片中平衡水分含量亦越少。本实验干燥条件，同学可根据拟选亲水性聚合物选择干燥条件。

原则上：聚酯干燥温度 140℃，干燥时间 8h；

其他聚合物干燥温度 60℃，干燥时间 8h。

2. 共混纺丝成型

① 螺杆挤压机的升温

a. 按工艺要求设定螺杆各区的温度（一区 275～280℃，二区 280～285℃，三区 280～285℃）。

b. 打开螺杆挤压机的冷却水，并检查其流畅程度与水温（要求水流动流畅，水温小于 35℃）。

c. 开启电源预热。当螺杆各区的温度达到设定值后保温两个小时，螺杆挤压机具备开启条件。

② 纺丝箱升温　按工艺要求设定纺丝箱温度（280～290℃）。开启电源升温，当温度达到设定温度前 10℃左右，实施排气，然后继续升温设定温度到设定温度。（纺丝箱升温度应实验前 12 小时进行）。

③ 空调机送风　按工艺要求设定送风温度［(20±1)℃］和风湿（65％±5％）。开启电源送风。调整风阀，控制风速为 0.4～0.5m/s。

④ 纺丝机开车

a. 手盘计量泵一周后开动计量泵，调节计量泵电位器，将泵轴转数调至 10r/min 低速运转。

b. 合上计量泵齿轮箱离合器，准备排料。

c. 打开螺杆挤压机进料阀，开动螺杆挤压机，并调节螺杆转数电位器，使螺杆在一定转数范围内运转。

d. 调节计量泵电位器，使计量泵转数符合工艺设定值。

e. 当排料至清洁时，拖开计量泵齿轮箱离合器，清除残余聚合物，安装纺丝组件。

f. 在喷丝板面喷硅油，铲板。闭合计量泵齿轮箱离合器，通知卷绕工序准备卷绕。

⑤ 卷绕

a. 调节油轮电位器，使油轮转数符合工艺设定值。

b. 调节第一、第二导丝辊电位器，使导丝辊转数符合工艺设定值。

c. 调节横动和卷绕电位器，使横动和卷绕速度符合工艺设定值。

d. 卷绕装好纸管。

e. 打开甬道口。

f. 用吸枪投下的丝，开启油轮，并使之通过导丝钩和油轮。

g. 开启第一导丝辊，并使丝通过第一导丝辊；20s 后开启第二导丝辊，并使丝通过。

h. 起动卷绕设备进行卷绕，卷绕正常后关掉吸枪和甬道口，完成生头操作，并观察成丝情况。

3. 考察纤维力学性能

(1) 纤维线密度

① 将随机取得的试样充分混合。

② 取上述试样一束，用手扯，整理数次后，使纤维平行伸直，一端整齐，然后用钢梳除去游离纤维。

③ 将梳好的纤维束放在切断器上切断，切断时应保持纤维束平直并和切刀垂直。

④ 将切下的中段纤维用镊子夹取，平行排列在载玻片上（分三片，每块玻璃片上不少于 300 根），使纤维不重叠交叉，然后用另一块载玻片盖上，用橡皮筋扎好。

⑤ 将夹有纤维的载玻片放在投影仪上，调节焦距，使纤维清晰地呈现在投影屏上，用计数器正确记录纤维根数。

⑥ 将计数后的纤维用两块玻璃片互相轻轻摩擦，使纤维集在一起，用镊子夹取放到扭力天平上称重。

⑦ 按下式计算线密度（dtex）

$$线密度 = 10000 \times G/L \tag{4-6}$$

式中，G 为纤维重量，g；L 为纤维长度，m；10000 为折算旦数的长度。

(2) 强度

① 开机。按 [POWER] 键接通电源，预热 30min。

② 设定参数。按 F1 或 [设定] 键，进入功能选择。[1] [2] [3] 键，对应功能任选。

③ 按 F1 键或按数字键 [2]，进入设定区域，将光标调至所需设区域，按下要设定的数字进行数值的设定。确定后，按 [Enter] 键。若取消设置按 [. /Esc] 键，则返回功能选择屏幕。

④ 按 [V/检索] 键或 [Enter] 键设定各项指标；试样密度、预张力、伸长率、统计次数等；每设定一个，按键一次。

⑤ 设置完毕后按 [设定] 键两次，进入测试状态。

⑥ 在测试状态下，按 [8/调速] 键，键入设定速度后按 [Enter] 键返回测试状态。

⑦ 试样装夹。从挂钩上取下夹持器，松开螺母，用镊子夹住试样，让其穿过夹持器。应将试样对准夹持器中间的隼槽，然后拧紧装夹螺母，夹住试样，再选择与设定预加张力相同力值的张力夹夹上试样的尾端，将上夹持器挂上挂钩；松开下夹持器的装夹螺母，让试样及张力夹在自重下自然穿过夹持器，并使试样对准夹持器中间的隼槽，然后拧紧螺母将试样加紧。注：如不需要预加张力的测试，则可省略关于张力夹的操作。其余操作步骤相同。

⑧ 按下启动键开始测试，屏幕显示：拉伸强力（cN）、伸长（mm）、拉伸时间（s），跟踪显示测试进程的数值。测试完毕，屏幕显示该次测试的最大值。

⑨ 下夹持器测试完毕后自动返回到原位。以便开始下一次测试。

⑩ 测试结果输出，打印。

4. 考察纤维吸水性能参见（一）3。

(三) 纤维结构微孔化

1. 选择填充物

2. 共混纺丝成型（同前）

3. 纤维力学性能测试（同前）

4. 纤维的填充物去除

(1) 无机物　化学反应法，用酸处理纤维。考察纤维处理前后的重量变化，并按下式计算失重率。

$$失重率(\%)=100\times 处理后纤维重量/处理前纤维重量$$

（2）有机高分子

① 溶解法，用有机试剂溶解高聚物，考察纤维处理前后的重量变化，并计算失重率。

② 化学反应法，使有机高分子降解，考察纤维处理前后的重量变化，并计算失重率。

（3）有机小分子

萃取法，考察纤维处理前后的重量变化，并计算失重率。

5. 纤维力学性能变化（同前）。

6. 纤维吸水性（同前）。

部分思考题参考答案

实验一

1. 测定羧基时为什么采用 NaOH 的乙醇溶液而不使用水溶液？

因为羧酸是弱酸。

2. 在乙酸酐吡啶溶液中，吡啶的作用是什么？

酸酐酯化反应加吡啶催化时，一边先成酯，另一边成酸和吡啶作用。

实验二

2. 黏度法测分子量的影响因素有哪些？

温度，气压（液体上下表面气压差），黏度管口径，黏度管是否垂直及是否干净，溶液密度，人的读数误差，秒表精度等。

实验三

1. 高分子的链结构、溶剂和温度为什么会影响凝胶渗透色谱的校正关系？

GPC/SEC 的标定（校正）关系如下式所示：

$$\ln M = A - BV_e \quad \text{或} \quad \lg M = A' - B'V$$

式中，M 为高分子组分的分子量，A、B（或 A'、B'）与高分子链结构、支化以及溶剂温度等影响高分子在溶液中的体积的因素有关，也与色谱的固定相、体积和操作条件等仪器因素有关。上式的适用性还限制在色谱固定相渗透极限以内，也就是说分子量过高或太低都会使标定关系偏离线性。一般需要用一组已知分子量的窄分布的聚合物标准样品（标样）对仪器进行标定，得到在指定实验条件下，适用于结构和标样相同的聚合物的标定关系。

2. 为什么在凝胶渗透色谱实验中，样品溶液的浓度不必准确配制？

样品溶液的浓度与样品吸收峰的强度有关，与样品的出峰时间无关，即与样品的分子量无关，所以样品溶液浓度不必准确配制。

实验四

1. 聚合物的熔体流动速率与分子量有什么关系？

熔体流动速率大，相应分子量比较小。

2. 对于同一聚合物试样，改变温度和剪切应力对其熔体流动速率有何影响？

随着温度的增加，熔体流动速率增加，随着剪切应力的增加，熔体流动速率减小。

实验五

1. 影响熔点的结构因素有哪些？

① 分子间作用力：分子间的作用力增加，熔点明显提高。

② 分子链的刚性：增加分子链的刚性，使熔点提高。

③ 分子链的对称性和规整性：具有分子链对称性和规整性的聚合物，具有较高的熔点。

相对分子量的大小也能够影响熔点。

2. 测试过程中哪些因素会影响到测试结果？

测试过程中操作误差、升温速度、读数误差等因素都会影响测试结果。

3. 聚合物的熔点对材料加工成型有哪些指导意义？

聚合物熔融过程是高分子材料加工成型过程中的一个重要环节，直接影响聚合物的加工成型条件，通过熔点能够反映聚合物从玻璃态向熔融态的转变温度，进而确定聚合物的加工成型温度。

实验六

1. DSC 与 DTA 有什么主要差别？

DSC 是在控制温度变化情况下，以温度（或时间）为横坐标，以样品与参比物间温差为零所需供给的热量为纵坐标所得的扫描曲线。

两者最大的差别是 DTA 只能定性或半定量分析，而 DSC 的结果可用于定量分析。DTA 的精度大于 DSC。

2. 影响 DSC 的主要因素有哪些？测试同一组试样时如何保持测试条件的一致性？

（1）样品量：样品量少，样品的分辨率高，但灵敏度下降。

（2）升温速率：升温速率越快，灵敏度提高。

（3）气氛。采用相同的样品量，在相同的升温速率、相同的气氛条件下测试。

3. 在 DSC 图谱上如何辨别 T_m、T_c、T_g？

当温度达到 T_g 时，基线会发生位移，确定 T_g 的方法是有玻璃化转变前后的直线部分取切线，再在实验曲线上取一点，使其平分两切线间的距离，这一点所对应的温度即为 T_g。对聚合物来说，由峰的两边斜率最大处引切线，橡胶垫所对应的温度取为 T_m，T_c 通常取峰顶温度。

4. 试述在聚合物的 DTA 曲线和 DSC 曲线上，有可能出现哪些峰值，其本质反映了什么？

出现吸热峰和放热峰，吸热峰向下，放热峰向上，由峰的位置可确定发生热效应的温度，由峰的面积可确定热效应的大小，由峰的形状可了解有关过程的动力学特性。聚合物的熔融和热分解为吸热，结晶和氧化为放热，据此可判断聚合物的结晶相转变，耐热氧化性和耐热稳定性。

实验七

1. 试样粒度和填充密度对实验结果有何影响？

热重法测定，试样量要少，一般 2～5mg。一方面是因为仪器天平灵敏度很高（可达 $0.1\mu g$），另一方面如果试样量多，传质阻力大，试样内部温度梯度大，甚至试样产生热效应会使试样温度偏离线性程序升温，使 TG 曲线发生变化，粒度也是越细越好，尽可能将试样铺平，如粒度大，填充密度小，会使分解反应移向高温。

2. 试样的升温速率对差热-热重曲线有何影响？

升温速率越快，温度滞后越严重。升温速率快，使曲线的分辨力下降，会丢失某些中间产物的信息，如对含水化合物慢升温可以检出分步失水的一些中间物。

3. 采用 TG 比较不同样品的热性能时，如何做才有可比性？

采用相同的测试条件，相同的升温速度，相同的气氛，测试样品的量、粒度和填充度保持一致，将测试得到的曲线画在一张图上比较。

实验八

1. 哪些实验条件会影响 T_g 和 T_f 的数值？它们各产生何种影响？

升温速度、受力大小及样品尺寸等实验条件会影响 T_g 和 T_f 的数值。升温速度快，T_g、T_f 也会高些，应力大，T_f 会降低，高弹态会不明显。

2. 非晶聚合物和结晶聚合物随温度变化的力学状态有何不同，为什么？

非晶聚合物随温度变化可出现三种力学状态：即玻璃态、高弹态和黏流态。

（1）玻璃态　非晶态聚合物在低温下（玻璃态转化温度 T_g 以下），分子热运动能量低，不易激发分子链的运动，分子链处于"冻结"状态。在外力使用下，变形主要形式为分子主链伸长、键角的变化，应变与应力成正比，外力去除，变形立即消失。

（2）高弹态　随温度升高（T_g 以上），分子热运动加剧，分子链运动受到激发。在外力作用下，通过分子链运动，分子构象发生变化，分子链沿外力方向被拉长，发生很大形变。外力去除后，分子链能够逐渐部分或完全回缩到原来的卷曲状态，恢复的程度取决于应变大小和温度。

（3）黏流态　当温度进一步升高（黏流温度 T_f 以上），分子链作为整体可以相对滑动时，在外力作用下，便呈现出黏性流动，此时，形变便不可逆了。

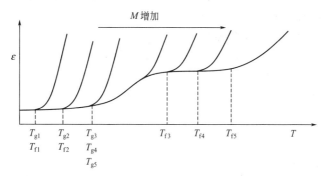

晶态聚合物，由于晶区限制了形变，因此在晶区熔融之前，聚合物整体表现不出高弹态。能否观察到高弹态取决于非晶区的 T_f 是否大于晶区的 T_m。若 $T_m > T_f$，则当晶区熔融后，非晶区已进入黏流态，不呈现高弹态；若 $T_m < T_f$，晶区熔融后，聚合物处于非晶区的高弹态，只有当温度 $> T_f$ 时才进入黏流态。

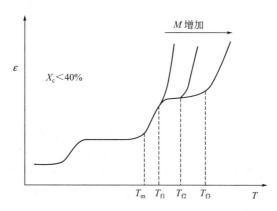

实验十

2. 讨论影响转矩流变仪的加工因素。

外部因素：温度、剪切和拉伸速率。内部因素：高分子本身的分子结构、分子量、分子量分布、添加剂及添加量。

实验十一

1. 聚合物是以怎样的机理进行燃烧的？

答：燃烧反应的基本机理可理解为，燃烧情况下聚合物的分解机理，出现聚合物的解聚、聚合物的主键断裂和侧链断裂等过程。在外界热源的不断加热下，聚合物先与空气中的氧发生自由基链式降解反应，产生挥发性可燃物，该物达到一定浓度和温度时就会着火燃烧起来，燃烧所放出的一部分热量供给正在降解的聚合物，进一步加剧其降解，产生更多的可燃性气体。不断产生的高聚物碎片在高温和氧充足的情况下，被氧化的速度极快，产生大量的热足以在气相中燃烧，使得火焰在很短的时间内就会迅速蔓延而造成一场大火。

实验十二

1. 聚合物结晶过程有何特点？

答：聚合物在不同条件下形成不同的结晶，比如单晶、球晶、纤维晶等，而其中球晶是聚合物结晶时最常见的一种形式。当结晶性的高聚物从熔体冷却结晶时，在不存在应力或流动的情况下，都倾向于生成球晶，一般是从一个中心（晶核）在三维方向上一齐向外生长晶体而形成的径向对称的结构，即形成一个球状聚集体。

2. 结晶温度对球晶形态有何影响？

答：一般情况下，结晶聚合物都有一个最佳结晶温度。当结晶温度低于最佳结晶温度时，升高使得成核中心数量增加，球晶间碰撞概率增加，球晶尺寸较小；而高于最佳结晶温度时，提高温度使得成核中心的数量降低，球晶间相互碰撞的概率减少，球晶能够生长的较为粗大。

实验十三

1. PVC 树脂的工艺特征是什么？

混合与塑炼是一种制备 PVC 半成品的方法。将 PVC 树脂与各种助剂根据产品性能要求配合后，经过混合塑化，便可得到一定厚度的薄片，用于切粒或给压延机供料，也可以通过测定软片的性能分析配方和研究混合塑炼条件对产品性能的影响。

2. 为何要进行 PVC 混合配料？各组分各起什么作用？

答：PVC 是一种非结晶、极性的高分子聚合物，软化温度和熔融温度较高，纯 PVC 一般须在 $160 \sim 210℃$ 时才可塑化加工，由于大分子之间的极性键使 PVC 显示出硬而脆的性能。而且，PVC 分子内含有氯的基团，当温度达到 $120℃$ 时，纯 PVC 即开始出现脱 HCl 反应，会导致 PVC 热降解。因此，在加工时须加入各种助剂对 PVC 进行加工改性和冲击改性，使之可以加工成为有用的产品。

各个组分的作用如下。

（1）树脂：PVC 树脂是配方的主体，它主要决定加工成型工艺和最终制品的性能要求。PVC 树脂通常是白色粉状固体，有不同的形态和颗粒细度，也有不同聚合度的几种型号。HPVC 制品所用树脂通常为绝对黏度 $1.5 \sim 1.8$ 的悬浮法疏松型树脂，而本实验为 SPVC 的一个基本配方，选用常用绝对黏度 $1.8 \sim 2.0$ 的悬浮法疏松树脂，聚合度为 $700 \sim 1000$，它具有较好的加工性能，又能满足 SPVC 的要求。

（2）增塑剂：可增加树脂的可塑性、流动性，并使制品具有柔软性。HPVC 中的增塑剂含量在 5% 以内，所得材料硬度较大，而 SPVC 制品中的增塑剂加入量为 $40 \sim 70$ 份（PVC 为 100 份），所得材料柔软而富于弹性。常用增塑剂为邻苯二甲酸酯类、己二酸和癸二酸酯类及磷酸酯类。

（3）稳定剂：由于 PVC 树脂受热易分解，在加工过程中容易分解放出 HCl，因此必须加入碱性的三碱式硫酸铅和二碱式亚磷酸铅，使 HCl 中和，否则树脂的降解现象会愈加剧烈。此外，因 PVC 在受热情况下还有其他复杂的化学变化，为此在配方中还加入硬脂酸盐类化合物，同样起热稳定作用。

（4）润滑剂：添加石蜡等润滑剂，其主要作用是防止黏附金属、延迟聚氯乙烯的胶凝作用和降低熔体黏度，有利于加工，成型时易脱模等作用。

（5）填充剂：在聚氯乙烯塑料中添加填充剂，可达到降低产品成本和改进制品某些性能的目的，常用的填充剂有碳酸钙等。但填充剂加入过量，即使增塑剂用量较多时，也可成为硬性塑料。

（6）改性剂：为改善聚氯乙烯树脂的加工性、热稳定性、耐热性和抗冲击性差等缺点，常按要求加入各种改性剂，主要包括冲击改性剂（如氯化聚乙烯等）、加工改性剂（如丙烯酸酯类等）、热变形性能改性剂（如丙烯酸酯和苯乙烯类聚合物等）。

此外，还可以根据需加入颜料、阻燃剂、发泡剂等。

实验十四

1. 加料量的多少如何影响制品的质量？

答：加料过多、受热时间过长等容易引起物料的热降解，同时注塑机功率损耗增加；加料过少时，料筒内缺少传压介质，模腔中塑料熔体压力降低，难于补压，容易引起制品出现收缩、凹陷、空洞等缺陷。

2. 保压过程中的哪些参数会影响制品的质量？

答：保压压力可以等于或低于充模压力，其大小以达到补塑增密为宜。保压时间以压力保持到浇口凝封时为好。若保压时间不足，膜腔内的物料会倒流，使制品缺料；若时间过长或压力过大，充模量过多，将使制品浇口附近的内应力增大，制品易开裂。

3. 所得制品如果出现气泡，可能是什么原因造成的？

答：可能原因有以下几种。

（1）成型条件不当　许多工艺参数对产生气泡都有直接的影响。如果注射压力太低，注射速度太快，注射时间和周期太短，加料量过多或过少，保压不足，冷却不均匀或冷却不足，以及料温及模温控制不当，都会引起制品内产生气泡。

（2）模具缺陷　如果模具的浇口位置不正确或浇口截面太小，主流道和分流道长而狭窄，流道内有储气死角或模具排气不良，都会引起气泡。

（3）原材料不符合要求　如果成型原料中水分或易挥发物含量超标，颗粒太细小或不均匀，导致供料过程中混入空气太多，原料的收缩率太大，熔料的熔融指数太大或太小，再生料含量太多，都会影响制品产生气泡。

实验十五

1. 挤出机的主要结构有哪些部分组成？

答：挤出机的主要构造包括以下部分。

（1）传动装置　由电动机、减速机构和轴承等组成。具有保证挤出过程中螺杆转速恒定、制品质量的稳定以及保证能够变速作用。

（2）加料装置　无论原料是粒状、粉状和片状，加料装置都采用加料斗。加料斗内应有切断料流、标定料量和卸除余料等装置。

（3）料筒　料筒是挤出机的主要部件之一，塑料的混合和加压过程都在其中进行。

（4）螺杆　螺杆是挤出机的关键部件。

（5）机头　机头是口模与料件之间的过渡部分，其长度和形状随所用塑料的种类、制品的形状、加热方法、挤出机的大小和类型而定。

2. 挤出成型原理是什么？

答：挤出成型，又称为挤塑，即塑料在挤出机中，在一定的温度和压力下熔融塑化，在受到挤出机料筒和螺杆间的挤压作用的同时，被螺杆不断向前推送，连续通过有固定截面的模型，得到具有特定断面形状连续型材的加工方法。

实验十六

1. 生产塑料薄膜的方法有哪些？挤出吹塑法有什么特点？

答：生产塑料薄膜的方法主要有压延法，流延法，挤出吹塑以及平挤拉伸等。挤出吹塑法生产薄膜最经济，设备工艺也比较简单，操作方便，适应性强。所生产的薄膜幅宽、厚度范围大；力学强度较高；产品无边料、废料少、成本低。

2. 如何协调拉伸比和吹胀比之间的关系，从而获得较好的薄膜制品？

答：为了取得良好的薄膜，纵横向的拉伸作用最好是取得平衡，即纵向的拉伸比与横向的吹胀比应尽量相等。在实际操作上，因受到冷却风环直径的限制，吹胀比可调节的范围是有限的，而且吹胀比又不宜过大，否则造成模管不稳定。由此可见，拉伸比和吹胀比是很难一致的，即薄膜的纵横向强度总存在差异，一般都是纵向强度大于横向强度。近年来所提倡的双风口负压风环，芯棒内冷等技术是强化冷却的有效措施。

实验十七

1. 进行硬质聚氯乙烯塑料制品的制备时，为什么不选择聚合度较高的 PVC 作为原料？

答：聚合度愈高，其物理机械性能及耐热性能愈好，但是树脂流动性愈差，给加工带来一定的困难，所以一般不选用聚合度较高的 PVC 作为原料。硬聚氯乙烯管材若采用疏松型树脂制造，则可增加硬聚氯乙烯在挤压过程中的摩擦热，易使物料塑化均匀，制品质量有所提高。可增加硬聚氯乙烯在挤压过程中的摩擦热，易使物料塑化均匀，使制品质量有所提高。

2. 在配方中加入 CPE 或 ACR，对硬质 PVC 的性能有什么影响？

答：在配方中加入 CPE 或 ACR，不仅能提高 PVC 制品的抗冲击性能，而且可以明显地改善树脂的熔体流动性、热变形性、耐候性及制品表面的光泽等，显示出优异的综合性能。

实验十八

1. 热固性塑料模压成型时为什么要进行排气？

答：热固性塑料的模压阶段，也是热固性树脂与固化剂的反应阶段，会有水分和低分子物质放出，若不及时排除，制品内部会出现分层和气泡。为了排除这些低分子的易挥发组分以及模腔内的空气，在塑模的模腔内模压一段时间后，可泄压松模排气一段很短的时间。过早排气由于反应还未充分开始，达不到排气目的；过迟会因物料表面固化封住气体无法排除。因此排气过早或过迟都不行。

实验十九

2. 当发泡温度设置过高或过低时，制品会出现什么缺陷？应如何改善？

答：当发泡温度过高时，制品会出现表面毛糙，发泡出现不均匀大孔，密度有上升趋势；当发泡温度太低，会造成发泡剂分解不均匀，制品内部泡孔不均，制品密度增大。因此，在发泡成型过程中，要求熔体的流变行为、发泡剂的分解和 PE 的交联作用相适应，设置合适的发泡温度，才能获得均匀、密度达标的发泡制品。

实验二十

1. 手糊成型对树脂有什么要求？

答：① 能够配制黏度适宜的胶液，一般要求树脂黏度为 $0.5\sim1.5\mathrm{Pa\cdot s}$。

② 能够在室温或较低温度下凝胶、固化，固化过程中无低分子物产生。

③ 与增强材料的黏结性和浸润性能要良好。

④ 树脂固化不受空气影响。

⑤ 树脂固化收缩率要小，防止开裂、变形。

⑥ 树脂低度或无毒。

实验二十一

1. "材料的维卡软化温度直接用于评价材料的实际使用温度"这句话对吗？为什么？

答：不对。维卡软化温度是评价材料耐热性能，反映制品在受热条件下物理力学性能的指标之一。材料的维卡软化温度虽不能直接用于评价材料的实际使用温度，但可以用来指导材料的质量控制。维卡软化温度越高，表明材料受热时的尺寸稳定性越好，热变形越小，即耐热变形能力越好，刚性越大，模量越高。

2. 在测试维卡软化点过程中，温度-位移曲线呈抖动状，是什么原因？如何解决？

答：曲线呈抖动状，可能是由于传热油性质变差，曲线响应变差。可以通过更换导热油来解决。

实验二十二

1. 哪些因素会影响聚合物材料的拉伸性能？

答：（1）高聚物的结构和组成　聚合物的分子量及其分布、取代基、交联、结晶和取向是决定其机械强度的主要内在因素；通过在聚合物中添加填料，采用共聚和共混方式来改变高聚物的组成可以达到提高聚合物的拉伸强度的目的。

（2）实验制备　在试样制备过程中，由于混料及塑化不均，引进微小气泡或各种杂质，在加工过程中留下来的各种痕迹如裂缝、结构不均匀的细纹、凹陷、真空气泡等。这些缺陷都会使材料强度降低。

（3）拉伸速度　当低速拉伸时，分子链来得及位移、重排，呈现韧性行为，表现为拉伸强度减小，而断裂伸长率增大。高速拉伸时，高分子链段的运动跟不上外力作用速度，呈现脆性行为，表现为拉伸强度增大，断裂伸长率减小。由于聚合物品种繁多，不同的聚合物对拉伸速度的敏感不同。硬而脆的聚合物对拉伸速度比较敏感。一般采用较低的拉伸速度。韧性塑料对拉伸速度的敏感性小，一般采用较高的拉伸速度，以缩短实验周期，提高效率。不同品种的聚合物可根据国家规定的实验速度范围选择适合的拉伸速度进行实验（GB/T 1040—1992）。

（4）拉伸温度　环境温度对拉伸强度有着非常重要的影响。塑料属于黏弹性材料，其应力松弛过程对拉伸速度和环境温度非常敏感。高分子材料的力学性能表现出对温度的依赖性，随着温度的升高，拉伸强度降低，而断裂伸长则随温度升高而增大。因此实验要求在规定的温度下进行。

2. 不同材质的塑料应力-应变曲线有何不同？

答：实际聚合物材料，一般有五类典型的聚合物应力-应变曲线，它们的特点分别是：软而弱、硬而脆、硬而强、软而韧和硬而韧。其代表性聚合物是：

软而弱——聚合物凝胶；

硬而脆——聚苯乙烯、聚甲基丙烯酸甲酯、酚醛塑料；

硬而强——硬聚氯乙烯；

软而韧——橡胶、增塑聚氯乙烯、聚乙烯、聚四氟乙烯；

硬而韧——尼龙、聚碳酸酯、聚丙烯、醋酸纤维素。

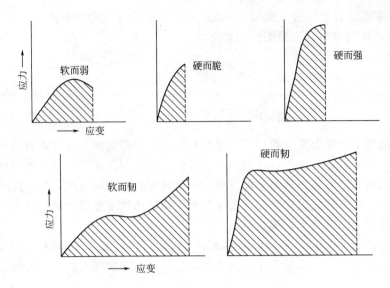

实验二十三

脆性材料与非脆性材料的弯曲性能的区别是什么？

答：对脆性材料进行弯曲性能测试时，通过使脆性试样变形直至破裂时的强度来计算其弯曲性能。对于非脆性材料，当载荷达到某一值时，其变形继续增加而载荷不增加，即使没有使试样变形破裂，这时的载荷也被用来计算弯曲强度时的载荷。

实验二十四

冲击样条为什么要设置缺口？

答：由于在有缺口的情况下，随变形速度的增大，材料的韧性总是下降，所以为更好地反映材料的脆性倾向和对缺口的敏感性，通常用中心部位切成 V 形缺口或 U 形缺口的试样进行冲击实验。试样开切口的目的是为了在切口附近造成应力集中，使塑性变形局限在切口附近不大的体积范围内，并保证试样一次就被冲断，且断裂就发生在切口处。a_k 对切口的形状和尺寸十分敏感，切口越深、越尖锐，a_k 值越低，材料的脆化倾向越严重。

实验二十五

悬臂梁冲击试验机主要用于哪些材料的韧性测试？

答：适用于硬质热塑性塑料和热固性塑料，填充和纤维增强塑料，以及这些塑料的板材，包括层压板材。

实验二十六

邵氏硬度计一般分为几种？分别适用于哪种材料？

答：邵氏硬度计分为 A 型（采用 35 度锥角的压针）和 D 型（采用 30 度锥角的压针）。手感弹性比较大或者说偏软的制品一般选择 A 型较为合适，比如一般橡胶、合成橡胶、软橡胶、多元脂、皮革、蜡等。手感无弹性或材料质地偏硬的则一般选择 D 型，比如一般硬橡胶、硬树脂、压克力、玻璃、热塑性塑胶、印刷版、纤维等。

实验二十七

1. 什么叫做氧指数？

氧指数（Oxygen Index，简称 OI）是表征材料燃烧性能的指标之一，是指在规定条件下，试样在氧、氮混合气流中，维持平稳燃烧所需的最低氧气浓度，以氧所占体积百分数表示。

2. 如何用氧指数值评价材料的燃烧性能？

OI 高表示材料不易燃烧，OI 低表示材料容易燃烧。一般认为，OI<22 属于易燃材料，OI 在 22～27 之间属可燃材料，OI>27 属难燃材料。氧指数法是评价塑料及其他高分子材料相对燃烧性的一种表示方法，以此判断材料在空气中与火焰接触时燃烧的难易程度非常有效。

实验二十九

1. 实验中通入惰性气体氮气的作用是什么？

通入惰气有三个功用：①排除氧气，降低高温下氧化裂解的变色作用，即有利于改善成品的外观光泽；②帮助排掉水分，提高反应速率；③气流起到搅拌作用。

2. 实验中加入苯乙烯的作用是什么？

苯乙烯一方面在聚酯中作为交联剂使用，另一方面也起到稀释的作用。

实验三十

1. 影响材料测试结果的因素有哪些？

环境温度，空白实验，抽真空时间，测试温度，测试时间等因素都会对材料测试结果有影响。

实验三十一

1. 分析影响接枝共聚的因素。

① 聚合温度及时间的影响。

② 引发剂浓度的影响：AN 的转化率随引发剂用量的增大而增大，PAN 的分子量随引发剂用量的增大而下降。

③ 配料比的影响：随丝朊/丙烯腈配比的增大，丙烯腈的转化率及聚丙烯腈的分子量降低而接枝效率提高。

2. 如何理解均相接枝共聚和非均相接枝共聚反应？

均相接枝共聚是在单相溶剂中进行的接枝聚合反应。非均相接枝共聚反应是指混合相的反应存在相界面，如乳液聚合、悬浮聚合等。

实验四十三

1. 开炼机塑炼操作中应注意哪些主要问题？

辊温一定要合适，一般 55℃ 以下。控制好辊速和辊距。加入塑解剂能有效提高塑炼效率。

2. 影响天然胶开炼机塑炼的主要因素有哪些？

辊距和速比、开炼机的辊筒间隙以及塑炼温度、塑炼时间、是否加入塑解剂以及塑炼的工艺操作方法等也会影响塑炼的效果。

实验四十六

1. 如何确定正硫化时间？

正硫化点（也称正硫化时间），是指达到正硫化所需的最短时间。

一般正硫化时间直接由硫化仪测得：正硫化时间 $= T_{c90}$（min）

2. 影响胶料硫化质量的主要因素有哪些？

胶料的配方和硫化的温度。硫化前二者要综合考虑，制定合理的硫化方案。

实验四十七

1. 什么叫正硫化时间、焦烧时间？

正硫化又称最佳硫化，是指硫化过程中胶料综合性能达到最佳值的阶段。

正硫化点（也称正硫化时间），是指达到正硫化所需的最短时间。

焦烧时间也叫安全操作时间，是指已经加入了硫化体系的胶料在加工时（会产生热量，使硫化体系开始起作用）的安全时间，以防止发生死料现象。在加工条件一定的情况下，影响胶料的焦烧时间的因素主要是配方以及胶料停放时间。前者无需多说，后者是因为胶料停放时会发生自硫，使得停放后的胶料焦烧时间变短。

实验四十八

1. 高聚物的门尼黏度与分子量有何关系，影响高聚物的门尼黏度有哪些因素？

门尼黏度是反映分子间摩擦力的大小，也就是分子与分子间作用力的大小。基本上可以反映合成橡胶的聚合度与分子量。分子量越大，分子量分布越窄，门尼黏度越大。

2. 门尼黏度作为评价橡胶性能的指标，它能反映橡胶的哪些特性？

门尼黏度反应橡胶加工性能的好坏和分子量高低及分布范围宽窄。

实验四十九

1. 高聚物的门尼焦烧时间反映的是未硫化胶的哪方面特性？

门尼焦烧是胶料在加工过程中出现的早期硫化现象。焦烧时间如果太短，则在操作过程中易发生焦烧现象或者硫化时胶料不能充分流动，而使花纹不清而影响制品质量甚至出现废品，如果焦烧时间太长，导致硫化周期增长，从而降低生产效率。

2. 使用两个不同转子测定的门尼焦烧时间和硫化速度是否可以对比？

可以。门尼焦烧时间由门尼黏度值-时间曲线上门尼值上升 5 个门尼值（用大转子）或 3 个门尼值（用小转）时所需时间来表示。

实验五十

1. 什么叫可塑度？

可塑度是将圆柱形样品以规定压力压缩在两个平板之间，在一定温度下，经过一定时间后，解除外力，将其恢复一定的时间后，测定其高度。可塑性实际上是试样永久变形占平均高度的百分数。

2. 可塑度与胶料流动的关系？

可塑性过大，胶料易流动，但不易混炼，压延时粘辊，胶浆黏着力降低，成品的机械性能降低；可塑性过小时，胶料不易流动，收缩力大，压延时易掉皮，模压花纹棱角不明显及胶片表面粗糙。

实验五十五

1. 为什么不同种类的橡胶如天然橡胶、丁腈橡胶、硅橡胶等要选择不同的实验温度？

若温度选取过高，固然可以加速试样老化，缩短实验时间，但热分解的可能性和配合剂的迁移、挥发都会有所增加，从而可能使反应过程与实际情况不符，影响实验结果的可靠性。反之，若温度选取过低，老化速度缓慢，实验时间过长，不能满足测试的需要。因此，原则上应在不改变老化机理的前提下，尽可能提高实验温度，以期在较短时间内获得可靠的实验结果。对天然橡胶，一般取 50～100℃；合成胶，一般取 50～100℃；特种胶，如丁腈可用 70～150℃；硅氟胶可用 200～300℃。

2. 试样取出后为什么必须在实验室放置 24h 后进行测试？

老化后试样停放时间长短，对实验结果是有影响的，如不耐老化天然胶，顺丁胶并用配方，老化后停放 24h 之内，其测试结果变化较大；如停放 1～14 天之后再测试，性能又有所降低，因此实验规定停放时间在 90h 以内，一般认为停放 24h 后测试较合适。

实验六十

1. 聚乙烯醇在反应中起什么作用？为什么要与乳化剂 OP-10 混合使用？

答：降低单体和水的表面张力，增加单体在水中的溶解度。加入乳化剂 OP-10 能增加乳液的黏度，从而使乳液更加稳定，防止颜料聚集和沉降，是常用的表面活性剂。

2. 为什么大部分的单体和过硫酸钾用逐步滴加的方式加入？

答：逐步滴加可以探寻出最适宜的加单体的速度、回流大小、每小时补加过硫酸钾量等操作控制条件。同时控制引发剂的量和乳液的 pH 值。

3. 过硫酸铵在反应中起什么作用？其用量过多或过少对反应有何影响？

答：作为引发剂。过硫酸钾在水相中受热分解成硫酸离子自由基而引发聚合反应，过多的量会引起乳液 pH 值的下降，同时会使反应加剧，温度升高过快；用量过少会使反应减慢，温度偏低和单体聚合速度减慢。

实验六十一

1. 聚丙烯酸酯乳胶涂料有哪些优点？主要应用于哪些方面？

答：(1) 环境安全　该涂料无毒，对环境无不利影响，施工安全、操作方便，对施工人员的健康无不良影响，对基层含湿量要求不严。

(2) 物理机械性能优良

① 耐老化性优良　在紫外线、光、热和氧的作用下性能稳定，可直接用于屋面等暴露于自然环境的结构场合，材料使用寿命可在 10 年以上。

② 黏结力强、渗透性好　产品与水泥基层的黏结强度在 0.3MPa 以上。由于材料渗透性好，刷涂底涂料时可以渗透到水泥基材料的孔隙中，堵塞渗水通道，防水效果可靠。

③ 延伸率好　断裂延伸率达 300%，一般在 300%～500%，因此其抗裂性优良，对基层的裂缝有很高的遮蔽作用，即使因基层因素产生微小裂缝，防水效果仍可靠。

④ 耐高温性好　产品在高温 80℃不流淌，低温 −20℃不脆裂。

⑤ 产品具有鲜艳的色彩　可根据设计要求和用户的需要调配色彩，白色屋面在夏季能够反射太阳光，降低顶层房间温度；彩色屋面具有装饰和美化环境的功能。因而，这类涂料属于新型的装饰性防水涂料。

主要应用：可用于室内外木材表面和水泥砂灰墙面等的涂饰。

实验六十二

1. 为什么反应要分成两步，即先醇解后醋化？

先将甘油与脂肪酸酯化或甘油与油脂醇解生成单脂肪酸甘油酯，使甘油由 3 官能度变为 2 官能度，然后再与 2 官能度的苯酐缩聚。此时体系为 2-2 线型缩聚体系，苯酐、甘油、脂肪酸按 1∶1∶1 摩尔比合成理想结构的醇酸树脂，大分子中引入了脂肪酸残基，降低了甘油的官能度，同时也使分子链的规整度、结晶度、极性降低，从而提高了漆膜的透明性、光泽性、柔韧性和施工性。

2. 调漆时为什么要同时加入多种催干剂？

催干剂能够加速漆膜氧化聚合、干燥。不同的金属离子分别用于促进表干、底干和辅助催干。因此，在同一配方中必须用几种不同作用的催干剂搭配使用，才能获得良好的表干、底干的效果。

3. 涂刷样板时，膜不干或慢干的原因及如何处理？

原因：①被涂面含有水分；②固化剂加入量太少；③使用含水、含醇高的稀释剂；④温度过低，湿度太大，未达到干燥条件；⑤一次涂装过厚，或涂层间隔时间过短。

对策：①底材应彻底干燥；②适当增加固化剂加入量；③改用含水、含醇低的稀释剂；④环境温度过低、湿度太大时不宜涂刷；⑤一次涂装不宜过厚，适当延长重涂时间。

实验六十三

1. 简述水性环氧树脂涂料的固化机理。

水性环氧树脂漆片为多相体系，环氧树胶以分散相分散在水相中，水性环氧固化剂则溶解在水中，将两个组分混合后的体系涂布在基材上，在适宜的温度下，水分很快蒸发，当大多水分蒸发后，环氧树胶乳胶粒子彼此接触，形成紧密聚集的结构，残余的水分和固化剂分子则处在环氧树胶分散相粒子的间隙处。随着水分的进一步蒸发，环氧树胶分散相粒子开始固结，形成更为紧密的六边形排列结构，与此同时，固化剂分子扩张到环氧树胶分散相粒子的界面及其内部发生固化反应。

附　　录

附录一　常见聚合物的密度

聚合物	缩写	密度 ρ/(g/cm³)
低密度聚乙烯	LDPE	0.910～0.925
中密度聚乙烯	MDPE	0.926～0.940
高密度聚乙烯	HDPE	0.941～0.965
线型低密度聚乙烯	LLDPE	0.910～0.925
聚丙烯	PP	0.90～0.91
聚氯乙烯	PVC	1.4
聚苯乙烯	PS	1.04～1.09
聚甲基丙烯酸甲酯	PMMA	1.18～1.19
聚四氟乙烯	PTFE	2.1～2.3
聚对苯二甲酸乙二醇酯	PET	1.30～1.38
丙烯腈-丁二烯-苯乙烯塑料	ABS	1.05
聚酰胺 6	PA6	1.13
聚酰胺 66	PA66	1.15
聚酰胺 66＋30％玻璃纤维	PA66＋30％GF	1.33～1.35
聚酰胺 1010	PA1010	1.04～1.06
聚乙烯醇	PVA	1.26～1.29
乙烯-醋酸乙烯酯共聚物	EVA	0.929～0.974
聚碳酸酯	PC	1.2
酚醛树脂	PF	1.5～2
聚甲醛	POM	1.4～1.6
顺丁橡胶	BR	0.9～0.91
丁苯橡胶	SBR	0.90～0.93

附录二　一些聚合物的溶剂和沉淀剂

聚合物	溶　剂	沉淀剂
聚丁二烯	脂肪烃、芳烃、卤代烃、四氢呋喃、高级酮和酯	水、醇、丙酮、硝基甲烷
聚乙烯	甲苯、二甲苯、十氢化萘、四氢化萘	醇、丙酮、邻苯二甲酸甲酯

聚合物	溶剂	沉淀剂
聚丙烯	环己烷、二甲苯、十氢化萘、四氢化萘	醇、丙酮、邻苯二甲酸甲酯
聚异丁烯	烃、卤代烃、四氢呋喃、高级脂肪醇和酯、二硫化碳	低级酮、低级醇、低级酯
聚氯乙烯	丙酮、环己酮、四氢呋喃	醇、己烷、氯乙烷、水
聚四氟乙烯	全氟煤油(350℃)	大多数溶剂
聚丙烯酸	乙醇、二甲基甲酰胺、水、稀碱溶液、二氧六环/水(8∶2)	脂肪烃、芳香烃、丙酮、二氧六环
聚丙烯酸甲酯	丙酮、丁酮、苯、甲苯、四氢呋喃	甲醇、乙醇、水、乙醚
聚丙烯酸乙酯	丙酮、丁酮、苯、甲苯、四氢呋喃、甲醇、丁醇	脂肪醇(C≥5)、环己醇
聚丙烯酸丁酯	丙酮、丁酮、苯、甲苯、四氢呋喃、丁醇	甲醇、乙醇、乙酸乙酯
聚甲基丙烯酸	乙醇、水、稀碱溶液、盐酸(0.02mol/L,30℃)	脂肪烃、芳香烃、丙酮、羧酸、酯
聚甲基丙烯酸甲酯	丙酮、丁酮、苯、甲苯、四氢呋喃、氯仿、乙酸乙酯	甲醇、石油醚、己烷、环己烷
聚甲基丙烯酸乙酯	丙酮、丁酮、苯、甲苯、四氢呋喃、乙醇(热)	异丙醚
聚甲基丙烯酸异丁酯	丙酮、乙醚、汽油、四氯化碳、乙醇(热)	甲酸、乙醇(冷)
聚甲基丙烯酸正丁酯	丙酮、丁酮、苯、甲苯、四氢呋喃、己烷	甲酸、乙醇(冷)
聚乙酸乙烯酯	丙酮、苯、甲苯、四氢呋喃、氯仿、二氧六环	无水乙醇、己烷、环己烷
聚乙烯醇	水、乙二醇(热)、丙三醇(热)	烃、卤代烃、丙酮、丙醇
聚乙烯醇缩甲醛	甲苯、氯仿、苯甲醇、四氢呋喃	脂肪烃、甲醇、乙醇、水
聚丙烯酰胺	水	醇类、四氢呋喃、乙醚
聚甲基丙烯酰胺	水、甲醇、丙酮	酯类、乙醚、烃类
聚 N-甲基丙烯酰胺	水(冷)、苯、四氢呋喃	水(热)、正己烷
聚 N,N-二甲基丙烯酰胺	甲醇、水(40℃)	水(溶胀)
聚甲基乙烯基醚	苯、氯代烃、正丁醇、丁酮	庚烷、水
聚丁基乙烯基醚	苯、氯代烃、正丁醇、丁酮、乙醚、正庚烷	乙醇
聚丙烯腈	N,N-二甲基甲酰胺、乙酸酐	烃、卤代烃、酮、醇
聚苯乙烯	苯、甲苯、氯仿、环己烷、四氢呋喃、苯乙烯	醇、酚、己烷、庚烷
聚 2-乙烯基吡啶	氯仿、乙醇、苯、四氢呋喃、二氧六环、吡啶、丙酮	甲苯、四氯化碳
聚 4-乙烯基吡啶	甲醇、苯、环己酮、四氢呋喃、吡啶、丙酮/水(1∶1)	石油醚、乙醚、丙酮、乙酸乙酯、水
聚乙烯基吡咯烷酮	溶解性依赖于是否含有少量水,氯仿、醇、乙醇	烃类、四氯化碳、乙醚、丙酮、乙酸乙酯
聚氧化乙烯	苯、甲苯、甲醇、乙醇、氯仿、水(冷)、乙腈	水(热)、脂肪烃
聚氧化丙烯	芳香烃、氯仿、醇类、酮	脂肪烃
聚氧化四甲基	苯、氯仿、四氢呋喃、乙醇	石油醚、甲醇、水
双酚 A 型聚碳酸酯	苯、氯仿、乙酸乙酯	

聚合物	溶　剂	沉　淀　剂
聚对苯二甲酸乙二醇酯	苯酚、硝基苯(热)、浓硫酸	醇、酮、醚、烃、卤代烃
聚芳香砜	N,N-二甲基甲酰胺	甲醇
聚氨酯	苯、甲酸、N,N-二甲基甲酰胺	饱和烃、醇、乙醚
聚硅氧烷	苯、甲苯、氯仿、环己烷、四氢呋喃	甲醇、乙醇、溴苯
聚酰胺	苯酚、硝基苯酚、甲酸、苯甲醇(热)	烃、脂肪醇、酮、醚、酯
三聚氰胺甲醛树脂	吡啶、甲醛水溶液、甲酸	大部分有机溶剂
天然橡胶	苯	甲醇
丙烯腈-甲基丙烯酸甲酯共聚物	N,N-二甲基甲酰胺	正己烷、乙醚
苯乙烯顺丁烯二酸酐共聚物	丙酮、碱水(热)	苯、甲苯、水、石油醚
聚 2,6-二甲基苯醚	苯、甲苯、氯仿、二氯甲烷、四氢呋喃	甲醇、乙醇
苯乙烯-甲基丙烯酸甲酯共聚物	苯、甲苯、丁酮、四氯化碳	甲醇、石油醚

附录三　一些聚合物特性黏数-分子量关系式 $[\eta]=KM^a$ 中的参数

高聚物	溶剂	温度/℃	$K\times10^3$ /(ml/g)	a	是否分级	测量方法	相对分子量范围 ($M\times10^4$)
聚乙烯(低压)	十氢萘	135	67.6	0.67		LS	3~100
	联苯	127.5	323	0.50	分	DV	2~30
	四氢萘	105	16.2	0.83	分	LS	13~57
聚乙烯(高压)	对二甲苯	81	105	0.63	未	OS	1~10
	十氢萘	70	38.7	0.738	分	OS	0.26~3.5
		135	46	0.73	分	LS	2.5~64
聚丙烯 (无规立构)	十氢萘	135	15.8	0.77	分	OS	2.0~40
		135	11.0	0.80	分	LS	2~62
	苯	25	27.0	0.71	分	OS	6~31
	甲苯	30	21.8	0.725	分	OS	2~34
聚丙烯 (等规立构)	联苯	125.1	152	0.50	分	DV	5~42
	十氢萘	135	10.0	0.8	分	LS	10~100
聚丙烯(间规立构)	庚烷	30	31.2	0.71	分	LS	9~45
聚氯乙烯	氯苯	30	71.2	0.59	分	SD	3~19
	环己酮	20	11.6	0.85	分	OS	2~10
		25	204	0.56	分	OS	1.9~15
	四氢呋喃	20	3.63	0.92	分	OS	2~17
		25	49.8	0.69	分	LS	4~40
		30	63.8	0.65	分	LS	3~32

续表

高聚物	溶剂	温度/℃	$K \times 10^3$ /(ml/g)	a	是否分级	测量方法	相对分子量范围 ($M \times 10^4$)
聚苯乙烯	苯	20	6.3	0.78	分	SD	1～300
		25	9.18	0.743	分	LS	3～70
		25	11.3	0.73	分	OS	7～180
	氯仿	25	11.2	0.73	分	OS	7～150
		30	4.9	0.794	分	OS	19～273
	丁酮	25	39	0.58	分	LS	1～180
	环己烷	35	80	0.5	分	LS	8～84
	甲苯	20	4.16	0.788	分	LS	4～137
		25	13.4	0.71	分	OS	7～150
		30	9.2	0.72	分	LS	4～146
聚苯乙烯（阴离子聚合）	苯	30	11.5	0.73	分	LS	25～300
	甲苯	30	8.81	0.75	分	LS	25～300
聚苯乙烯（全同立构）	甲苯	30	11	0.725	分	OS	3～37
	苯	30	9.5	0.77		OS	4～75
	氯仿	30	25.9	0.734	分	OS	9～32
聚异丁烯	苯	24	107	0.5	分	DV	18～188
	四氯化碳	30	29	0.68	分	OS	0.05～126
	甲苯	15	24	0.65	分	DV	1～146
聚乙烯醇	水	25	59.6	0.63	分		1.2～19.5
		30	66.6	0.64	分	OS	3～12
聚甲基丙烯酸甲酯	氯仿	20	9.6	0.78		OS	1.4～60
		25	4.8	0.80	分	LS	8～140
	苯	20	8.35	0.73	分	SD	7～700
		25	4.68	0.77	分	LS	7～630
	丁酮	25	7.1	0.72	分	LS	41～340
	丙酮	20	5.5	0.73		SD	4～800
		25	7.5	0.7	分	LS,SD	2～740
		30	7.7	0.7		LS	6～263
聚甲基丙烯酸甲酯（等规立构）	丙酮	30	23	0.63	分	LS	5～128
	乙腈	20	130	0.448	分	DV	3～19
	苯	30	5.2	0.76	分	LS	5～128
聚醋酸乙烯酯	氯仿	25	20.3	0.72	分	OS	4～34
	丙酮	25	19	0.66	分	LS	4～139
		30	17.6	0.68	分	OS	2～163
	苯	30	56.3	0.62	分	OS	2.5～86
	丁酮	25	42	0.62	分	OS,SD	1.7～120
		30	10.7	0.71	分	LS	3～120

续表

高聚物	溶剂	温度/℃	$K \times 10^3$ /(ml/g)	a	是否分级	测量方法	相对分子量范围 ($M \times 10^4$)
聚丙烯腈	二甲基甲酰胺	25	24.3	0.75		LS	3～26
		35	27.8	0.76	分	DV	3～58
		25	16.6	0.81	分	SD	4.8～27
	r-丁内酯	20	34.3	0.73	分	DV(LS)	4～40
	二甲亚砜	20	32.1	0.75	分	DV	9～40
聚丙烯酰胺	水	30	6.31	0.8	分	SD	2～50
聚丙烯酸	1mol/LNaCl 水溶液	25	15.47	0.9	分	OS	4～50
	2mol/LNaHO 水溶液	25	42.2	0.64	分	OS	4～50
聚甲基丙烯酸	丙酮	25	5.5	0.77	分	LS	28～160
		30	28.2	0.52	分	OS	4～45
	苯	25	2.58	0.85		OS	20～130
		35	12.8	0.71	分	OS	5～30
	甲苯	30	7.79	0.697	分	LS	25～190
		35	21	0.6	分	LS	12～69
硝化纤维素	丙酮	25	25.3	0.795	分	OS	6.8～22.4
	环己酮	32	24.5	0.8	分	OS	6.8～22.4
天然橡胶	苯	30	18.5	0.74	分	OS	8～28
	甲苯	25	50.2	0.667	分	OS	7～100
丁苯橡胶 (50℃乳液聚合)	苯	25	52.5	0.66	分	OS	1～160
	甲苯	25	52.5	0.667	分	OS	2.5～50
		30	16.5	0.78	分	OS	3～35
聚对苯二甲酸乙醇酯	苯酚-四氯化碳(1∶1)	25	21	0.82	分	E	0.5～3
聚二甲基硅氧烷	甲苯	25	21.5	0.65		OS	2～130
	丁酮	30	48	0.55	分	OS	5～66
聚碳酸酯	氯仿	25	12	0.82	分	LS	1～7
	二氯甲烷	25	11.1	0.82	分	SD	1～27
聚甲醛	二甲基甲酰胺	150	44	0.66		LS	8.9～28.5
聚环氧乙烷	甲苯	35	14.5	0.7		E	0.04～0.4
	水	30	12.5	0.78		S	10～100
		35	16.6	0.82		E	0.04～0.4
尼龙 66	邻氯苯酚	25	168	0.62		LS,E	1.4～5
	间甲苯酚	25	240	0.61		LS,E	1.4～5
	90%甲酸	25	35.3	0.786		LS,E	0.6～6.5
聚己内酰胺 (尼龙 6)	间甲苯酚	25	320	0.62	分	E	0.05～0.5
	85%甲酸	25	22.6	0.82	分	LS	0.7～12
尼龙 610	间甲苯酚	25	13.5	0.96		SD	0.8～2.4

附录四　聚合物的玻璃化转变温度 T_g

聚　合　物	$T_g/℃$	聚　合　物	$T_g/℃$
线型聚乙烯	−68	聚丙烯酸甲酯	3
无规聚丙烯	−20	聚丙烯酸	106
全同聚丁烯	−10	无规聚甲基丙烯酸甲酯	105
反式聚异戊二烯	−60	间同聚甲基丙烯酸甲酯	115
顺式聚异戊二烯	−73	全同聚甲基丙烯酸甲酯	45
聚乙烯咔唑	−208	聚甲基丙烯酸乙酯	65
聚甲醛	−83	聚甲基丙烯酸正丙酯	35
聚氧化乙烯	−66	聚甲基丙烯酸正丁酯	21
聚 1-丁烯	−25	聚甲基丙烯酸正己酯	−5
聚 1-戊烯	−40	聚甲基丙烯酸正辛酯	−20
聚 1-己烯	−50	聚氯乙烯	87
聚 1-辛烯	−65	聚氟乙烯	40
聚二甲基硅氧烷	−123	聚碳酸酯	150
聚苯乙烯	100	聚对苯二甲酸乙二酯	69
聚 α-甲基苯乙烯	192	聚对苯二甲酸丁二酯	40
聚邻甲基苯乙烯	119	尼龙 6	50
聚间甲基苯乙烯	72	尼龙 66	50
聚对甲基苯乙烯	110	尼龙 610	40
聚己二酸乙二酯	−70	聚苯醚	220
聚辛二酸丁二酯	−57	聚苊烯	264